蘇格蘭威士忌

品飲與風味指南

Paul Peng WANG 王 鵬 ——————著

Scotch Whisky

A Guidebook on
Tasting and Flavors

目次　CONTENTS

楔子　蒸餾凝縮五百年，緬懷顧盼五千年

Part I
酒杯裡的風味世界

Part II
酒瓶裡的人文史地

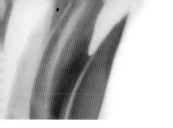

Part III
酒廠裡的複雜機制

酣暢淋漓盡在專業

當仍在法國波爾多進修的王鵬，詢問我能否再次為他寫序時，心想這個人的觸角真廣，多種酒類飲品都有涉獵。先前的著作內容翔實而且頗有深度，在在證明他是個有料的作者，不折不扣的專業文化人，而且不斷拓展專業領域，著作總能讓人耳目一新，內容更是入木三分，閱讀後則有酣暢淋漓之感。

關於這本新著《蘇格蘭威士忌：品飲與風味指南》，作者秉持鍥而不捨、打破沙鍋問到底的精神，以貫通今古探索真相的態度，還原、細數歷史，並用樸實的文字娓娓道出，讓讀者能夠透徹地近觀蒸餾酒家族成員之一的威士忌。

作者在本書裡，殷切希望讀者與威士忌愛好者，能多方面認識並嘗試不同的酒款，他不以「喜不喜歡」或「好壞優劣」這樣的角度來論述，深怕個人主觀意識或喜好影響讀者，而是以風味特色和廠牌個性來鋪陳描述。

這本書以不帶任何偏袒的中肯文字，介紹蘇格蘭威士忌產業的歷史、文化、傳承，及其產品特色，這對於一位作者來說是個道德考驗。他謹慎地守著卓越作者應有的特質，為他感到驕傲。文字沒有商業氣息，也沒有置入行銷的疑慮，對於讀者來說有豐富的參考價值，也是愉悅的閱讀經驗。

　　從葡萄酒、啤酒，直到蘇格蘭威士忌，已經看見一位飲料學的專業強者正在崛起。所謂：「君子不器，方成大器。」王鵬是我心目中的俠客。

葡萄酒作家
鍾正道（Thomas Chung）

酒是修行的一種媒介

這部《蘇格蘭威士忌：品飲與風味指南》，讓我的生命與視野提升到另一個境界。雖然初稿只花了一年完成，但三年前就開始醞釀。我花了近兩年反覆整編修潤、刪減濃縮，終於完成。就連現在，在我太太生日的當天，我都還在審閱稿子，她也跳進來一起看稿。我要謝謝我的太太，我生命的伴侶、事業的夥伴，一千個日子以來，在世界各地，她陪伴著我孕育這本書，見證它的誕生與重生。

這本書不僅是近三年來，我生活的重心之一，更是二十年來，我專注於酒類文化教育的縮影。你絕對可以在這裡讀到我的獨到。透過感官品評技術，認識造就品質特點的每個環節，掌握藏在風味背後的知識體系，對於飲酒者來說，極有意義與趣味。因此，我以品飲與風味作為本書主軸，帶您暢遊蘇格蘭這個遙遠卻又熟悉的國度。

其實，我最初設定的寫作範圍是世界威士忌，但是我很快決定聚焦蘇格蘭。它是認識威士忌很好的切入點，甚至可作為烈酒入門導師。蘇格蘭全境現有新舊蒸餾廠百餘座，個個都印證了蘇格蘭威士忌的豐富多樣。我期盼這本書能夠幫助您連結酒杯內外的兩個世界，明白原料製程、歷史文化、地理環境、品味趨勢、市場行銷，如何形塑當今蘇格蘭威士忌的風味。當您由於瞭解而更懂得欣賞之後，您的品味習慣與視野也會跟著改變。喜歡威士忌不應只是單純好喝或喜歡，風味變化多端所帶來的無窮追尋過程，才更接近品味的殿堂。

《蘇格蘭威士忌》以市面常見的百餘種酒款作為素材，示範品質溯源式的品飲技術。其中收錄了各酒款完整的品飲筆記與評論，您在

親自試飲時，將彷彿有專家伴您細細品味，推敲風味源頭，一窺杯中乾坤。我特別偏好選用低年數的原廠常態裝瓶，它們很能表現廠牌風格，而且供貨與風味相對穩定，特別適合作為示範樣品。

請記得，多多嘗試不是為了找到自己喜歡的酒款而已；酒類品評與鑑賞，也不是為了回答「好不好喝」或「推不推薦」這類問題，而是要藉此認識與印證風味背後的道理。風格與品質差異，與其理解為優劣好壞，不如視為各有千秋，而這經常牽涉複雜的審美與哲學。也因此，酒類品飲最後可以到達心靈的高度，在品酒生涯裡悟得的思想，可以作為人生的借鏡。

每個人喜歡什麼樣的威士忌，別人不需要知道。您只需要自我提醒，若想體會蘇格蘭威士忌的精髓，千萬不要隨著眾人的品味起舞。市場品味潮流通常反映時尚，然而時尚主流未必是真理，未必適合您，也不見得是個好的起點。

作為酒類文化教育工作者，我推廣精緻的品味文化，但這項任務不是讓更多人喝更多酒，而是從一個或許另類的角度，提升品味修養，拓展文化視野，促進交流，喚起尊重。酒，除了是原料製程技術層面的反映，也是歷史人文的寫照，最後或許也會是修行的媒介。不論如何，酒不應該只是喝了過癮而已。

2018 年 3 月 5 日

楔子 ———

蒸餾凝縮五百年，緬懷顧盼五千年

Introduction:
History of distillation & genesis
of a national drink

一杯蘇格蘭威士忌，反映百年全球局勢變化，也是人文社會縮影，更是一個民族五百年歷史遺產與智慧結晶。由於追尋「第五元素」、「生命之水」，人類很早就發現酒精的妙處，然而透過蒸餾得到烈酒，並知道所得「濃縮精華」就是酒精，卻相對晚近。雖然至今只有八、九百年，但整個故事卻可以從五千年前說起。

古埃及到中世紀：
酒中精華的發現與追尋

古埃及人的渾身薰香與烏黑眼妝：蒸餾術最遙遠的呼應

四千年前的古埃及人就懂得浸泡萃取芬芳物質，或利用簡單器材達到類似蒸餾的分離效果，譬如將樹脂與水投入陶甕加熱，覆以羊毛，最後擠壓毛料便可得到植物精油。雖然芳香精油並非飲料，但是古埃及人對自然現象的觀察與萃取技術發展，卻預示了蒸餾烈酒的出現。

到了古埃及晚期，乃至希臘化時代，埃及工藝更加成熟，並區別液體萃取與固體萃取兩種途徑——前者就是蒸餾，藉由加熱液體，收集蒸氣，冷凝得到液體。固體萃取比香精萃取技術更久遠，距今超過五千年，用以製造顏色灰黑發亮的眼影粉。古埃及的眼妝墨粉，阿拉伯文稱為“al-kukhūl”，意為「細微粉末」；歐語的「酒精」（alcohol）一詞借用於此，卻足足晚了三千年。

到了十三與十四世紀，「酒精」一詞尚未被用來指稱蒸餾所得的烈酒。拉丁文、古西語與古法語裡的酒精，在十六世紀也被英語借用。原本阿語裡的「眼妝墨粉」也有「縮解成細小粉霧狀、使之昇華純淨」之意，然而，歐語要到十七世紀下半葉才發展出「純粹物質」的詞義，並開始與酒精沾上邊。“Alcohol”首次專指「葡萄酒所含醺醉物質」，是十八世紀中葉的一份文獻，後來也逐漸用來泛稱所有發酵酒類飲料裡的酒精成分。隨著近代化學發展，十九世紀中葉以降，這個字也成為各種醇類的代名詞。

有些學者認為alcohol也可能源自“al-ḡawl”，根據《古蘭經》釋義，意指「飲酒帶來的酩酊與頭痛」。縱使有理，但認同者少。想來是不論從詞義分析或感官效果來看，人們還是覺得酒精與電眼濃妝比較接近，而不願讓酒精與痛苦悔恨牽上關係。

埃及人雖然不喝烈酒，但提煉香氛精油與精製眼妝墨粉的技術，卻與後來逐漸發展出來的烈酒蒸餾技術與烈酒裡的酒精成分，彼此遙相呼應。

古希臘羅馬時期：烈酒曇花一現的歷史源頭

西元前五世紀，古希臘人蒸餾製得松節油，作為火攻武器。經過不斷追尋探究，西元前四世紀，亞里斯多德發現加熱海水與葡萄酒，收集蒸氣後可以得到更純淨的液體，立下新的里程碑，但器材並不比古埃及陶甕先進多少，通常是在鍋爐上方懸掛海綿吸收水氣，然後再把冷凝液擠壓出來。加熱葡萄酒可以得到少量烈酒，亞里斯多德這位頗有童心的大哲人觀察到——烈酒喝醉，通常往後仰，撞到後腦；葡萄酒喝醉，則是往前趴，撞到額頭。這段故事讓烈酒歷史上溯至2300 年前，然而距離發展成為日常酒精飲料還差得太遠。

蒸餾發展史上最關鍵的一步，依然是埃及人的發明。西元一世紀，埃及正值羅馬統治下的古典時期，出現史上最早一批蒸餾器，並且一路演變，從繁複的多頸變成簡約的單頸，底定壺式蒸餾基本形制。西元四世紀的文獻，把蒸餾器稱為 "alambic" ——採用阿拉伯語冠詞 al，加上希臘文字根 ambix 而成，原意是「具有冷卻凝結功能的蓋子」。冠詞雖是阿語，但卻不是他們的發明；阿拉伯人在十一世紀製造玫瑰精油的蒸餾器，基本上是沿用希臘與埃及的蒸餾器形制。埃及對蒸餾史影響深遠，歐洲十六世紀的壺式蒸餾器，與埃及人發明的蒸餾器並沒有本質上的差別。

古羅馬人酷愛宴飲，葡萄酒最為盛行，帝國邊陲地區也有「蠻族喝的啤酒」。烈酒雖已問世，但是蒸餾液通常不是拿來飲用，而且飲用烈酒的記載付之闕如，也因此，這還不能算是人類飲用烈酒的歷史源頭。蒸餾技術發展，只是促成烈酒誕生的一項要件，我們必須找到人們為了飲用烈酒而進行蒸餾的那個時間點。

中世紀：蒸餾技術演變與藥草烈酒出現

在現代科學尚未昌明的中世紀，煉金術就是當時的科學，而古希臘哲人亞里斯多德就是實驗靈感的泉源。亞里斯多德透過觀察自然現象，認為在土、風、水、火之外，還有「第五元素」。最早期的煉金

術為了煉金萃銀、點石成金，尋找第五元素，經歷了漫長的摸索，透過實驗累積知識與經驗，最後終於發現酒精。

西元八世紀，波斯煉金術士札比爾（Jabir ibn Hayyan）發現加熱葡萄酒所得的蒸氣是可燃的，啟迪了其他煉金術士。到了九世紀，另一位波斯煉金術士拉齊（Al-Razi），把蒸酒收集的冷凝液當作藥物。煉金術士會替物質命名，但今人很難確定真正成分，甚至讓人莞爾。譬如凡是能夠往上飄的，就叫做「神聖的」；能夠燃燒的，就是「灼烈的」；能夠揮發又能燃燒，就是「具有硫性」；而水銀則是珍貴的象徵。到了十四世紀，都還有人把蒸餾烈酒稱為「植物性水銀」，而且還必須用黃金打造的瓶子盛裝，足見烈酒在時人心目中的崇高地位。

蒸餾往往以葡萄酒為基底，搭配各式材料，得到名字千奇百怪的蒸餾液：「空靈之水」、「江河之水」、「甘露之水」、「聖母之乳」、「原硫之水」、「雅典之蜜」、「白銀之水」、「大海之沫」，雖然有些好像可以喝，但通常卻是作為燃料——正是為了得到可燃液體，煉金術士才會憑著想像，往葡萄酒裡投入硫磺粉、酒石酸結晶、鹽巴，甚至木屑一起蒸餾，盼能提高可燃性。

蒸餾技術在中古歐洲幾乎失傳，十三世紀才重新引起注意。加泰隆尼亞著名醫藥學者阿諾・維蘭諾瓦（Arnau de Vilanova），十四世紀初藉由蒸餾葡萄酒得到烈酒，並援引埃及人的「長生不老之水」，將之取名「生命之水」（aqua vitae），標誌了蒸餾烈酒的時代開端。維蘭諾瓦並沒有說明用途，只說「碰到眼睛會有灼熱感」，也沒有述及味道。不過，西班牙加泰隆尼亞一帶的白蘭地酒廠，倒是樂於把這位同鄉視為蒸餾烈酒之父。

「生命之水」問世後，許多變體紛紛出籠。烈酒蒸餾史上有很長一段時間廣泛流傳「生命之水」、「灼烈之水」這樣的詩意名稱，幾乎都是中世紀晚期發展出來的，現代法語的 eau-de-vie、西語的 aguardiente 與北歐的 akvavit、akevitt，都是承襲古語的遺跡。十四世紀哲人拉蒙・尤伊（Ramon Llull），在一部集煉金術大成的著作裡，把葡萄酒蒸餾所得的烈酒，籠統稱為「葡萄酒精華」。

中世紀晚期，許多詞義仍不固定。雖然用來浸泡藥草或蒸餾所得

Arnau de Vilanova（Arnaud de Villeneuve）的肖像

的可飲烈酒，也都稱作生命之水，但這個詞廣泛用來指稱使用烈酒作為溶劑的溶液，與可飲烈酒相距甚遠。至於「灼烈之水」的語義偏重「可燃」，而不是形容口感燒灼嗆熱。事實上，煉金術把可燃的松節油稱為「灼烈之水」，若譯成現代術語，應該是「可燃液體」──縱使伊比利半島諸國的白蘭地，詞根都來自「灼烈之水」這個古語。

從蒸餾技術發展史來看，威士忌與白蘭地擁有一段共同的過去，然而，威士忌的根源要追溯到藥草烈酒，這是十四世紀的常見藥方。中古時代，蒸餾技術幾乎失傳，但修道院享有蒸餾特許，形同遺產保存中心。十六世紀中葉，當修道院解散後，蒸餾技術流傳到民間。當時人們相信，烈酒組成物質極為細小，因此有利吸收，並達到舒緩效用，藥用烈酒就以「保健飲品」之姿出現，歐洲社會也逐漸發展出烈酒文化。有些藥草烈酒的酒精度特別高，直接飲用非常易醉，由於藥用與濫用的界線原本就很模糊，酒精濫用問題隨之而來。

十八世紀前，烈酒與酒精常被統稱為「生命之水」，更常見的是「葡萄酒的精氣」（esprit-de-vin）、「灼烈的精氣」（esprit ardent）；其中 esprit 意為精氣、靈魂，這也是當今烈酒被稱為 spirit 的原因。不

過，在更早的十三世紀，煉金術所謂「精氣靈魂」，則專指足以與金屬產生作用、賦予顏色的揮發物質與氣體，完全與烈酒無關。

先人智慧遺產與設備技術演進

希臘與埃及的蒸餾系統必須以木屑為燃料，以文火加熱，整個蒸餾週期動輒 2 到 3 週。中世紀為了提高效率，蒸餾器頂部加裝冷水桶，促進蒸氣凝結，然而部分冷凝液卻回流到蒸餾器裡；隨著經驗累積，人們意外發現回流是風味淨化的關鍵。人們出於直覺與想像，也試圖在蒸餾器不同高度收集蒸氣，期能取得不同的冷凝液，但由於缺乏相應的科學知識而作罷。時至今日，現代科技補上了原本拼圖的缺角，這類早期構想的影子又重回現代蒸餾設備當中。

中世紀增進蒸餾效率的作法，有一項是把蒸餾器頂部與冷凝液收集瓶之間的連接管做成迴圈，並浸泡在裝有冷水的木盆裡，藉此促進冷凝卻不至於回流。在十六世紀的拉丁文典籍中，這項設計被稱為「蜷曲的蛇」（anguineos flexus），這是當今威士忌產業「傳統蟲桶冷凝」（worm tubs）的前驅。蒸餾器材設計至此趨於成熟，然而由於技術與知識傳播速度緩慢，到了十八世紀，蟲桶冷凝的設計還被視為一項創新。

十六世紀到十九世紀初：
蘇格蘭威士忌誕生

烈酒品味開端與威士忌雛形出現

蘇格蘭威士忌的最早文獻記載，可追溯到十五世紀末的政府財稅紀錄，不難看出威士忌的經濟意義。十七世紀中葉的稅賦紀錄顯示，威士忌產銷規模成熟，但是關於製程與風味描述的文字並不

多。當時所謂的威士忌，極有可能是與藥草植物一起浸泡或蒸餾的烈酒。威士忌這個詞語本身，拼寫方式屢經改變，但大抵一直沿用到十八世紀中葉。

十八世紀中葉，藥酒逐漸褪去醫療色彩，成為日常飲品。這時，威士忌裡添加多種藥草、辛香植物與果實，比較像是風味遮瑕，而不是為了療效，因為新酒慓烈不易直飲。到了十八世紀末，隨著蒸餾技術進步，甫蒸餾完畢的新酒，對當時的人們來說已經堪喝，因此威士忌擺脫各式添加物，成為直飲型的無色烈酒，蘇格蘭蓋爾語稱之 "uisge beatha"，唸作 [ʊʃkjəbɛhə]，意為「生命之水」。

在歷史上，威士忌的名字直到十八世紀下半葉才得以確定，在此之前，混用與誤用者皆有之。十八世紀上半葉，「威士忌」一詞終於以 "whisky" 的拼寫方式出現，但定義不清，既可指藥草烈酒，偶爾也指麥芽威士忌；後來，威爾斯語從英語借詞，拼寫為 chwisgi 或 whisgi，專指浸泡草本植物與調製蜂蜜加味的威士忌。十八世紀中葉，愛爾蘭蓋爾語的 usquebaugh 專指藥草烈酒；拉丁文 aqua vitae 與蘇格蘭蓋爾語 uisge beatha 則專指麥芽威士忌，這時 whisky 一詞的語義比較接近後者。

從蓋爾語觀察蘇格蘭人的飲酒文化

十八、十九世紀之交，旅遊發展興盛，外地人造訪蘇格蘭的見聞紀錄裡，不乏飲酒習俗描述，最讓人稱奇的，是他們喝得多、喝不停，甚至喝不醉。高地人好飲，通常早餐前先來一杯，蓋爾語裡甚至有專詞 "sreath" 指稱，唸作 [sdʀɛh]，可見晨飲風氣多麼盛行。那個年代的旅店，上午經常備有肉類冷盤與威士忌，供人自由取用，最簡樸的旅社可以沒有肉，但絕對不能沒有威士忌。既然上午已經開喝，下午、晚上自然不在話下。

民間飲酒風氣充分反映在俚語裡。捨不得走，想再多貪一杯，就說 "deoch an doruis"，唸作 [dʒɔxəndɔʀəʃ]，連不會蓋爾語的蘇格蘭人也幾乎都懂，意為「在門邊喝最後一杯再走」——但會這樣說，通

在蘇格蘭，威士忌通常搭配啤酒作為"chaser"——顧名思義就是喝了威士忌，來點冰涼的啤酒驅趕醉意，又可以繼續喝威士忌，交替著喝也並不奇怪。

常也會賴皮，誰知哪杯才真正是最後一杯。有趣的是，蘇格蘭人卻每每含蓄地說「喝一小杯」（a dram），而西部外島的 té bheag，唸作 [tʃe vek]，字面是「小姑娘」，實指「一小杯威士忌」。嗜飲卻又婉轉情怯，令人莞爾。

酒廠最不缺飲料——還沒發酵的麥汁、發酵完畢的酒汁、剛製成的烈酒，乃至桶裡的威士忌，全都可以喝。十九世紀中葉，酒桶取樣管被戲稱「賊管」——不難想像，員工自裝福利酒是家常便飯。至於麥汁營養豐富，直接喝或添加烈酒都被當成驅寒良方；這種另類伏冒熱飲，蓋爾語低調稱之「麥汁」（brailis，唸作 [bʀalɪʃ]）。尚未蒸餾的酒汁稱為 caochan，唸作 [kœxən]，嗜飲者會溜進酒廠在槽邊喝得醉醺醺；老一輩員工會喝些酒汁解除宿醉，他們相信讓人頭痛的是「酒精濃度落差」，所以最好別讓體內酒精濃度降得太快。

另外，金屬製雙耳淺底酒杯 quaich 一詞，是從蓋爾語 cuach 而來，唸作 [kuəx]，意為杯子。雙耳酒杯是早期社交宴飲時，眾人同桌遞酒共飲的酒器，社交意義深厚，象徵友誼與分享，如今更是蘇格蘭威士忌的文化標誌。

合法經營舉步維艱：低地蒸餾廠的奮鬥故事

十八世紀初，蘇格蘭國會為了紓困，決定與英格蘭簽署協議，成為大不列顛王國成員。「賣身契」這帖解藥甘苦參半——麥芽稅適用範圍延伸至蘇格蘭，接著繼續增稅，形同「連窮人的啤酒都要搶」，隨後通過琴酒法案，提高銷售門檻與稅金，藉此遏止酗酒問題。短短20年間，英國市場上最重要的兩種酒類遭到打擊，但卻間接替蘇格蘭蒸餾業創造市場。

十八世紀末，蘇格蘭合法商業蒸餾廠約莫30座，規模很大，都設在人口密集、交通便利的低地區。每逢歉收，政府便限制商業蒸餾，但家庭自用與非供銷售的烈酒蒸餾卻不受限，以至小型工坊叢生，保守估計數百處，多半藏身荒僻山區。於是，政府立法限制，並取消既有的蒸餾特許，1781年明令禁止私酒，1784年則推出麥汁法案，規定低地蒸餾廠按發酵酒汁容積課稅，高地則按蒸餾器容積課稅，藉此從產量龐大的低地蒸餾業者身上收取更多稅金。

自古以來，上有政策，下有對策。為平衡稅金支出，低地蒸餾廠採用淺底蒸餾器大火加熱，縮短製程，提高總產量便能壓低單位成本，然而求快容易結焦，於是兼採迴旋鏈，以齒輪驅動鏈片掃掠蒸餾鍋的內壁與底部。人們驚喜地發現，金屬摩擦釋放出更多銅質，能夠促進催化，消除雜味。這也是蘇格蘭低地威士忌風味純淨，特別芬芳輕巧的遠因之一。

本是同根生？──蘇格蘭與英格蘭的明爭暗鬥

低地蒸餾廠為平衡日益高漲的稅金，除縮短製程週期，連禁餾年份也從歐陸進口未達糧食標準的穀物製酒。由於全部銷到往英格蘭琴酒工廠加工精餾，所以品質不須過分要求；然而身為競爭對手的倫敦蒸餾業者可不這麼認為。蘇格蘭低地蒸餾廠不但傾銷烈酒，搶了他們的飯碗，而且製酒原料品質更讓他們氣憤。

倫敦蒸餾業者四處遊說，政府決定針對進口貨物課以重稅，幾乎

像是針對蘇格蘭進行懲罰，並且全蘇格蘭統一改以蒸餾鍋容積課稅，對低地蒸餾廠來說，整體情勢相當不利。不到兩年，再度增稅，還毫無預警規定蘇格蘭低地蒸餾廠若要銷售烈酒到英格蘭，必須提前一年申請核可。許多業者措手不及，規模愈大，愈快破產，倒閉公司的庫存，一夕之間充斥市面。

這些原本要賣到英格蘭精餾加工的烈酒，品質粗劣不適直飲。時人記載，「除非有超人般的耐力，否則喝下之後的那種痛苦很難不形於色。」相較之下，高地蒸餾廠的私酒，品質好，貨量足，於是那些一息尚存的低地合法酒廠，也在市場競爭下紛紛倒閉。不到幾年，英國為籌措軍費繼續增稅，威士忌稅金 10 年內漲了 18 倍，再加上穀物經常歉收與隨之而來的禁餾令，十八世紀末的蘇格蘭威士忌產業，禍不單行。

高地私酒的興衰：非法經營也有歷史功績

私酒的歷史開端比合法酒廠更早，當時蓋爾語稱之「黑鍋酒」（poit dhubh，唸作 [pɔhtʃ gu]），因為小型蒸餾鍋直火加熱，鍋身通常被燻黑；大型商業酒廠的烈酒則是「紅鍋酒」（poit ruadh，唸作 [pɔhtʃ ʀuəx]），因為鍋身呈閃亮紅銅色。

英國農業革命後，穀物收成提高，由於烈酒易於運輸保存且附加價值高，蒸餾業逐漸興盛。然而十六世紀中葉以降，經常由於穀物歉收而限制蒸餾，而且連年歉收就不斷禁餾，啤酒也難逃厄運，成為蘇格蘭持續 300 年擺脫不了的陰影。不過，禁餾意謂供給減少，但需求不變，私酒行業因此萌芽。

十八世紀初的經濟困境，以及烈酒市場開啟，更助長私酒與偷運風氣。政府的增稅與限量措施形同壓縮合法經營空間，導致良民也被迫走入地下。這些私酒製造者被視為供應廉宜飲酒的恩人，所以往往受到人民同情、幫助與掩護，再加上早期緝私官員人數稀少且沒有實權，所以取締效果不彰。

十八世紀下半葉，一連串遏制私酒的立法，常適得其反——首先

訂定蒸餾容積下限，企圖消滅小型蒸餾，後卻一度開放迷你規模的自用私酒，然而小型營利私酒藏匿其中，最終只好全面禁止。到了1814年，政府繼續提高合法蒸餾容積下限，這卻意謂合法經營門檻更高，再加上私酒是門暴利生意，勢力日益壯大。此外，稅金不斷調漲，穀物走私也變得有利可圖——把穀物運到高地，製成烈酒再運出來。查緝私酒原已成效不彰，穀物走私更防不勝防。

主政者花了數十年拚命增稅，最終才意識到，遏止私酒的訣竅其實在於減稅。首先，在1816-18年與1822年，取消高低地之別，避免稅金差異的漏洞，並全面提高私酒罰則；接著於1823-24年通過貨物稅法，降低稅金與門檻，鼓勵合法經營。政府減稅等於鼓勵繳稅，相較於重稅卻多逃稅，新制稅收反而增加；人民合法經營成本降低，違法罰則加重，不再值得冒險，合法蒸餾廠數量大幅增加。在種種因素下，私酒生存困難，到了十九世紀末便銷聲匿跡。

高地蒸餾傳統與私酒歷史軌跡，前後超過200年，整個十八世紀的蘇格蘭威士忌歷史，都與這項地下經濟密不可分。在高地經營蒸餾與從事走私的這群人，不僅是反映民族嗜飲性格，更是交織政治、經濟、人性多項因素的社會現象，也替產業未來發展奠定基礎。

十九世紀初迄今：
有過黃金時代，也曾遭遇磨難

好運不斷的五十年：調和式威士忌的興起

十九世紀可以總結為蘇格蘭威士忌邁向高峰的起伏過程。繼1823-24年推出新政，1820年代末到30年代出現柱式蒸餾器，兩兩一組構成連續系統，生產效能是同時代高地壺式蒸餾鍋的30倍。新科技刮起投資旋風，然而在短短10年間，許多業者經營不善，遭遇穀物歉收、經濟衰退以及私酒殘餘勢力，盛況急轉直下。不過，通過

考驗的生產者與貿易商，在接下來 50 年間好運不斷。

　　採用壺式蒸餾若為了增產而放寬酒心切取範圍，就會得到雜質較多的烈酒。當時沒有最低熟成培養年數規範，年輕威士忌的風味特別青澀，再加上運輸用的橡木桶良莠不齊，麥芽威士忌並不好喝。然而，連續蒸餾製得的穀物烈酒，風味純淨，可以稀釋麥芽烈酒風味；調配技術在 1850 年代趨於成熟，調和式威士忌的繁盛時代即將到來。調配技藝的源頭可上溯至十二世紀，然而十九世紀中葉運用調配技術創造特定威士忌型態，卻是劃時代的創新。

　　拿破崙在十九世紀初潰敗後，大英帝國景氣回暖，聲望看漲，稱霸了一個世紀。在調和式威士忌誕生後，政府鬆綁原本的調配限制，加速調和威士忌的產銷發展與市場普及。交通發展帶來觀光效益，也形同替蘇格蘭威士忌做了宣傳；當歐陸爆發葡萄根瘤蚜蟲病害，白蘭地產量暴跌，蘇格蘭威士忌順勢登上國際舞台，在十九世紀末首度站上歷史高峰。

蘇格蘭情調與派堤森醜聞：成功行銷背後的真相

　　十九世紀中葉，愛爾蘭威士忌在蘇格蘭大行其道，某些蘇格蘭品牌亟欲作出區隔，採用特殊規格容器或圖案設計。當時人們心目中的蘇格蘭，多半離不開戶外狩獵與賽馬競技，而威士忌商標上的松雞、野雉、老鷹等，正反映這些情境。此外，風笛、石南、格紋，這些調和式威士忌商標常見的圖案，則是大英帝國在十九世紀拓展全球殖民地，借用蘇格蘭民族形象作為鮮活招牌的歷史遺跡。

　　那個年代的中產階級，生活條件寬裕，願意消費新穎流行的事物，但卻不會深究生產背景——在根深蒂固的階級觀念中，過問這類細節不合身分地位。這也成了調和式威士忌成功的助力。生產者把威士忌塑造成富裕與品味生活不可或缺的元素，便如願在市場上獨領風騷。如今，調和式威士忌特重品牌形象、情境氛圍，不若麥芽威士忌品牌那樣著重廠區特徵、風味特性，此番現象可從歷史找到解釋。

　　突破框架的創意，更容易引起矚目，當時有個品牌派堤森

（Pattisons），除了精彩的平面廣告，尤以天才行銷手法出名。他們有一次購買五百隻非洲灰鸚鵡，分送給酒館老闆與零售商家。這是當時很受歡迎的寵物鳥，語言模仿能力特別強，受贈廠商非常高興，然而這群灰鸚鵡已經受過訓練，見人就喊：「派堤森最好！」、「買派堤森威士忌！」

派堤森人氣飆高，卻爆出假帳與假酒醜聞——浮報盈利，藉此增貸，然後惡性倒閉；以麥芽威士忌為名出售的產品，其實利用廉宜的穀物威士忌當作主要配方，賺取高額價差。當時法規業已允許調配，意圖牟取暴利雖是道德瑕疵，但無法可管。這項醜聞的重點是，派堤森調和式威士忌冒用名號特別響亮的高地麥芽威士忌 Glenlivet，卻被查出其中含量比例只有 1/4。

這件醜聞讓如日中天的威士忌產業頓時失信於消費者，雖未動搖根基，但卻引起激烈論爭：威士忌本質是什麼？管理品質標準為何？傳統壺式分批蒸餾的麥芽威士忌，以及現代柱式連續蒸餾的穀物威士忌，哪個比較好？

威士忌的品質論爭與法律地位底定

派堤森醜聞曝光後，人們開始思考威士忌的定義與標準。當時的威士忌型態包括壺式分批蒸餾的高地麥芽威士忌、柱式連續蒸餾的穀物威士忌，以及兩者調配而成的調和式威士忌。麥芽威士忌陣營以北蘇格蘭麥芽蒸餾聯盟為代表，然而內部意見分歧：有人主張與調和式威士忌分庭抗禮，推廣麥芽威士忌；有人則主張順應市場，與調和式威士忌業者妥協，提供所需的麥芽基酒，以確保銷路。

論爭持續好幾個回合，1904-05 年，穀物威士忌受挫，主因是不符期待。有些麥芽威士忌生產者喜出望外，宣稱「玉米與蒸氣製成的威士忌，缺乏個性，終得敗下陣來」，然而這時慶祝勝利還嫌太早。1908-09 年，早先的決議被撤回，因為穀物威士忌本身並非假酒，也是遭到醜聞案牽連的無辜受害者。英國皇家調查委員會指出，蘇格蘭境內生產的各種形態威士忌都允許合法銷售，算是釐清了癥結。調和

式威士忌算是最大贏家，有些廠商甚至立刻推出穀物威士忌，以「向濃重油膩的麥芽威士忌道別吧！」與「豪飲一加侖都不會宿醉」作為號召。

威士忌歷史頗為悠久，但卻沒有任何定義可供依循。有鑑於此，1909 年的官方報告，將威士忌定義為「以穀物為原料，並利用麥芽所含酵素製備麥汁，經過蒸餾所得之烈酒」，而蘇格蘭威士忌除應符合上述定義，也必須「在蘇格蘭境內蒸餾」。至此，定義清楚但仍不完整，事隔百年，相關規範條文始趨完備。

皇家調查委員會並未規範調和式威士忌應含麥芽基酒比例，也未提及最低熟成培養年數與最低裝瓶濃度──當時期盼政府明訂規範以便依循的業者不免失望。然而不出幾年光景，在第一次世界大戰期間反倒頒布相關規範，只不過用意不在保障威士忌品質，而是為了從蒸餾業者身上抽稅。

從大戰到禁酒：愛酒者與恨酒者的算計與過招

一戰前夕，為籌措預算，威士忌大幅增稅 3 成，掀起一波關廠與倒閉潮。政府機關主事者是個很有手段的禁酒主義者，為確保從威士忌業者身上抽稅，也為避免民意反彈，刻意維持葡萄酒稅與啤酒稅，並藉此引導消費轉向酒精濃度較低的品項，也算滿足其個人心願。

戰時難以全面禁酒，因為酒是重要的軍餉配給。當時產業屢次建言，威士忌熟成年數應加規範，主事者認為藉此限制產量不失為一良策，於是欣然接受，但卻又擔憂威士忌品質提升等於鼓勵飲酒，因此又提出銷售限制。雖然威士忌產業在戰時幾乎完全停擺，但經過這一連串過招，卻為日後品質提升鋪了路。

大戰結束後，一群酒客嗷嗷待哺，然而烈酒稅即刻翻漲 2 倍，過了兩年，續漲至戰前 5 倍之多。美國 1920 年宣布禁酒，更雪上加霜。澳洲與加拿大率先推出關稅保護，保障國內酒類製造業，當時蘇格蘭威士忌主要出口市場是澳洲，因此首當其衝。在國際貿易環境劇變下，蘇格蘭短短一年之內關閉了 50 座蒸餾廠。

禁酒其實替走私創造無窮商機，美國邊境外的合法交易區，包括加拿大、古巴、百慕達，酒類通貨量在數年內暴增 400 倍。地下交易利潤豐厚，誘因強大，防不勝防。小票走私，就綁在大腿上、藏在靴子裡，由陸路帶進美國；大票的，不惜與美國海岸巡防正面交鋒，走私者有備而來，裝備精良，往往搶灘成功。

美國禁酒造成走私猖獗，地下酒館興起，既無從管理也無法抽稅，乃於 1933 年取消。禁酒期間，蘇格蘭威士忌生產商透過合法管道，銷貨給特約代理商，至於酒會被轉賣到哪兒？心知肚明，不須多問。靠著「合法走私」，蘇格蘭威士忌產業的受創程度並不如想像嚴重，反倒是競爭對手愛爾蘭威士忌元氣大傷。

蘇格蘭與愛爾蘭：一海之隔，咫尺千里

威士忌源頭的榮銜，到底屬於蘇格蘭，還是愛爾蘭？一般推論，

坎培爾鎮在十九世紀上半葉全盛時期，曾擁有 30 座蒸餾廠；在二十世紀上半葉經濟蕭條衝擊下，紛紛關廠。有些舊建築保留完整，另作他用，譬如 Benmore 蒸餾廠，如今變成長途巴士的駐車中心；蒸餾廠屋頂的塔式建築清楚可見，大型洗車機的彩色毛刷依偎在斑駁磚牆邊，構成一幅奇景。

愛爾蘭僧侶從西班牙摩爾人那裡帶回蒸餾技術後才又外傳；但若只憑具體史料論斷，現存最早文獻卻指向蘇格蘭。重要的是，蘇格蘭與愛爾蘭在威士忌發展史上形同攣生，這對雙胞胎曾經同病相憐，也曾由於不同抉擇，命運截然不同。

十九世紀，愛爾蘭使用大型蒸餾器，配合三道蒸餾工法，得到風味純淨滑順、品質穩定的烈酒，再加上供應無虞，蘇格蘭同業難望其項背，可說是當時全球威士忌的巨人。到了十九世紀末，卻由於誤判局勢潮流而逐漸失利。直到二十世紀中葉，短短 70 年內，愛爾蘭威士忌產業沒落到瀕臨滅絕邊緣。

十九世紀中葉以降，全球酒類品味有個明顯的變化趨勢，那就是清淡風味逐漸獲得青睞。十九世紀下半葉，威士忌市場也出現此一風尚，柱式連續蒸餾的烈酒風味特別純淨，態勢逐漸凌駕傳統壺式分批蒸餾。蘇格蘭業界很快投向科技與市場懷抱，愛爾蘭業界卻擔憂「威士忌真理」將因此蕩然無存，便抗拒此一風潮。

穀物威士忌清爽純淨，可以調配製得物美價廉的調和式威士忌，然而愛爾蘭業者斥之「沉默、虛假」——暗諷缺乏風味，並視之為摻混而來的虛偽貨色。遵循麥芽威士忌的傳統之心並無過錯，然而排拒潮流卻形同拱手讓出大餅。十九世紀末，蘇格蘭威士忌廠商 Dewar's、Walkers 與 Buchanan's 等，便乘勢而起。

二十世紀上半葉，愛爾蘭威士忌產業逐漸步上衰頹，原本全境超過 150 座蒸餾廠，最後卻只剩 3 座。首先，1919 年發動獨立戰爭與英國交惡，失去許多海內外市場，戰火未艾又逢美國禁酒，打擊沉重。接著，1926 年立法提高威士忌最低熟成年數門檻為 5 年，這項美意卻形同自找麻煩。直到美國解除禁酒令，全球威士忌市場彷彿重新開機一樣富有活力，愛爾蘭卻一息奄奄。

蘇格蘭與愛爾蘭威士忌，初期發展條件相似，然而在技術立場態度、政治獨立問題、品質作法訴求等方面抉擇不同，卻讓彼此命運天壤有別。幸運的是，愛爾蘭這個威士忌發源地的聖火並未完全熄滅，許多復興計畫已悄悄展開，而且頗有成果。這個蘇格蘭威士忌產業可敬的對手，很快就會重返世界威士忌舞台。

戰後的二十年榮光：調和式威士忌的重生與低潮

　　麥芽蒸餾廠與穀物蒸餾廠，在戰時是兩種命運——由於糧食短缺，限制烈酒蒸餾，麥芽蒸餾廠悉數關閉，但穀物蒸餾廠維持營運，生產丁醇、丙酮、甘油、酒精等重要戰略物資。二戰之後，國內產銷限制重重，於焉向外發展，美國旋即成為主要客戶，產業版圖也在此時重整，有些產權轉移到國外。1960 年代末期，產業已大幅回暖，日本與法國都成為重要海外市場。

1960 與 70 年代，是蘇格蘭威士忌史上第二全盛期。調和式威士忌的經營策略奏效，品牌光環效應導致許多消費者只認商標，而不太在乎品質。70 年代末期，調和式威士忌占市場大宗，但品質明顯下降。80 年代，優質麥芽威士忌崛起，只有大型調和生產商能夠面對這項挑戰。大型集團投入資金維繫品質，配合行銷宣傳，經歷低潮之後，銷售業績甚至還有成長，再次印證了調和式威士忌更仰賴品牌價值，而麥芽威士忌更著重品質溝通的產業現象。

麥芽威士忌復興：縱然生不逢時，終得綻放時機

調和式威士忌著重透過調配技藝，實現品牌風味個性，然而更重要的卻是附加價值，借重品牌行銷說服目標族群。反觀麥芽威士忌的產品訴求，難與早期市場脈動契合，吃了不少悶虧。不過，到了1980 年代，通過逆境考驗的蒸餾廠或裝瓶商，終於開始在全球市場上發光發熱，創造了所謂的麥芽威士忌爆炸時代。

Glenfiddich 蒸餾廠在 1964 年推出不摻穀物威士忌，全以自家麥芽基酒調配的產品，宣示麥芽威士忌的復興。單廠麥芽威士忌強調生產環節賦予難以複製的廠牌特性，平添許多知識樂趣，也符合當時品味趨勢；縱使銷售遠不及調和式威士忌，然而地位與價值與日俱增。調和式威士忌利用蘇格蘭民族形象作為行銷工具，成功吸引世人目光，但蘇格蘭人自認的傳統卻是麥芽威士忌；1960 年代的蘇格蘭傳統文化復興運動，即以此作為象徵，起了推波助瀾的作用。

過去五十年來，單廠麥芽威士忌的發展並非全無阻礙。1970 年代，以阿戰爭、石油危機與經濟衰退，乃至英國加入歐洲經濟共同體，稅制不利烈酒產業，導致 70 年代末期，出現滯銷與生產過剩的情形。80 年代初，英國 5 度提高烈酒稅，造成減產與關廠潮。1986年，維持營運的蒸餾廠只剩原本的 1/4。

創於十八世紀末的 Strathisla 蒸餾廠，二十世紀中葉成為 Chivas Brothers 旗下產業，向來都是 Chivas Regal 調和式威士忌的重要麥芽基酒來源。然而，這間蘇格蘭公司在當時已經被加拿大集團 Seagram 併購；過了 50 年，又被法國 Pernod Ricard 集團併購。調和式威士忌牽涉龐大利潤，二十世紀中葉以降，產權轉移時有所聞，但產業卻也因此更趨國際化。

北高地海岸Clynelish蒸餾廠歷史可溯至1819年。1967年於舊廠旁闢建新廠區，然而1969-1972年間，艾雷島乾旱缺水，業主急於取得泥煤基酒，因此舊廠復工，並另起新名Brora。舊廠營運至1983年，便再度停工迄今。

暗潮洶湧，靜觀其變：威士忌產業生態，猶如演奏管風琴？

　　當下生產的烈酒，是為了數年後銷售作準備，恰如管風琴延遲效應——演奏台按下琴鍵，音管不會立即傳聲；旋律彷彿是預先彈好的，彈奏不能中斷，樂音才能流暢銜接。在80年代逆境中，熟稔產業生態的Glenfarclas既不關廠也不減產，反而增產。他們預見這波低迷後，調和生產商所需貨源必然短缺，而幾年持續不輟增產所累積的適齡庫存，果然奇貨可居。

　　預測未來趨勢並據此實施庫存管理，透過產銷平衡，做到備貨充足卻又不至於庫存壓力龐大，遠比想像的複雜。桶陳培養恆處動態變化，如何拿捏年輕、適齡與老酒庫存的最佳結構比例，取決於各廠生產條件、經營策略與期望營收。蒸餾廠的實際產量通常低於最大產能，增產本身並不難，難的是未來情勢誰也說不準。產能推到極限未必有利，決定蒸餾廠命運的反而是庫存管理與庫存價值。

　　過去兩百年來的大風大浪，突顯市場評估的重要性，如今，產量拿捏、風格形態與品質特性也都關乎生存，這不但仰賴數字統計、趨勢分析、產業經驗，也需要大膽前瞻與豐富想像。最富實驗精神的例子，甚至包括與航太機構合作，觀察烈酒在失重環境下如何與橡木風

斯貝河谷的Glenfarclas至今仍由家族成員經營，低迷時期懂得逆向操作，
除了機敏嗅覺與前瞻眼光，家族經營模式也是關鍵。

味物質互動。創新必得承擔風險與壓力，然而現在所做的事情，都是
為了將來做準備。

　　蘇格蘭威士忌產業的創新之舉，晚近尤其暗潮洶湧；有些不免踩
到傳統思維標準的紅線，有些被舉黃牌警告，或被密切盯梢。然而，
這不僅反映製酒者豐富的想像力，更是這項產業恆處延遲效應下的生
態寫照。蘇格蘭威士忌這座偌大的管風琴，現在到底被誰按下了哪些
琴鍵？我們無法全盤知曉，但是耐心等待，旋律自會浮現。

Whisky Appreciation & Sensory Analysis

品酒是一個人、一杯酒,在一個特定時空相遇。在當下,人與酒都有自己的過去——人憑著自己累積的知識與經驗來品嘗,酒也有自己的人文史地與生產背景。即使人與酒不變,相遇的時空卻不見得相同,也因此,品飲有許多變因。相對於其他酒類品評的技術細節,威士忌在某些環節上比較複雜,有些部分則相對簡單。我首先解説威士忌品飲的獨特之處。

隨著時代進步發展,酒類品飲這門藝術逐漸帶有科學色彩,以往講求意會領悟的感官與風味現象,如今已經能夠從感官生理與風味化學的角度解釋,並且透過精準的語言描述,傳達特定感受所對應的化學物質,及其成因根源與品質意義。在語義分析與風味化學等研究基礎上,也發展出精準豐富的描述語彙與風味解釋,這是酒類品評不可或缺的利器。

Part I

酒杯裡的風味世界

品飲技巧
與評述方法

Tasting, Describing
and Evaluating Whisky

1-1 威士忌品飲漫談

威士忌品飲程序與特點

感官品鑑結果的穩定性，仰賴每次操作的精準與一致，同一個人用不同的方式品嘗同一杯酒，結果也很可能不同。因此，學習酒類品評，首先需要建立一套標準的動作習慣。威士忌品評，有別於酒精度較低的酒類，從嗅聞到品嘗，有些環節的差異特別值得注意。

鼻息控制與嗅聞頻率

烈酒在室溫下的酒精蒸散率頗高，初學者往往不習慣酒精刺鼻；然而，熟諳烈酒品評之後，會盡可能貼近液面聞香。聞香專用的收口杯、標準品飲杯與中性的寬口直杯，集香效率不同，但都適合聞香操作。需要注意的是，集香效果特佳的杯具，需要放緩步調與溫和吸氣，以免適得其反。烈酒在杯中蘊積的酒精蒸氣濃度高，更適合分段多次嗅聞，而不是持續嗅聞。威士忌在嗅聞階段的操作技巧，不同於葡萄酒與啤酒品評。

威士忌剛入杯即散發香氣，不需像某些葡萄酒那樣等待「香氣開展」，但是靜置後，氣味必然產生變化或呈現複雜度。品飲者可以藉助正確的嗅聞技巧，追蹤氣味變化軌跡，認識威士忌的品質與個性。

專家會直接將鼻子探進杯中嗅聞，甚至不見得會利用改變杯鼻距離嗅得

035 ——— Essential guide to whisky tasting & various ways of enjoying

差異。初學者依樣練習時可以暫時閉氣，讓氣味分子自然飄進鼻腔，嗅得氣味後立即抽離。此時杯壁內側不應凝結霧氣，否則就是不自覺向杯中噴氣的結果──這會將杯中蘊積的香氣推出杯外，造成後續聞香無效。習慣閉氣卻不噴氣之後，便可以嘗試輕緩吸氣嗅聞，此時嘴唇微張可以加強效果。

外部香氣與內部香氣

實際品嘗前嗅聞杯中香氣，可嗅得「外部香氣」，這不是某些特定香氣的總稱，而是一個聞香操作階段。靜置或不晃杯，可嗅得表層香氣，並且會逐漸蘊積發展出差異，稱之底層香氣，兩者皆屬外部

晃杯之後可以嗅得底層香氣，若稍微靜置，就能重回氣味蒸散平衡點，找回表層香氣。然而若是已經品嘗，就會在內部香氣影響下，無法復得原本氣味組成的感受。

香氣。相對來說，酒液入口之後所發展出來的香氣則稱為「內部香氣」。當口腔內已有酒味，再重複嘗試嗅聞杯中氣味，就無法嗅得原本的外部香氣了。也就是說，一旦品嘗之後，反覆嗅聞就顯得多餘。有些專家將之描述為「香氣分層已遭破壞」，然而事實上，若是以水漱口，又可以重新嗅得原本的外部香氣。

品嘗時除了風味與觸感，也要充分感受內部香氣。不論是仍含著少許酒液，或口腔留有殘酒，都可以稍微用嘴角吸氣，並且用鼻子呼氣，讓口中的香氣沿著鼻咽通道進入鼻腔，亦即要改用嘴巴吸氣方能嗅得氣味。

威士忌入口後，會出現香氣增強效應。首先是由於溫度上升，提高芬芳物質蒸散濃度，其次是與唾液混合，威士忌溶液性質改變，原本得以溶解的芬芳物質很快被釋放出來；此外，唾液酵素逐漸作用，產生新的風味物質。複雜的作用彼此交疊，在品嘗各階段產生不同香氣，變化劇烈而迅速。

殘留酒液所散發的氣味，常稱「香氣持久度」。這是酒液離開口腔後，半分鐘內，感官與風味彼此拉鋸的效果總和——包括唾液酵素繼續分解物質產生的風味，某些芬芳物質逐漸減弱構成的印象，以及兩者之間的平衡與互動；縱使沒有出現新的氣味物質，感官對某些物質產生疲勞，對其他物質轉趨敏銳，也足以產生不同的感受。

判斷香氣複雜度

威士忌香氣複雜度的判斷，取決於如何讓鼻子接收到不同強度與組成的混香，以及如何透過重複嗅聞，利用感官疲勞的機制，讓主導香氣的刺激暫時被大腦忽略，以便嗅出更細膩的氣味組成。

烈酒競賽評審多半會先把全部樣品先聞過一遍，然後再逐一細部審檢，利用長時間反覆嗅聞，判斷氣味複雜度。在品評相同類組的參賽樣本時，嗅覺疲勞能夠幫助消除、忽略其共通特徵，形同建立參照基準，有時反而有利判別品質差異。此外，交叉比對形同讓鼻子接受

同類型的威士忌品評，可以單憑香
氣特性，大致分出品質高低，然後
再以實際品嘗確認稍早的判斷。

不同刺激，也可緩解嗅覺疲勞。這也是為什麼穿插嗅聞其他物品，譬
如自己的手背、衣物、一杯清水，也都能幫助恢復嗅覺活力。

　　酒杯中的氣味分子組成與濃度，以及品評者生理狀況，都處於動
態變化中。這些因素隨機組合，也會造成感知不斷變化。聞香時可藉
由深淺緩急不同的吸氣，在短時間內嗅得層次差異。在持續操作最多
約半分鐘後，即可利用嗅覺疲勞聞出不同的香氣細節。

　　某些物質在不同濃度下，會造成不同感受。譬如葫蘆巴內酯
（Sotolon）濃度稍低時，帶有芹菜氣味；濃度提高，卻變成核桃油或
咖哩。這類氣味源於葡萄酒氧化物質，通常出現在使用雪莉葡萄酒桶
培養的威士忌裡，其濃度與特性取決於雪莉桶品質與比例。若在威士
忌裡可以嗅出核桃氣味，不妨刻意拉開杯鼻距離，或者透過晃杯、靜
置，改變分子濃度，就可能嗅得芹菜或咖哩氣味。

　　人的嗅覺比味覺敏銳得多，在真正啜吸品嘗之前，必須仔細嗅聞

一番。對於酒廠品管來說，品嘗是幫助確認嗅聞所得資訊與相應的推測。許多品質上的問題，單憑嗅聞即足以判斷。

重泥煤酒款的嗅聞技巧

遇到重泥煤威士忌，可以刻意重複嗅聞，大約只需半分鐘，待嗅覺對泥煤煙燻氣味產生疲勞，就可以聞到其他氣味層次。

酒中的煙燻酚濃度，會隨著桶陳培養年數增加而降低，然而包括果酯在內的其他某些風味物質濃度卻會提高。因此，年份較高的泥煤威士忌，通常較易嗅得泥煤煙燻以外的氣味；低年份的重泥煤酒款則相當有挑戰性，因為煙燻風味較為強勁張揚。然而不論再怎麼強勁，都可藉由刻意營造嗅覺疲勞，讓其他氣味顯現出來。

此外，由於嗅覺必然對煙燻酚產生疲勞，所以重泥煤不能作為威士忌的遮瑕工具。若是一款重泥煤威士忌的成熟度不夠，哪怕乍聞之下似乎只有煙燻，依然可以透過審慎重複嗅聞，嗅出年輕威士忌的氣味特性。

一口喝多少？一口喝多久？

烈酒初學者通常不適應高酒精濃度的風味衝擊，但是配合有效的品飲技巧反覆練習，適應烈酒並精準品評並非難事。

品嘗時，噘起嘴唇啜吸烈酒，控制入口份量，可以穩定品評條件，操作也較便利。適合品評的一口份量，最多不應超過 10 毫升，否則將阻撓香氣釋放，而且不便操作；但也不應少於 3-5 毫升，否則加速升溫與稀釋，風味變化迅速但強度不足，無法充分掌握細節，徒增品評困難。有些「不喝酒」的初學者，可以姑且將少許威士忌塗在唇上聞香與淺嘗，但是酒液太少，不算是有效的操作。

威士忌品評可以摻水，若是酒精濃度調降到 20% 左右，刺激感大幅減弱，一口份量可以稍多，大約在 15 毫升左右，但是這將影響酒液升溫速度與唾液混合比例。而且，品評時的口腔動作是一種身體

記憶，一口份量的改變只會徒增不確定因素。

酒精濃度在 40% 左右的烈酒，酒液入口後的停留時間，約莫只有 5 秒鐘；大量摻水稀釋，在口中操作時間可以延長到 10 秒鐘，但通常沒有必要。濃度愈高，一口份量就要愈少，這不僅是為了降低灼熱刺激，更是為了能夠更快被唾液稀釋，並綻放香氣。

此外，烈酒品評時的口腔動作特點，在於讓酒液停留在口腔前段齒齦的部分，待唾液分泌並稀釋酒液之後，才讓混合液接觸舌面。初學者練習時不妨微收下巴，讓酒液順勢停留在唇齒齦之間，也能避免刺激喉頭或嗆酒。酒液與唾液混合後，充分與口腔各處黏膜接觸，這並不是出於擔憂遺漏特定風味感知，而是為了提高風味感知的機會與強度。

烈酒品評時，不必藉由嘴角微張並啜吸空氣翻攪酒液，因為這樣會加速疲勞。有些專家甚至並不刻意讓酒液布滿整個口腔，如此也不影響品評效率，甚至可以延緩感官疲勞。

學習威士忌品飲，應該把一口份量的拿捏，列為必修功課。每個人感覺輕鬆自在的份量不太一樣，只能靠自己揣摩。標準在於可以讓酒液在口腔停留 5 秒，混合唾液後也能輕鬆含著。入口份量 5 毫升通常可以作為參考標準，相當於 4 公克，不妨以電子秤輔助練習。

最後要補充的是，沒有所謂的最佳一口份量，因為唾液組成與分泌量因人而異，感官敏銳度與盲點也不同。重點應該擺在追求每次品評都在相對穩定的條件下進行，如此才能累積可靠的感官經驗，建立屬於你自己的風味記憶資料庫。

酒是否吐掉？

哪怕酒量再好，品評烈酒時必須吐酒，因為酒精攝取只會加速疲勞；若非嚴謹的品評場合，也可以把酒吞下去。烈酒品評的單日工作量，上限為 50 款，品評方式、精神狀態與心態標準，盡量維持前後一致，即便如此，依然無法避免攝取少許酒精。

在烈酒專業品評與酒類競賽場合，與葡萄酒品評類似，吐酒是慣例，哪怕只品嘗兩三種，也會全部吐掉。要注意的是，吞酒不會提升品評效率，吐酒也不是評論品質的保證。至於啤酒品評，由於風味結構、適飲標準與酒精濃度等多項因素，品評時無需吐酒，是酒類品評的少數特例。

吐酒的技巧

既然要吐，就要吐得優雅漂亮。在生產商與酒商任職的專業人士，由於平素充分練習，吐酒技術普遍純熟。他們吐酒時，不會讓酒液四處噴灑，而是以一條細柱狀吐出，這在他們身上彷彿一枚專業印

記。每次只持續數秒的這個動作，往往反映多年的專業經歷與磨練。

擁有多年經驗的一般飲家與銷售人士，不見得懂得如何吐酒，這是由於飲酒情境與工作環境，沒有必要吐酒，也因此不易養成技術與習慣。然而，若是可以學會大方俐落地吐酒，在某些場合不僅可以提升公眾觀感，對於從業人員來說，也可以提升專業形象。

吐酒技巧的揣摩與練習方式，因人而異。有些人說在吐酒前，要先將嘴唇向前聚攏，讓酒液集中至口腔前半段，以舌根的力量將酒液推出。有些人則是用收縮齒齦的方式，配合唇形，讓酒液向外噴出。找到適合自己的方式，一旦學會，就不會忘記。

純飲還是摻水？

威士忌加水，通常不以稀釋為主要目的，而是為了改變芬芳物質既有的溶解平衡，促進香氣釋出，通常兩三滴就有效果。然而，業界專家基於工作需求，最多可以加水稀釋一倍，得到 20% 左右的酒精濃度。

稀釋用水以純淨為基本要求。新鮮的瓶裝水是個好選擇，但跟酒一樣，別以為裝瓶就是品質保證。不同品牌的礦泉水，只要是淨水，對威士忌風味影響有限。在蘇格蘭，水質多屬軟水，而且可以生飲，適合直接加到威士忌裡。其實，在台灣只要加裝淨水設備，也可以得到沒有氯或雜味的飲用水。至於氣泡礦泉水、溫熱水，都不適合加進威士忌。

業界使用「煙火理論」一詞，描述烈酒遇水稀釋時，溶解平衡改變所造成的香氣綻放現象。一如其名，煙火只能被點燃一次；摻水稀釋後，應該迅速嗅聞杯中香氣。若是純飲，酒液在口中被唾液稀釋時，香氣就會凝聚在口腔內，只需要閉口、以鼻子呼氣，即可嗅得內部香氣，足以彌補沒有摻水嗅聞的香氣缺角。

也就是說，摻水嗅聞是透過外部香氣的形式嗅得，純飲則是以內部香氣的形式嗅得，兩者各有優勢與盲點。以單次品嘗多款威士忌的比較品飲來說，不摻水更為便利，因為一旦摻水，香氣與風味結構就被

氣泡礦泉水：更有生命的水，適合加進生命之水？
純淨、常溫、無氣泡，是威士忌品評用水的基本要求。別以為氣泡礦泉水特別有生命力，所以適合加進生命之水。有些人認為，氣泡礦泉水雖不適合用來稀釋，但卻可以利用碳酸扎刺感清理口腔。

酒杯裡的「煙火」，不是靠點火引燃，而是靠加水釋放。使用滴管加入少許水分，改變酒精濃度與芬芳物質溶解度，便會出現不同的香氣結構。

永久改變；至於珍稀高年份威士忌，加水也會幫助香氣釋放，然而一般出於情感因素，不會摻水品嘗，甚至就小心翼翼地加那麼兩滴而已。

純飲優勢在於，遇水綻放的香氣可以蘊積口內，形成豐富集中的內部香氣，並與味覺直接互動，足以造成不同的嗅－味覺共構效果；在杯中摻水稀釋則無此效應。然而，有人忠實於純飲，幾乎到狂熱信

仰的程度，但若操作不夠熟練，或不懂得評判內部香氣，那麼風味感知的強度與多樣性，可能反而不如稍微加水稀釋品嘗的品飲者。摻水還是純飲，本身無關優劣好壞，端賴品飲者的選擇與操作。

可以加冰塊嗎？

在酒廠與競賽場合，威士忌不會加冰品嘗——除非是調酒、宴飲或個人喜好。威士忌加冰塊的直接效應，首先是降溫，其次是稀釋，而其實際感官效果，取決於環境溫度、冰塊品質，以及威士忌本身特點。冰塊應該特別製備，水質要純淨、冰得夠久、質地夠硬、尺寸夠

威士忌是少數擁有加冰品嘗傳統的烈酒。在融冰稀釋問題上，業者嗅出「冰石」商機，然而市場對於這項產品的態度頗為兩極。

大。威士忌本身溫度不應過高，環境氣溫保持涼爽，盡量延遲冰塊融化速度。

　　威士忌加冰品嘗的降溫效應，多半相當宜人。然而，多數酒款需要的不是降溫遮瑕，而是恰當的適飲溫度。某些多硫風格的威士忌，可以藉由冰塊降溫，在第一時間遮掩硫質，並營造凝縮滑順的觸感質地與冰涼印象，譬如 Mortlach 的年輕裝瓶就是實例。然而，過度降溫可能造成香氣難以散發，譬如以氣味繁複層次取勝的 Cragganmore，便不適合低溫侍酒。通常，加冰的降溫效應，是美好但卻太過短暫的蜜月——融冰改變溶解平衡，點燃了香氣「煙火」，卻由於低溫抑制揮發，香氣底蘊難以嗅得。

　　雖然某些酒款加冰品嘗更加討喜，甚至足以遮瑕，但融冰稀釋與低溫遮蔽效應愈演愈烈，最後會讓威士忌變成一杯酒味微弱的冰水。威士忌加冰品嘗的適飲時間只有短短幾分鐘，其實不適合習慣慢飲與喜歡聞香的人。

　　關於加冰議題的觀點針鋒相對，主要癥結在於融冰稀釋與過度降溫的問題無法妥善解決。加冰品嘗算是先甘後苦，補救辦法之一是當威士忌冰鎮夠了，就立即把冰塊撈出，但風險是會讓酒保不開心。最佳解決方案應該從侍酒端著手，把威士忌保存在涼爽的酒窖溫度，讓酒隨時處於適飲溫度；侍酒時，冰塊或冰水另外盛裝供應，如此可以限制融冰稀釋，延長適飲時間。又或者，削好的冰塊放進空杯，經過冰鎮的威士忌另外盛裝，讓飲者自行添酒入杯。

　　將酒杯放在冰箱、在酒杯裡投入「冰石」，這些方式直接迴避了加冰的問題；但是這些作法都不盡理想，也多少與美感經驗相悖——誰會想用起霧的杯子喝酒？誰會願意讓酒泡在石頭裡？更別說杯子內壁磨損，以及杯中「異物」造成不必要的分心。關於冰杯與冰石，能避免就應該盡量避免；讓威士忌維持冰涼適飲，其實還有更合適的辦法。

威士忌的適飲溫度

　　侍酒溫度必須根據環境條件調整,讓品嘗時的酒溫恰好處於適飲溫度。若是環境涼爽,但依然比適飲溫度高,那麼就可以偏低溫侍酒,盡量延緩回溫,拉長適飲時間。在溫暖潮溼的環境下,純飲威士忌的侍酒溫度可以稍高,約莫是 20-26℃,因為更低溫侍酒,杯壁容易起霧或凝結水珠;若酒杯依然起霧,代表環境太潮溼悶熱,通常也不適合純飲。若飲者不覺不妥,侍酒者可以尊重喜好;然而必須知道,品飲環境不夠涼爽,感官表現將遭扭曲。

　　適飲溫度不見得是絕對的,各種形態與特性的威士忌,適飲溫度高低關係相對固定。不妨想像,你有三套不同的溫度標準可選:首先是專業烈酒品飲標準,屬於相對低溫的侍酒溫度,約莫介於 14-20℃之間;其次,如今常見偏高溫侍酒,溫度區間直接挪抬至 20-26℃,這是由於消費市場環境條件、飲用習慣與個人偏好使然;最後,可以綜合以上兩套標準,將純飲溫度區間,放寬到 14-26℃。

　　決定純飲威士忌適飲溫度的要素,包括酒精濃度、風味熟成度、桶陳年數、澀感強弱、種類形態,我們可以據此劃出不同類型的相對適飲溫度。

　　酒精濃度、風味熟成度、桶陳年數與澀感強弱,這些因素處於聯動,共同決定適飲溫度。常見的 40-46% 裝瓶濃度,適飲溫度多半處於中高段,對於專業烈酒品飲來說,相當於 16-20℃;酒精濃度稍高,則可偏低溫侍酒,但不需低於 14℃,便足以壓抑酒精揮發性,讓香氣更有節制與層次。侍酒溫度低於 10℃,將嚴重阻礙香氣發展;若是低於 6℃,再加上杯子集香能力不佳,威士忌可能幾乎呈現無香狀態。

　　風味熟成度與桶陳年數通常呈正相關,但隨廠區而異。概括而論,年數不高但卻充分熟成的麥芽威士忌,由於不乏桶陳風味與甜潤觸感,通常可以承受偏低溫侍酒,同時突顯滑順質地;桶味強勁無妨,只要沒有超齡澀感,依然適合偏低溫侍酒,最低可達 14℃。年數稍高,則適合 18-20℃稍偏高溫,以免突顯澀感。總而言之,結

構良好的足齡麥芽威士忌，適飲溫度稍寬，最理想的情況是偏低溫侍酒，讓威士忌在涼爽環境自然回溫。

年數稍高，偶爾特別適合偏高溫品嘗，但若熟成過頭，萃取太多木桶單寧，那麼提高侍酒溫度，就成了壓抑澀感的必要手段。由於酒感表現與溫度呈正相關，最終可能壓抑了澀感，但卻突顯了酒精刺激。最終整體表現是否依然平衡宜人，取決於實際老化程度、果酯與辛香風味強度。這類風味極端的酒款，品飲者的個人喜好與品味，往往才是最終仲裁。

哪一支溫度計適合你？

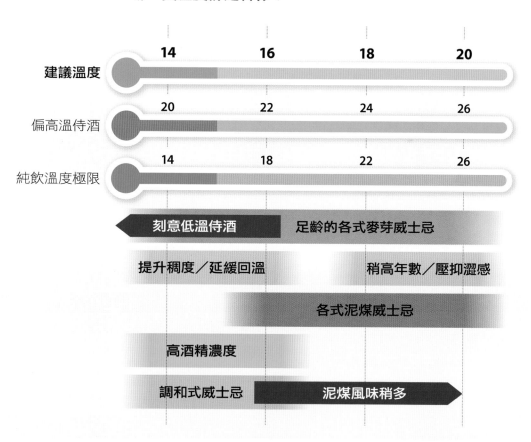

適飲溫度有相對邏輯關係，你可以選擇自己偏好的溫度標準，調整不同酒款的品嘗溫度，充分享受不同類型與特性的威士忌。

桶邊取樣試飲再夢幻不過了，雖然酒庫裡氣味紛雜，並不理想，
但約莫10-15℃的涼爽氣溫，威士忌自然沁涼。

威士忌澀感的另一個來源，是泥煤煙燻的酚類物質，與長期桶陳的澀感不同，泥煤煙燻風味與澀感強度會隨著年數增加而減弱。年輕威士忌的澀感多半來自泥煤，而非橡木桶，而且與顯澀的高年數威士忌相較，年輕的泥煤威士忌觸感與風味依然活潑明亮，適合介於 16-20℃ 中高溫侍酒。

泥煤煙燻風格多變，對溫度敏感度也不同，因此適飲溫度範圍寬窄不一。譬如 Laphroaig 的煙燻風味與澀感特強，但木桶賦予的香草、椰子、木質氣息也非常集中，甜潤風味本身足以平衡泥煤。偏低溫品嘗則乾燥辛香，偏高溫則甜潤豐滿；兩種溫度效果各有千秋。但有些泥煤酒款偏低溫品嘗過於乾澀，有些偏高溫品嘗趨於扁平，這時必須實際試驗，才能判斷適飲溫度。若是特別在乎消除澀感、提升香氣，泥煤威士忌偏高溫侍酒不會有錯，專業品飲標準至少 16℃ 起跳，喜歡偏高溫品嘗則 22℃ 起跳。

調和式威士忌風味純淨，架構普遍簡單，適合 14-16℃ 偏低溫品嘗，但若泥煤風味顯著，則可稍微調高到 16-20℃，緩和泥煤煙燻澀感，但應特別避免高溫侍酒，否則容易壓垮這個類型的輕盈架構。

單一蒸餾廠麥芽威士忌，通常個性明確，除了泥煤酒款適合 16-20℃ 起跳之外，這類威士忌的適飲溫度特別寬廣且有彈性——不妨偏低溫侍酒，讓酒液在杯中逐漸回溫，每個時間點都會有不同的氣味、風味與觸感表現。通常起始溫度設在 14℃ 就有很好的效果，一般空調室溫可以輕易維持在 26℃，這也是麥芽威士忌的適飲溫度上限。

至於調和式麥芽威士忌，多半不適合偏低溫侍酒，因為風味強度通常不低，泥煤風味也可能頗為顯著，侍酒溫度不宜太低，大約也是 16-20℃ 起跳。

國際烈酒競賽通常採取專業品飲的高溫區段侍酒，相當於 18-20℃。雖然有些酒款特別適合低溫品嘗，然而設定統一偏高的侍酒溫度，能夠滿足批評式品飲需求，突顯酒款潛在風味缺失，有利評審工作進行。

外觀澄澈度

威士忌可能有體積大小不一的沉澱物與懸浮物，以及物質析出造成的霧濁──有些霧濁無法消除，有些則只是暫時現象。影響酒液澄澈的原因，包括鈣質析出、碳渣殘留、酚類沉澱，與低溫析出的長鏈脂肪酸酯。

裝瓶前降溫，促使長鏈脂肪酸酯析出，再以纖維板濾除冷凝物，便可預防日後低溫貯存出現霧濁，這項操作稱為冷凝過濾（chill filtration）。長鏈脂肪酸酯本身是有風味的，帶有橙花、皂味與燭油氣味，但是業界普遍認為將之濾除，不足以根本改變風味個性。

長鏈脂肪酸酯低溫析出屬於暫時霧濁，回溫後即回復澄澈，所以不算嚴重的品質問題。不妨做個實驗，將一杯未經冷凝過濾的威士忌放進冷凍庫降溫，取出倒進另一個杯中，在杯壁結霧前迅速觀察，會發現酒液霧濁，但回溫後又恢復澄澈。

相對來說，威士忌裡可能出現細絲狀的鈣質結晶，一旦在裝瓶之後出現，就不會消失。雖然不影響風味，但對生產商來說算是品質問

Deanston蒸餾廠主張不採冷凝過濾，而預防酒液霧濁的方式，是稍微提高酒精濃度，讓長鏈脂肪酸酯不易析出，其桶陳12年的裝瓶，酒精濃度為46.3%。

題。通常裝瓶前的稀釋用水除鈣之後，就能有效避免鈣質析出。中高度的泥煤煙燻麥芽威士忌，由於含有豐富的酚類物質，在瓶底也可能出現少量沉澱，但是通常不太明顯。

　　波本桶培養的威士忌，可能帶有桶壁剝落的碳渣顆粒，在裝瓶前都會濾掉。然而，首次裝酒的單桶原桶濃度威士忌，由於不經稀釋，也不須桶次混合，因此可能出現碳渣顆粒沉澱，但不至於造成混濁。

裝瓶前只有靜置沉澱而未過濾的威士忌，裝瓶時沒有明顯外觀瑕疵，但不易察覺的細屑懸浮，在靜置聚於瓶底後就看得出來；酚類物質也可能逐漸析出。

051 ——— Essential guide to whisky tasting & various ways of enjoying

顏色來源與品質特性

影響威士忌外觀色澤的因素，包括木桶種類尺寸、新舊程度、培養年數、庫房環境條件、裝瓶前的調配與色澤調整。單桶取樣基酒的外觀，可作為桶次品質判斷依據；然而經過混合與調整後，外觀便失去原本意義。消費端面對的威士忌，就算沒有調色，也都經過調配，成色與品質的關係已經脫鉤。

若暫不考慮桶次差異，淺色酒款通常較能展現廠區蒸餾性格，以及波本桶賦予的特徵。使用紅葡萄酒桶或波特葡萄酒桶，替威士忌換桶培養增添風味，也有賦予紅銅、寶石紅光澤的附加效應。顏色偏深的威士忌，除了可能來自焦糖調色，往往也與特定桶型和較高的熟成年數有關。

深色威士忌，可能是來自特定桶型長期培養的結果。精彩的老酒，並不是因為色深而偉大，而是由於必然經歷長期桶陳，因而多半色深。早期由於對威士忌顏色的迷思與誤解，導致廠商刻意加深酒液顏色，雖然完全合法，但若風味個性顯得年輕，外觀卻調到幾乎泛黑，通常難以達到心理與風味整體觀感協調。

老酒的收尾可能微苦有澀，卻也經常伴隨辛香；烈酒固有的果酯消散後，桶陳又會帶來另一批層次繁複的果酯。焦糖調色雖足模擬陳酒外觀，但卻缺乏理應相伴的風味特性，最終只會造成期待落差，甚至風味瑕疵。如今，以為顏色愈深愈好的迷思，尚未完全消失。我們可以合理懷疑，這群人把威士忌與滷豬腳混為一談了！威士忌並非愈上色，愈美味。

添加焦糖調色並非造假。相關生產法規允許使用焦糖調色，初衷在於消除批次色差，而不是盲目加深顏色。調色用的焦糖有氣味、味道與觸感，然而適量使用，在威士忌固有的風味背景裡嘗不出差異。某些國家法規要求若經調色必須標示，譬如德語 "mit Farbstoff" 或丹麥語 "farven justeret"。調和式威士忌由於產量大、銷路廣，批次之間的顏色穩定是品管要件，裝瓶前調色屬於常態操作；相對來說，麥芽威士忌較不盛行焦糖調色，雖然實際上也並不罕見。

單從顏色外觀無法分辨威士忌是否經過調色，色深未必經過調色，色淺也不見得沒有使用焦糖上色。根據常識判斷，顏色極淺的酒款沒道理使用焦糖調色，但是中等金黃以上的酒款，就不無調色的可能。由於難以斷定是否調色，而且絕少影響風味，所以顏色外觀不是品評關注的重點。但若好奇一款威士忌是否摻用焦糖，可以用掌心揉搓酒液，摻用焦糖的樣品，通常會殘留黏膩感。也就是說，焦糖調色不是用眼睛看出來的，也不是用鼻子聞出來的，不見得嘗得出來，但卻可以用手搓出端倪。

為避免先入為主的心理效應，有些調配師會利用有色酒杯遮掩基酒外觀，以免豐富的經驗反而成為不必要的負擔。威士忌盲飲杯通常製成深藍色，因為不易造成食物聯想。調配師專注於香氣、風味與觸感，最終配方若需要加深色澤才使用焦糖。對於消費端的品飲者來說，也應專注於風味感知與表達，至於酒液顏色與感官特徵之間的關係，那要在源頭探討才有意義。

色淺與淺齡，不代表青澀不熟

威士忌的顏色來自木桶萃取，從橡木品種到桶型尺寸，乃至庫房環境條件，都會影響萃取效果。淺色威士忌通常是由於使用波本桶或舊木桶培養熟成——由於賦色能力有限，因此威士忌顏色較淡——幾乎呈淺稻草黃，也可能泛草綠光澤；即便色淺，卻可能有絕佳的風味深度與熟度。

老而色深不見得成熟，年輕色淺也不見得青澀。風味熟成速度與天生體質有關——不須長期培養的烈酒形態，只需 6-8 年即足以展現絕佳適飲性與圓熟架構，更別說 10-12 年的基本裝瓶了，實例包括 Auchentoshan、Glencadam、Strathmill、Glenmorangie、Glenfiddich、Glen Grant、Glen Spey、Tullibardine、Glen Elgin、Glenlossie、Linkwood 與 Miltonduff。

波本桶培養的色淺酒款，評判重點應放在桶味與烈酒的協調性——若是整杯威士忌宛若液體香草冰淇淋或椰子西米露，其他風味付

無色透明

極淺稻黃－稻黃色

淺黃色－中等黃色

中等黃色－淺金黃色

淺金黃色

中等金黃－深金黃色

深金黃色

極深金－琥珀金

淺琥珀色

泛紅的淺琥珀色

琥珀色

深琥珀色

淺紅銅色

深橘紅－泛橘的紅銅色

極深的琥珀色－淺紅銅色

中等紅銅色

深紅銅色－泛棕的紅銅色

極深的泛棕紅銅色

淺棕色

偏淺的中等棕色

泛紅的棕色－中等棕色

中等棕紅色

帶有寶石紅光澤的棕色

深棕色－暗棕色

極深的棕色－棕黑色

暗黑－黑不透光

剛蒸餾出來的烈酒，無色透明，稱為新製烈酒，而不稱為威士忌。

桶陳培養3-5年的年輕威士忌，通常成色稍淺；若是使用活性較佳的橡木桶，賦色速度較快，只需半年即可上色。若是培養10-15年，色澤依舊淺黃，可能是失去活性的木桶使然。

以活性尚佳的波本桶足齡培養，或者採用雪莉桶培養並酌量調配，色澤通常會落在深金至琥珀色之間。

使用活性極佳的雪莉桶培養10年，即足以賦予紅銅色，但未必代表風味已經完熟；使用活性稍差的雪莉桶，約莫15年亦足以達到深琥珀。若是採用活性較差的雪莉桶長期培養，色澤依然能夠呈現深紅銅色，但是這樣的色澤外觀也有可能來自焦糖著色。

經過長期桶陳培養，或者已達完熟或正要成熟，甚至只是經過調色，都有可能呈現棕色。若是新製烈酒體質耐陳，採用活性極佳的雪莉桶培養12年，雖然足以賦予棕色外觀，但可能才剛進入初熟階段而已；若是經過調色，更難憑藉色澤判斷成熟度。

極高年數的威士忌，外觀黝黑，酒緣泛有橘光，通常風味已經步入衰退；極端的焦糖著色也會賦予這樣的外觀，甚至黑不透光。威士忌出現這樣的顏色通常不是好徵兆。

之闕如，並不能算是成功的作品；此外，淺齡通常不足以作為熟度不足的藉口──在多數情況下，培養可以做到淺齡卻足齡，色淺味深，年紀輕而韻味熟。

淺色，是泥煤大放異彩的顏色

泥煤威士忌的風格個性，容易與歐洲橡木帶來的澀感，或雪莉桶賦予的風味產生衝突，因此少用容易賦色的桶型培養，這是泥煤威士忌通常色淺的根本原因，而美洲橡木製桶成為近代傳統，也起了推波助瀾的作用。Ardbeg、Laphroaig、Highland Park、Tobermory 與 Springbank 蒸餾廠減少雪莉桶使用比例，因此得到色澤較淺的泥煤威士忌。

品嘗：從入口到餘韻

酒類品評是藉由不同感官面向，看清品質與審美特徵全貌；從嗅聞、觀察到品嘗，猶如不斷建構、檢查與調整觀點的過程。嗅聞與入口第一印象，不足以構成完整評述。嚴謹的品評應該檢查比對初步印象與中段風味表現，乃至收尾與餘韻，是否共構和諧整體，並注意風味變化，從批評的角度描述品質特性。

入口大約 5 秒鐘就會進入中段風味，發展出不同於第一時間的風味衝擊，產生明顯可感的風味差異，口感份量質地也因酒而異。這是印證嗅聞與淺嘗所得印象的關鍵時機，也或許是品飲者心思最忙碌的時候──不但要兼顧此時在口中發展出來的風味變化與觸覺特性，還要注意其間互動效果，以及嗅覺與味覺的整體協調。

品飲各階段的關注重點

品飲階段	狹義風味感受（化學感覺）	廣義風味感受（物理感覺）	整體綜合評論（抽象品質）
嗅聞	氣味分層與辨識	酒精刺激感 揮發物質嗆感	複雜度、純淨度 協調性
入口	風味衝擊	酒精刺激 侍酒溫度	味－嗅覺協調性 風味架構與均衡
中段	風味發展	觸感質地與份量 灼熱或溫熱	
收尾	風味轉變與苦韻	乾燥感／甜潤度	純淨度、協調性 複雜度、持久度
餘韻	長度、強度 與變化	澀感出現或延續	

品酒的時候，要不就是花很長的時間嗅聞，要不就是忙著寫筆記。
現在你知道原因了──原來每個階段都有許多細節需要觀察，而且還要準確記錄下來。

品飲鍛鍊與周邊實務

入門訣竅與採購策略

以下建議可幫助初學者迅速進入狀況。

1. 識風味：從單一蒸餾廠麥芽威士忌開始

大麥比其他穀物更能賦予風味，完全以大麥麥芽作為原料，並且採逐批蒸餾的麥芽威士忌，不同廠區的風味差異，比穀物威士忌更加鮮明。單廠麥芽威士忌是大麥麥芽豐富風味潛力的伸展台，可以藉此作為建立威士忌風味資料庫的工具。日後擴展到調和式麥芽威士忌，也能事半功倍。

2. 拚經濟：從價格廉宜的低年數威士忌切入

低年數酒款可以幫助熟悉年輕威士忌的風味特性，通常能夠更清楚呈現廠區蒸餾性格，而且價格特別廉宜。桶陳培養 3-8 年的麥芽威士忌，未必會裝瓶銷售，年輕威士忌的常態裝瓶通常是 8-12 年。稍高年數的威士忌，固然價格稍貴，但是有些時候還是應該下手——尤其是某些廠牌的垂直品飲特別有意義。

3. 學風格：從個性鮮明的原廠裝瓶威士忌開始

單廠麥芽威士忌有不同裝瓶版本。我建議初學者以原廠裝瓶為主，獨立裝瓶商為次；後者並非品質不好，而是不適合作為入門素材。利用原廠低年份常態裝瓶熟悉廠區風格，較便於歸納與印證。若是經過一番練習之後，再嘗試裝瓶商挑選的批次桶號，將更容易察覺廠商選桶風格走向，你會因此得到成就感。

鍛鍊的三個層級：從態度、技術到觀點

感官敏銳度不是決定品評能力的關鍵，其實多數人的生理條件，

都符合學習品飲的要求。所謂感官敏銳，是指關懷周遭氣味世界的習慣或性格，而不是生理層次的機敏而已。對風味的敏感與好奇，彷彿正式學藝之前的灑掃工夫，是一種態度的培養。

　　真正開始「習武」之後，要從馬步開始蹲——撰寫品酒筆記與認識風味語彙，就是品飲的基本功夫。撰寫筆記的主要用意是培養動腦習慣，在尋找合適詞語，提筆記錄的過程中，便能自然磨練出表述能力，將無形感受化作有形文字，並培養應有的好奇與專注特質。

　　氣味樣品可以幫助建立氣味與名稱之間的聯繫，但是一個蘿蔔一個坑的簡單對應，不是提升品評描述功力的萬靈丹。真實世界的香氣樣貌複雜，結構相近或甚至同一種分子在不同濃度下，氣味印象未必相同；不同的分子，卻有可能出現類似的氣味。譬如丁香酚與玫瑰

利用氣味樣本建立感受與詞彙對應，只是認識氣味世界的開端而已。況且，許多日常生活的概念，也不只對應一種氣味感受。

酮，都可能帶來類似的甜羅勒或覆盆子的氣味。

　　酒類香氣屬於強度不斷改變的混香，品評需要具備描述複合香氣的能力。混香就像一種新氣味，很難嗅出組成氣味因子，香水調配師有時最多只能辨別 3-5 種基底香氣。有時甚至必須藉助經驗猜測，而非單憑嗅聞辨別——這在酒類品評裡也是成立的，品飲者要利用經驗尋找、推敲、猜測、核對、驗證。混香辨識資料庫就像九九乘法表：看到 24，可以猜 3×8 或 6×4，接著運用專業知識與邏輯推理判斷答案。

　　風味描述只是過程與手段，區辨差異、找到根源，才是酒類品評最終目的。品嘗威士忌的時候，丟出一堆描述詞彙，常見的水果名詞就包括蘋果、鳳梨、香蕉、櫻桃、檸檬、桃子，若是停在這裡，沒有往下分析論述，那麼品評工作便形同只做了一半，而且是較不重要的一半。

　　完整的品飲筆記不應只是風味清單，不應像是藝術作品的基本資料卡——只列出作品名稱、藝術家名字、創作年代、媒材與尺寸——而應該要像一篇藝術評論，既有特徵觀察紀錄，也針對創作背景作出相應評述。專業品飲是立足酒杯內的風味，放眼酒杯外的世界，各專業領域有不同的角度與重點，不論特別著重生產環節、市場生態、科技、法規，乃至文化層面議題，都是讓專業評論具有價值的亮點。

比較品飲：在家也能自我鍛鍊

　　比較品飲可以幫助辨別容易忽略，或不甚顯著的細微差異，譬如 Mannochmore 與 Glenlossie 的風味特徵極其接近，透過交叉比對，更能清楚察覺兩者在觸感質地上的差異。同時，比較品飲也是有效的自我鍛鍊方法。

　　適合比較的主題素材很廣，譬如同廠牌泥煤威士忌垂直品飲，可以發現高年數的泥煤煙燻氣味幾乎消失，只剩下收尾的乾燥澀感與辛香。泥煤強勁的 Laphroaig，其極高年數酒款的泥煤風味指數幾乎歸零，嘗起來彷若無泥煤的高齡威士忌，因為後者也很有可能從橡木桶獲得類似的辛香與乾燥觸感。

　　雖然製酒工藝環節互動複雜，單一因素很少直接對應特定感官特徵，但是生產製程環節對風味的影響，也可以作為比較主題，譬如麥汁清濁程度對威士忌的風味影響相對顯著。在風格光譜兩極之間，有許多細微差異，在適當挑選樣品與安排下，比較品飲可以幫助迅速掌握工藝程序與風味特性之間的關係。

比較品飲必須要有可比的邏輯基礎。比較同廠牌的高低年份差異，通常是個不錯的切入點。

產區比較品飲：一個似是而非的觀念

　　有些比較品飲主題看來有趣，實際品嘗起來也都有差異，但由於缺乏可比的邏輯基礎，因此無法反映比較品飲的初衷，其結論也不免以偏概全。產區比較品飲是酒類教育訓練常見的手段，但卻不適合蘇格蘭威士忌，我也不建議藉此認識產區差異。事實上，蘇格蘭威士忌產區風格是歷史文化想像的產物，據此進行比較品飲，很容易模糊焦點或自我誤導。

　　來自不同區域的威士忌風味固然不同，但不能從產區解釋，而應該以廠區為單位看待。除了少數例外，產區與風格特性之間的關係薄

蘇格蘭威士忌比較品飲，產區不是重點，廠區才是關鍵。產區觀念無法解釋風味差異的根本原因，只能回到廠區生產製程與自然環境的複雜互動解釋。

弱。以產區比較為題的品飲，實際上只是「不同／相同產區的酒款放在一起喝」，而不是嚴格意義的「產區之內／之間風格比較」。

然而經過精心挑選與安排，具有類似自然環境或生產要件的蒸餾廠或酒款之間，依然有其可比基礎，結果也足以印證各項要素之間的互動，如何促成特定的廠區特徵，但卻仍不足以說明產區特徵。產區概念存在，不代表產區風格存在。

比較品飲的練習建議

以下的品飲主題都具有可比的邏輯基礎，適合作為自我鍛鍊的習題，也可作為組織規劃品酒會的靈感與素材。

1. 相同公司集團或家族酒廠的酒款比較

透過異中求同、同中求異，歸納相似營運背景與指導方針之下，各廠牌之間的差異，以及一個廠牌的不同產品線。實例包括同集團經營的 Glenfiddich、The Balvenie 與 Kininvie；或者 Springbank 蒸餾廠的

同名產品、Hazelburn 與 Longrow，以及 Tobermory 蒸餾廠的無泥煤同名威士忌與泥煤威士忌 Ledaig。

2. 具有地緣關係、性質相近的酒款比較

這或許是最富產區概念的比較品飲，但真正的關鍵依然在廠區差異。實例包括艾雷島（Islay）南岸彼此相鄰的 Ardbeg、Lagavulin 與 Laphroaig 三廠，其泥煤煙燻強度與性質也與同島其他廠區明顯不同。另外，Glenlossie 與 Mannochmore 母子廠區，隸屬同集團，地理位置、製程與風格全都相近，然而威士忌觸感質地卻明顯不同。

3. 相似類型與型態的酒款比較

透過用桶策略、風格設定、調配方針，可以得到不同風味效果與整體均衡的雪莉桶陳威士忌，GlenDronach、The Macallan 與 Glenfarclas 都是實例。不同地區挖掘的泥煤，煙燻風味也有差別，透過比較歐克尼群島（Orkney Islands）區 Highland Park、斯開島（Isle of Skye）Talisker 與高地東部 Ardmore 三廠威士忌，可以清楚認識泥煤煙燻風味。

4. 不同年數的垂直品飲

各廠新製烈酒的風味特性與桶陳潛力不同，熟成高原分布也不一樣。極淺齡的青澀樣品或老化酒樣，都不容易在市面上取得，但透過垂直比較品飲，譬如 Dalmore 與 GlenDronach 桶陳 12 年、15 年與 18 年的威士忌，同廠比較或交叉比較，都可循風味變化軌跡，揣摩風味從青澀到成熟，乃至衰老的變化曲線。

5. 調和式威士忌廠牌風格比較品飲

調和式威士忌，通常使用數十種麥芽威士忌與數種穀物威士忌調配而成，縱使基酒來源與品質經常處於浮動，但藉由調整比例、替換基酒，成品風格卻相對固定。每個廠牌訴求不同，以便區隔市場，通常會在統一風格基礎上，推出多種產品線。風格鮮明的品牌包括 The

Famous Grouse、Johnnie Walker、Dewar's 與 Ballantine's 等，透過比較品飲可以找到區別要素，並歸納品牌風格特徵。

6. 配方基酒與最終成酒的比較品飲

不少調和式威士忌與調和式麥芽威士忌，都嘗得出重要基酒配方本身的風味特性。許多知名品牌的麥芽基酒可以在市面上購得，作為比較的素材。譬如調和式威士忌 William Lawson's 展現 Macduff 的麥芽基酒風格；調和式麥芽威士忌 Monkey Shoulder，也融合 Glenfiddich、The Balvenie 與 Kininvie 三廠麥芽基酒特性。

7. 相似環境條件對製酒效果的影響

某些廠區的地理位置並不接近，但皆位處特別涼冷的地區，蒸餾程序與熟成培養都在氣溫偏低的環境下進行，以至於擁有某些相通的風味特徵。譬如 Braeval 與 Dalwhinnie 兩座蒸餾廠，雖然製程細節不同，但卻都呈現涼冷環境的高海拔風格印記，表現為程度不一的含硫特徵。

8. 進階比較品飲主題

除了麥汁清濁度之外，與風味溯源有關的練習，還包括果味來源、純淨表現、觸感質地、複雜層次、硫質風味、季節差異，不但引人入勝，而且富有挑戰與啟發。透過 Cragganmore 的夏期品與冬期品，可以體驗蒸餾環境溫度對烈酒品質的影響；比較 Glen Grant 與 Linkwood，則足以看出不同的風味純淨哲學。

單杯品飲，養成絕對味蕾

單杯品飲雖不必一次面對多杯威士忌，但不見得輕鬆簡單，因為必須在毫無對照的情況下，準確描述與評論，講求絕對味蕾、精準記憶、廣博知識與豐富經驗。單杯品飲要採取主動出擊的策略——積極尋找風味特點與缺失，主動檢查每個項目範疇，避免被酒款最顯著的感官特徵牽著走。

初學者在品評描述單杯威士忌的時候，可以利用備忘錄、詞彙清單、生產背景作為輔助資料。本書的品酒筆記，便是以引導品飲的方式撰寫。

　　威士忌的外觀、氣味、味道與觸感，每個感官範疇都對應一個或多個品飲階段。一旦熟練操作程序，便不用擔心品飲時會遺漏重要項目。某些風味特徵相對不重要，在熟習之後可以簡單帶過，把精神與時間留給其他細節分析。不過初學單杯品評，訣竅無他，要記得踏到每一塊疊板。

競賽場合的評審策略

　　國際烈酒賽事品評有幾項特點：一是有條件的矇瓶試飲；二是有排定的梯次與順序；三是頒獎方式影響評選標準。就算不是烈酒評審，相關細節有助於認識威士忌品評。

　　矇瓶試飲用意不在猜酒，而是讓人放下包袱。這是相對客觀的評選方式，也可以幫助評審專注於酒款表現，但矇瓶是有條件的——主辦單位必須提供待評酒款的基本資訊，否則毫無背景資訊，固然能夠免除干擾，但卻不見得能夠幫助作出應有評價。

　　待評酒款會依類型分組，蘇格蘭威士忌可依型態分成「調和式威

士忌」、「穀物威士忌」、「單廠麥芽威士忌」與「調和式麥芽威士忌」，為避免泥煤強度落差太大，也會針對煙燻風味強度分組。同類樣本數量較多時，則採桶陳培養年數、特殊桶型等輔助標準，讓每個梯次不至於大到難以處理。後台會預作分組排序，因此梯次順序與內容不會輕易改變。

非競賽場合的酒款排序，訴求重點是活動進行流暢，避免酒款之間彼此影響，以俾展現產品特性。風味濃郁、架構堅實、澀感較豐，

烈酒賽事的待評酒款皆採匿名處理，但用意與品評能力鑑定的矇瓶試飲不同。在賽事裡矇瓶，是為了公平審查，而不是給評審團考試。

通常會往後擺，尤其是高年數與重泥煤酒款，其殘留澀感極易影響鄰酒表現。若泥煤強度彼此相仿，可藉對比呈現差異，然而重泥煤可能產生遮蔽效應，導致誤判鄰酒泥煤強度。在賽事場合中，這種情況通常不影響評分，因為對泥煤疲勞反而能夠嘗出其他風味細節，而這恰是評判品質的重要指標。在學習性質的品飲活動中，可藉休息與拉開品飲間隔，幫助回復感官靈敏度。

通常在品評梯次當中，評審可以任意調換順序，消除排序本身可能造成的集體盲點。有經驗的評審桌長，偶爾也會叮嚀同桌成員，以不同順序品評。

不同比賽規則，不同評選策略

　　競賽規則會影響評審的品評方式。有些賽事採淘汰制，每個類組只有一名優勝，即所謂奧運原則；有些則是積分制，只要總成績達到頒獎標準，就有獲獎資格。在這兩種頒獎規則下，評選策略與標準很不一樣。

　　淘汰制評選是先甘後苦。初賽梯次直接汰除較差的酒款，工作內容相對容易而迅速，但到了決賽梯次，評審團往往面臨痛苦抉擇。優勝評選制度最大的問題，在於總決賽裡值得奪金的酒款不止一個，而且由於烈酒類型分組有其盲點，無法做到也沒必要鉅細靡遺，因此準優勝酒款通常是所屬類型的佳作，然而評審團卻必須在類組框架限制下，淘汰一樣優秀，甚至更加優秀的酒款。這種奧運原則的淘汰式評選，在烈酒競賽裡較少採用。

　　積分制評選則先苦後甘。評審團成員在初評時必須根據得獎標準，考慮給分高低，通常還必須作出品質描述與回饋，需要較多時間。不過，若已建立給分共識與默契，就會很有效率。通常主辦單位會預先設定獲獎比例上限，評審團可以據此斟酌給分。每位評審的評分數字直接輸入電腦，由統計軟體列出每個類組的準優勝酒款、參考積分與建議獎項，交付評審團作出最終決定。

　　烈酒評審的評分，是相對的，也是絕對的——利用數字差距呈現同類組裡的相對品質高低，具體數字則形同某個層次水準的準確對應，這其實結合了比較品評與單杯品評絕對味蕾的功夫。烈酒品評也綜合擇優與汰劣兩種手段——前者講求和諧、均衡、複雜、整體完成度、純淨度與個性；後者特別關注風味缺陷與技術缺失。專業品評與一般品飲活動在這些方面頗有相通之處，可供一般愛好者借鏡學習。

避免頻繁漱口，維持參照基準

　　一天當中的第一口酒，評判特別容易失準。國際烈酒賽事正式進入賽程前，同桌評審會一起品嘗中性烈酒，以酒涮口，適應酒精刺激並交換意見。在品嘗威士忌之前，不需刻意用伏特加漱口，但知悉這樣的感官限制，可以自我提醒，避免太早作出結論，或誤判第一口威士忌。

　　在整個品評過程中，最好讓口腔保持帶有前酒的狀態。避免太過頻繁飲水，否則口腔不斷重新適應酒精衝擊，特別容易疲勞。況且同一梯次的酒款，通常都有某種相似性，殘留前酒風味可以幫助適應風味背景，建立參照基準，將更有利區辨差異，作出精準評判。

　　通常只有嘗到缺陷酒款，才會以水涮口，消除雜味。繼續品評下一款酒時，就可能如同第一口酒那樣失準，這時只需要啜吸少量酒液，讓口腔重新適應酒精，就可以繼續品評。另一個飲水時機，是梯次間的空檔，通常不會喝多，因為飲水的主要目的是讓口腔休息，喝水造成飽足感，會降低感官敏銳度或注意力。

國際烈酒大賽的每個梯次大約50分鐘，需品評10款烈酒，評審桌備有充足飲用水與中性餅乾或麵包，緩和口腔疲勞。然而，這樣形同不斷讓口腔對烈酒的印象歸零，過量使用反而降低工作效率。

威士忌聞香杯的刻度意義

業界使用的聞香杯，杯身每
條刻度代表30毫升。感官審
檢時，首先斟到第一條線，
仔細嗅聞記錄後，按特定比
例兌水稀釋，然後繼續嗅聞
或品嘗。稀釋目標濃度大約
介於16-21%，不同濃度的烈
酒，添加水量也不一樣。穀
物烈酒（94%），需要4倍稀
釋水；麥芽新酒（63-68%）
則需3倍稀釋水；桶陳期間
的樣品（55-63%），通常需要
2份稀釋水。即將裝瓶或已
裝瓶的成酒（40%），添加1
倍稀釋水即可達到目標濃度。

別讓杯具釀成悲劇

　　在生產端最常見的威士忌杯，其實是雪莉酒杯，叫做 Copita——
外觀為花苞狀的高腳杯。這個字是從西班牙語 copa（杯子）而來，詞
尾 -ita 是指小，所以意為「小杯子」；蓋爾語詞面相似，寫成 cupa，
讀音為 [kuhpʌ]。其容積約莫 150 毫升，稍小於標準葡萄酒杯，杯肚
接近蛋形，收口較窄，聚香性佳，非常適合聞香，故也稱「聞香杯」
（nosing glass）。

　　酒杯是品管不可或缺的工具——從尚未稀釋的烈酒、稀釋的新酒
樣品，到整個培養過程的追蹤觀察，乃至調配與裝瓶前的成品，全都
需要感官分析。生產端的操作慣例是嗅聞為主、品嘗為輔，在多數情

況下不需實際品嘗。然而，泥煤煙燻風味物質與來自培養的桶壁萃取物，味道觸感也是評判關鍵，通常會加水大量稀釋後品嘗。

威士忌聞香杯偶爾會做成藍色，避免酒液外觀造成心理干擾。不塗成黑色，是因為黑色容易讓人聯想到焦烤、巧克力、咖啡，偏偏這些都是經常出現的風味。而且，深藍色足以遮掩酒液色澤，卻不至於看不到液面高度，操作上也較為便利。

專業品評使用的酒杯，以集香為主要訴求，杯壁厚度、形制比例、杯身重量與均衡感也都有要求。酒杯標準因地而異，對於餐飲業與酒吧，杯壁稍厚、可以機洗、耐磨耐用、保養簡便，相對比較重要。威士忌侍酒可能加水加冰，因此容積必須夠大，杯口必須夠寬。聞香杯是專業品評的首選之一，但在要加冰飲用的情況下，標準杯具反而會釀成悲劇。

此外，鬱金香形烈酒杯（Tulip）、通用標準品飲杯（INAO/ISO）與現代品飲杯（Glencairn）的集香功能俱佳，這也意謂潛在品質瑕疵更易原形畢露。對一般鑑賞者來說，好杯子可以提升感官享受；對於品飲工作來說，選擇好酒杯則是為了便於察覺可能的瑕疵。

蘇格蘭酒吧不太使用傳統聞香杯，就算採用收口酒杯，容積也低於標準規格。然而，酒杯只要乾乾淨淨，依然能夠讓人有個愉快的小酌時光。

由左至右：傳統品飲杯、鬱金香形烈酒杯、通用標準品飲杯與現代品飲杯。

烈酒並非不壞之身

　　別以為威士忌開瓶後不需煩惱保存。蘇格蘭環境涼冷，開瓶後的老化速度緩慢，再加上剩酒的老化速度比不上喝酒的消耗速度，所以蘇格蘭人不太關注這個問題。但生長在溫暖環境的我們，不能不正視這個問題。

威士忌尚未開瓶前，避光避熱、直立靜置、瓶口密封，若是能夠配合環境溫溼度控制與避免異味入侵，瓶中的威士忌可以保存很久。

專業飲家與銷售店家，經常必須保存幾十種已經開瓶的威士忌，而開瓶後的變化速度，其實超乎許多人的天真想像。酒精與果酯等揮發性物質，都會由於接觸空氣而散逸，有些風味物質則會遭到氧化。

　　威士忌開瓶後，保存不當造成嚴重蒸散、氧化，甚至氣味入侵，都會讓風味偏離原本風貌。果酯與酒精容易消散，一連串的化學反應也會產生特定醛類與酯類，聞起來像青蘋果、溶劑、去光水與刺鼻的洋梨氣味。蘋果與洋梨，似乎並不難聞，但是任何品質變化，只會替品飲功課帶來麻煩。裝瓶當下的風味才能反映品質標準與設計初衷，而保存的最高境界，就是讓它凍齡。品飲是以風味為南針，順著指引探索故事，若是方向偏差，與風味故事的緣分線索也就斷了。

若威士忌只剩瓶底一丁點，而沒有適當保存，最常見的問題是應有的果味消失，架構比例改變，出現異常風味，甚至外觀也變得霧濁。

延長開瓶後的壽命：換瓶與凍齡

　　威士忌必須直立保存，延緩軟木塞老化，並減少空氣接觸面積；陰涼避光，避免震動，可以減緩各種化學反應。劇烈溫差與極端溫度都會加速氧化——溫差動輒超過 10 度的環境，縱使涼爽（譬如 12-22℃），還不如偏高溫的相對穩定環境（譬如 25-30℃）。但最理想的還是涼爽穩定的酒窖溫度（12-16℃）。環境溫度愈高，就要試著讓封口更緊密一些，以免揮發物質散逸。

　　如果威士忌只剩不到半瓶，不妨換用小玻璃瓶，減少空氣接觸。別用寶特瓶，因為某些揮發分子會通過毛細孔散逸，而水分子比乙醇分子的滲透率高，最後會造成酒精濃度提高，而且烈酒會從寶特瓶溶出微量化學物質，不是理想貯酒容器，更別說非食品級的塑膠了。有人嫌換瓶麻煩，所以放進肚子保存，也有幾分道理。

　　不想換瓶，也不想把剩酒一次喝光，那就用錢來換。市售專為保存酒類飲料設計的惰性氣體，雖然並不便宜，但算值得的投資。原理是讓酒液表面蓋上一層比空氣重的惰性氣體，大部分是二氧化碳，阻絕空氣接觸，同時以氮氣填補空間。然而，由於氮氣比空氣輕，會往上飄，所以使用時必須用瓶塞半掩瓶口，接上細長管子朝深處噴氣數次，然後立即封瓶，否則效果有限。

瓶底剩酒的變化速度快，與其等它壞掉，不如盡快喝掉。

果酯揮發的風味效應

果酯極具揮發性，可以利用風味結構相對簡單的新製烈酒來作實驗，體驗果酯消散所造成的氣味結構變化。以 The Balvenie 新酒為例，蔗糖般的水果風味顯著，伴隨堅果與穀物。靜置12小時，果香依舊，然而果味強度變弱，改由堅果與穀物主導。再繼續靜置1天，果香幾乎消失，改以堅果與燒烤主導。

許多蒸餾廠的新酒果酯豐沛，帶有花卉、水果、棉花糖、水果糖香，譬如 Auchentoshan、Glen Grant、Glencadam、Linkwood、Glenturret、Glen Elgin、Glenlivet、Glenmorangie、Cardhu、Arran、Highland Park 與 Glenfiddich。曝氣處理之後，Glenmorangie 失去香蕉、青檸與花香，改以茴香與堅果主導；Glenfiddich 的青蘋、鳳梨、梨子果酯消散，穀物氣息躍居主導地位。

威士忌開瓶後若是沒有妥善保存，形同把果酯芬芳風味，白白送給了不知感恩的空氣，也就無法真切感受酒款應有的個性與風貌。

五彩繽紛的氣味輪盤，羅列
慣用詞彙，多數屬於類比描
述，可以作為風味詞彙備忘
錄。

威士忌風味本源
與感官評述

香氣背後的學問

　　威士忌的氣味特性有其獨特之處，我們將先比較威士忌與其他酒類的異同，探討由此衍生的風味標準，接著再介紹風味分類與描述語彙。

與眾不同的威士忌──棕色‧穀物‧蒸餾烈酒

　　威士忌屬於麥酒，生產商必須先製備「啤酒」並進行蒸餾。與「直飲型啤酒」相較之下，「蒸餾用的啤酒」（待餾酒汁）風味特性，與麥芽烘焙程度及發酵工序細節的關聯性較弱，而且由於不使用啤酒花，因此更不須考慮啤酒花品種與使用方式對風味的影響。製作威士忌的麥芽烘焙程度相仿，只有煙燻程度不同，而無色澤深淺之分，威士忌裡的燒烤、巧克力、咖啡、烏梅、焦糖、堅果等風味，並不像啤酒那樣來自深色麥芽或烘烤穀物；柑橘、鳳梨、玫瑰、胡椒、薄荷、樹脂等風味，也不是來自啤酒花。

　　穀物、水果、糖蜜等製酒原料，各有不同的風味潛質，使用橡木桶培養的棕色烈酒，還必須考慮桶陳培養帶來的感官特性。威士忌既屬穀物蒸餾烈酒，也屬於棕色烈酒。也就是說，橡木桶本身的因素，包括木料品種、製桶程序與桶型規格，到桶陳培養的環境條件，也都是形塑威士忌感官特性的重要環節。

　　每種酒類品評與知識體系，可觸類旁通，但不應盲目套用。舉例來說，葡萄酒帶有來自橡木桶的強勁香草氣味，可能被視為風味平衡瑕疵，然而強度相仿的香草氣味在威士忌裡，卻完全可以接受；同為蒸餾烈酒的白蘭地，若是出現微弱的硫磺氣息或肉汁氣味，會被視為風味缺陷，然而在威士忌裡，只要不超過某個濃度，並不構成缺失。

威士忌的氣味描述與分類

酒類品評有使用風味類比描述的慣例，亦即借用日常生活周遭事物來形容氣味。製酒原料不含水果，但可借用水果名稱來傳達風味感受。風味詞彙必須夠多，以便滿足需求，卻也必須夠少，以便運用掌握。風味詞彙的篩選標準是，要能連結特定的根源背景，傳達特定的感官特性。

氣味詞彙可以依據直覺、化學性質或製程來源分類。若是根據直覺聯想分組，果香可自成一類；若以化學性質分類，就會被拆分到不同群組，因為醇、酯、醛與許多衍生物都有果香。至於生產端，通常從製程技術環節解釋風味根源，傾向兼採類比描述與微生物化學。完美分類並不存在，應該截長補短。

類比描述與直覺聯想，特別接近真實感受，也足以反映生理現實，但卻不足以反映風味根源。例如在日常生活中，紅蘋果、青蘋果、糖漬蘋果、蘋果派，氣味都不一樣；從製酒的角度來看，其形成背景與品質評價也不盡相同。紅蘋果氣味是辛酸乙酯，糖漬蘋果是碳酸乙二醇，青蘋果或氧化蘋果則跟乙醛有關。這些物質，有些來自發酵與蒸餾，有些來自桶壁萃取，有些則是桶陳期間乙醇氧化的結果。縱使各種蘋果氣味在實際世界裡是彼此相通的概念，然而在品評領域裡，卻不見得如此。

風味化學名詞雖然看似遙遠，但卻能夠幫助理解單憑常識難以應付的風味現象。譬如看似毫不相干的「焦糖／草莓」、「茴香／椰子」、「火柴／肉乾」、「核桃／咖哩」，經常在威士忌裡相伴出現，這是由於化學物質在不同濃度與背景下，產生不同氣味印象的結果。

每座蒸餾廠都有自己的工作語言，透過長期觀察與經驗累積，足以建立風味特性與生產製程之間的連結。但是各廠經驗法則與用語習慣不盡相同，能夠普遍成立的風味通則有限。然而，這也是蘇格蘭威士忌引人入勝的地方，旅人為了追尋風味本源，絕不愁找不到理由，拜訪一座又一座的蒸餾廠。

氣味之間的互動機制

　　氣味物質的來源、種類、濃度，與其間的互動關係，是品評的關注重點，也是品管的重要課題。在詳述各種風味前，我們應先瞭解氣味物質之間存在互揚、遮蔽與共構等機制。

　　互揚作用是氣味物質間彼此襯托，提升感受強度的現象。威士忌裡並不罕見帶有各式花果與辛香的萜烯族化合物，這類物質共存時，能夠彼此拉抬，就算濃度稍低，感受強度往往超過原本預期的簡單加總。

　　遮蔽作用，就是某些風味物質足以削減其他物質的感受強度。在桶陳培養過程中，桶壁萃取物與緩慢化學作用產生的風味物，構成複雜的風味背景，加上酒精本身也有遮蔽作用，因此不需等到新製烈酒的青澀風味物質在化學分析上完全消失，才能帶來成熟風味感受。然而，並非所有風味物質都有遮蔽作用，有些物質甚至濃度再高也無濟於事。

　　威士忌的泥煤煙燻氣味雖然可以很強烈，但不具遮蔽作用。透過輪番嗅聞，即可察覺與泥煤共存的風味層次。這是值得慶幸的，否則重泥煤煙燻可能也就不那麼引人入勝了。相反的，軟木塞遭黴菌汙染的代謝物，當濃度還沒到達足以辨認時，就已經能夠遮蔽果酯、芬芳醛等宜人的風味物質，造成品質負面影響。

　　氣味共構關係反映了真實世界的樣貌。香草醛無法代表真實香草莢的氣味，而且不同品種香草莢的混香組成彼此不同。假定 A＋B ＝ C，在威士忌裡聞到了 A 與 B，不論是描述成 A、B 或 C，都是合理的。從日常生活借詞而來的類比描述，富有彈性且容許想像。

　　有些氣味共構產生的印象感受，可以藉由聯想與常識推敲，但是有些組合卻也可能超出直覺想像。就算不熟悉色彩，應該不難理解紅加白會得到粉紅，但卻不見得熟悉紅加藍變紫，黃加藍得綠。氣味共構正如調色盤——奶油加玉米再加焦糖，變成爆米花顯得合理；但帶有椰子與薄荷氣味的物質，混合後卻產生柳橙氣味，卻不易單憑直覺推估。

氣味之間的互揚、共構與聯想關係

性質		風味特徵的聯想、共構與互揚
氣味互揚	焙火氣味	焦糖／燒烤榛果／香草／奶油
		焦糖／烘焙／餅乾／烤吐司
		焦糖／咖啡／各種酚類物質／烤吐司／奶油
		焦糖／咖啡／烤杏仁／櫻桃仁／菸草
		菸草／咖啡／巧克力／核桃／甘草／乾草／核桃／糖蜜
	其他氣味	各式辛香／木質／樹脂／橘皮
		檸檬／天竺葵／玫瑰／芫荽籽／荔枝／蘋果
		檸檬／樹脂／嫩薑
		草本植物／綠薄荷
		土壤／菌菇
		菸草／皮革／木質／燒烤
		爆米花／玉米片／穀物／米飯
		蜜桃／椰子／茴香／肉荳蔻
氣味共構	容易聯想	奶油＋玉米（＋焦糖）＝爆米花
		香草＋奶油＝蛋糕
		烤吐司＋焦糖＝餅乾
	不易聯想	椰子＋薄荷＝柳橙
		香草＋樹枝＋花香＋辛香＝焚香
		萜烯類的多種花香＋酒精＝薑香

威士忌的氣味線索

來自大麥麥芽的氣味

　　麥芽風味是某些全麥芽啤酒的主導元素，然而以全麥芽作為配方的麥芽威士忌，卻沒有顯著的麥芽風味。倒是源自其他製程環節的燒烤、烘焙、焦糖、堅果、果乾風味，通常讓人聯想到麥芽烘焙香氣。品評時使用麥芽香氣這個詞彙，不見得是指威士忌保留了麥芽原料的香氣，而可能是描述其他風味共構類似的印象。

　　相對來說，麥芽皮殼反而能夠直接造成麥殼或穀物風味，通常與堅果辛香共生，但是通常不形容為麥芽風味。麥汁製程的洗糟程序要添加數次熱水，水溫太高可能提高辛香物質萃取。此外，縮短麥汁製程，或麥汁混濁，可能帶來穀物與堅果風味；發酵的果酯濃度偏低，則通常突顯堅果與辛香，並與穀物風味產生呼應。

麥芽是很有風味潛質的製酒原料，然而，威士忌裡的穀物風味不見得來自麥芽本身，其感官表現通常也與麥汁相差甚遠。

洗糟用水溫度過高，會促進萃取麥殼碎屑裡的風味物質，產生類似乾燥香料的辛香，或類似草蓆、麥稈般的氣味以及澀感。

穀物風味若與焦糖、堅果、果乾、烏梅、葡萄乾等風味呼應，通常會讓人聯想到麥芽；若是辛香稍多，陪襯麵包、烤吐司氣味，則更接近麥片粥與裸麥麵包。

　　待餾酒汁所含豐富的風味物質，要藉由蒸餾程序濃縮、消除與選擇，若是切取操作疏失，很可能讓烈酒除了穀物風味外，出現麥渣、草腥、皂味、乳酪、橡膠氣味；情況嚴重者稱為「尾段酒風味」（feinty），屬於風味缺陷。

　　威士忌若帶有穀物風味，入杯後幾分鐘就會浮現。譬如 Glenmorangie 桶陳培養 10 年的常態裝瓶，花果香氣主導，然而斟酒稍微靜置，待主導果酯消散後，類似小黃瓜與青草的穀物氣味就會浮現，並逐漸演變成乾草與麥殼。

麥渣的氣味──會出現在威士忌裡嗎？
有些酒款會散發剛分離的新鮮麥渣般的麥殼與乾草淡淡氣息。然而，威士忌裡不太可能出現廠區裡麥渣暫存槽附近飄出的蛋白質腐敗、餿壞氣味。

使用泥煤作為烘乾麥芽時的輔助燃料進行煙燻，根據不同的製程安排，可以得到不同泥煤度的麥芽。

來自泥煤煙燻的氣味

　　泥煤煙燻麥芽幾乎是威士忌裡煙燻風味的唯一來源。泥煤煙霧的酚類物質附著在麥芽表面，賦予多樣的煙燻風味與乾澀觸感。另一個可能來源是橡木桶烘焙與炙燒處理的風味殘留。此外，有人認為製酒用水穿過泥煤層，足以帶來泥煤風味，然而學界目前並不支持這樣的論點。泥煤對威士忌的風味影響，必須藉由燃燒產生煙燻效果才行——通常是煙燻麥芽，然而少數有創意的製酒人，也嘗試使用泥煤煙燻木桶內壁賦予風味。

　　木桶烘焙過程的某些降解物，本身帶有煙燻氣息，炙燒桶壁產生的焦油，也可能帶來藥水氣味。重新炙燒桶壁可以重新製造一層可萃取的木料降解物，提升椰子、香草、丁香、焦糖風味，而不是藥水與焦油氣味——這類強勁的煙燻氣味，通常來自煙燻麥芽配方，而不是炙燒木桶。

　　泥煤煙燻氣味很像正露丸，事實上，後者的重要成分就是乾餾得到的木餾油，也屬於酚類物質。這樣的用語不但完全有理，也符合東亞文化背景，而且貼切易懂。外國人喜歡用「煙囪裡的積炭渣」描述泥煤煙燻氣味，不妨用「藥箱裡的正露丸」回敬。

泥煤風味的類型

來自泥煤煙燻的揮發酚，氣味有時接近炭火、焦烤、煤渣、煙灰、煙囪或煙斗積炭，有時則像焦油、瀝青、柴油，有些聞起來像培根等煙燻食品，又像肉乾、木質辛香與焚香；有些像消毒水，讓人聯想到醫院、消毒紗布、碘酒；有時則帶有土壤、蕨類、花草氣味，甚至讓人彷彿置身海岸，嗅到海水與褐藻混合的海風氣息，包括海帶、鹽滷，偶爾還點綴青綠草香、植蔬或苔蘚，讓人聯想到雨後的森林草地、潮溼的麻繩或漁網。當這類氣味與威士忌裡不飽和脂肪酸的氧化降解物或發酵降解物產生互揚，也有可能出現甲殼類海鮮與多種食材氣味，像是乾燥蝦米、鯷魚。因此，「泥煤煙燻」一詞並不足以表達其豐富的氣味層次。

煙燻酚還會與來自橡木桶的丁香、肉桂等辛香，或者燒橡膠、橡皮筋等硫質氣味產生互揚。有些酚類物質帶有泥土氣味，但卻不見得來自泥煤塊，而是來自煙燻。

有些泥煤煙燻氣味足以作為產區或廠區的標誌。泥煤採挖地區、使用方式、烘麥程序，乃至配方比例、蒸餾切取與桶陳策略，都可能是形塑廠區個性的關鍵。譬如 Highland Park 蒸餾廠獨有特定泥煤地，風味潛質細膩芬芳；艾雷島 Laphroaig 的泥煤個性銳利粗獷，可追溯至特殊煙燻程序與切取操作。

發酵帶來的花香

發酵產生的醇類、其衍生物與多種物質，可直接或間接帶來天竺葵、玫瑰、蜂蜜、風信子、椴花、薰衣草等花香，並與帶有花果香的各種酯類，與接

馬鈴薯燒焦時，接近煙囪積炭與煙灰氣味，與燒焦的牛肉不一樣。蘇格蘭各地泥煤組成並不均質，氣味潛質不同，但都屬於火味，或直接統稱泥煤煙燻。

來自發酵的草香
Glenfiddich 蒸餾廠前，割草時散發草香，憑想像點綴一些青蘋果，彷彿真的聞到該廠的威士忌。這類氣味來自乙醛、己醛及其衍生物等發酵風味副產物。然而，醛類也可以帶來香草、蜂蜜、柑橘、皂味，甚至堅果與巧克力風味。

近燭油、蜂蠟、蜂蜜、皂味，有時也像草莓、鳳梨與橙花的脂肪酸酯產生互揚。

威士忌裡的花香，是由多種物質產生混香的嗅覺印象。這些物質單獨嗅聞不太像花香，反而像是糖果、蜂蜜、香皂，甚至麵包，但共構卻能形成花香。品飲時的嗅聞方式、頻率與環境溫度，都會影響芬芳物質組成濃度與比例，酒杯裡的花香因此多變。

花果香氣通常來自發酵過程產生的酯類，酯類濃度會隨著蒸餾與桶陳培養逐漸提升。與果味不同的是，造成花香的物質複雜許多，有時甚至直接來自桶壁接觸萃取。薄荷、迷迭香、百里香、鼠尾草這類草本植物氣味，除了與花香呼應，也與桶壁萃取的松脂與木屑等木質辛香有關。

有些威士忌的花香接近茉莉、山楂花，伴隨青蘋、桃子、洋梨、柑橘、萊姆氣息，這類型以 Glenlivet 與 Glencadam 為代表；Glen Grant 與 Glenmorangie 不乏奶油與香草，但花香依舊鮮明，逐漸飄出穀物、堅果與草葉香氣；Balvenie 與 Glentauchers 的花香則接近蜜香、蜂蠟；有些花香特別輕巧、芬芳而純粹，這類威士忌以 Linkwood 為代表。

變化多端的柑橘類果香

　　萜烯族化合物經常帶有柑橘果香，有時像薰衣草、椴花與玫瑰，也可能表現為松脂、茶樹精油、迷迭香、百里香，甚至是肉桂、丁香、薑香、胡椒、肉豆蔻與樟腦。這類化合物來自發酵程序，而蒸餾會提高濃度，此外也可能來自桶壁萃取，主要帶來樹脂與辛香。

　　這類化合物以芫荽醇（linalol）氣味最多變，除芫荽籽般的香氣外，在不同濃度與背景下，帶有木質、柑橘或青綠氣息；同族化合物香茅醇（citronellol），除了接近香茅、青檸氣味，也像混合玫瑰精油與檸檬皮屑的活潑刺激氣息。

　　威士忌裡的柑橘類果香經常與其他氣味相伴共生，這些現象可以從感官化學的角度解釋。譬如醛類物質經常帶有青綠氣息，能夠與多種芬芳物質共構或加強柑橘、青檸香氣。此外，來自橡木的內酯雖然單聞像是椰子，但若加上醛類草香與一絲薄荷，聞起來卻像柳橙，而且在青綠背景下，表現接近檸檬、柳橙、柚子、佛手柑，而比較不像橘子。而當柑橘風味碰到苦味，在嗅覺與味覺互動之下，有時會帶來文旦、柚子般的風味印象。

來自發酵的酯類

　　酯類由於帶有花果香，因此也稱花果酯。威士忌所含酯類，一部分來自桶陳培養時，酸與醇的化學作用，另一部分則是發酵副產物。來自發酵的乙酸乙酯，是威士忌裡濃度最高的酯類，帶有嗆鼻氣息，類似洋梨白蘭地、化學溶劑、指甲油，或葡萄酒瓶底的氣味。此外，脂肪酸酯（己酸乙酯、辛酸乙酯、癸酸乙酯）與高級醇酯也都有顯著風味效應。

　　脂肪酸酯帶有果香與皂味。己酸乙酯（ethyl hexanoate）帶有鳳梨罐頭、草莓與紅蘋果氣味——不同文化背景會造成不同想像與描述。草莓香氣是由 50 種氣味物質構成的混香，單一物質無法代表標準草莓香氣，當然也無所謂標準鳳梨香氣。酒中含有這類果酯，也不見得

緩慢發酵能夠賦予較多果味潛質，麥汁糖度與濁度、蒸餾工序，乃至培養條件，也都會影響威士忌的果味表現。

表現出鳳梨或草莓香，因為嗅覺實際感受取決於威士忌所含氣味物質間的比例、強度與互動。

　　辛酸乙酯（ethyl octanoate）與癸酸乙酯（ethyl decanoate），原文字根分別有「八」（octa）與「十」（deca）的意思──分子愈重也就愈不容易揮發。上述三種脂肪酸酯的風味特性彼此延續相承，並排比較可以察覺，鳳梨香氣漸弱，皂味與燭油般的蠟質氣息卻愈來愈強，而且出現橙花氣味，然而由於不易揮發，氣味強度稍弱。在 Deanston、Dalwhinnie 與 Clynelish 等廠牌的基本款裡，都能察覺鮮明而宜人的燭油氣息。

　　至於高級醇酯，是由發酵產生的高級醇與酸的作用產物。待餾酒汁偶有香蕉氣味，像泡泡糖一樣，通常就是來自乙酸異戊酯（isoamyl acetate）。不過，偶爾聞起來也像化學溶劑、糖果、蘋果與香蕉的混香。

　　發酵果酯可能帶來蜜桃與杏桃香，來自木桶的椰子香氣也會襯托這類氣味。威士忌在裝瓶前，若換到曾經培養白葡萄酒或貴腐甜白酒的橡木桶裡，也有可能從桶壁萃取前酒風味物質，因而帶有蜜桃與杏桃香。

　　酒精通常會增強酯類的花香表現，而泥煤則會暫時稍微遮掩果酯。在威士忌一入杯時，果酯就會流竄而出，然而在杯中擱得愈久，果酯就消散愈多。

發酵產生的其他氣味

　　酵母代謝的重要副產物雙乙醯（diacetyl），氣味類似奶油，其感知門檻很低，即使在威士忌高酒精濃度、氣味複雜的背景裡，雙乙醯濃度就算很低也不難察覺，而濃度太高就會造成奶腥。

　　然而絕大多數威士忌，沒有雙乙醯濃度過高的問題，否則就代表發酵或進料程序出了問題。發酵製程必須確定酵母將其副產物雙乙醯，還原成風味強度較低的物質，再進入蒸餾，否則加溫還會產生更多雙乙醯，而且由於沸點與酒精接近，因此必然隨著進入烈酒。適量的雙乙醯並非壞事，而且桶陳培養的香草、燒烤與堅果風味，足以修飾雙乙醯奶油氣味，比相同濃度的純雙乙醯溶液好聞許多。

　　多種醇、醛、酸，都是酵母代謝物及其衍生物，偶爾會帶來蝦蟹等甲殼類海鮮氣味，是否宜人，取決於整體氣味背景。這類氣味也可能來自橡木桶所含不飽和脂肪酸的氧化。海島泥煤地受到海風吹拂，經年累月吸收海水微粒，以之作為煙燻麥芽的燃料，也有可能帶來海水味；不過，威士忌裡的甲殼類海鮮與海風氣息，也有可能單純來自發酵副產物。

海岸蒸餾廠的威士忌帶有海風氣息，不免讓人猜測是地理位置造成的。然而，海藻氣味也可以溯源至泥煤挖掘地、發酵製程與氧化的桶壁物質。

桶陳培養過程的風味變化

業界咸信，威士忌的風味特徵，5 成以上來自桶陳培養。從某個角度來說，是木桶造就了威士忌；桶壁可供烈酒萃取風味物質，而且容許極為緩慢的空氣交換，促成複雜的風味演變。每座蒸餾廠的烈酒風味潛質不同，再加上培養過程的理化反應非常多樣，互動複雜，更造就難以細數的風味多樣性。

威士忌來自桶陳培養的風味跨度很廣，可以分成幾個項目討論。要把這些草本、木質、辛香氣味清楚分開，彷若彼此互不相干，幾乎不太可能，也沒有必要。

直接承自前酒殘留的風味

橡木桶在酒業之間循環周轉，可比擬為食物鏈；蘇格蘭威士忌產業不是橡木桶的一級消費者，而幾乎總是接收其他產業用過的橡木桶來培養威士忌。桶壁吸收的前酒，會釋放到新製烈酒裡，然而研究指出，製桶橡木品種對威士忌風味的影響，甚至比前酒更重要，詳見 Part III 相關章節。

使用雪莉桶陳培養，除了木料本身風味物質的萃取，桶壁還會釋放之前吸收的雪莉酒，因而帶來核桃油般的氧化氣味，其根源與木料本身無關，而是來自葫蘆巴內酯（sotolon），而且在不同濃度下，也表現為芹菜或咖哩氣味。具體感官表現取決於雪莉桶的品質、來源、使用比例與方式。

例如 Dalmore 蒸餾廠，採用西班牙雪莉酒廠的老橡木桶培養威士忌，同集團的調和式威士忌品牌 Whyte & Mackay Special，以此作為調配基酒，然而葫蘆巴內酯濃度降低，核桃氣味較不顯著，反而接近芹菜。稍微靜置，才會飄出核桃氣味；若是晃杯，這股直接承自雪莉酒的氣味就會被果酯與酒精氣味遮掩。

威士忌裝瓶前可以換用活性旺盛的橡木桶，繼續培養數個月，賦予對應前酒的風味或利用衍生物增香賦味，猶如最後加工潤飾，

英文稱為「木桶潤飾」（wood finish），不妨理解為「利用換桶增添風味」。常見桶型包括干型紅葡萄酒（波爾多、布根地）、干型白葡萄酒（夏多內）、超甜型白葡萄酒（索甸）、甜型加烈紅葡萄酒（波特）、特定型態的雪莉酒（Oloroso、Pedro Ximénez）、氧化培養葡萄酒（馬德拉）與其他烈酒（蘭姆酒、白蘭地）。這類承自前酒殘留的風味，包括來自馬德拉的氧化蘋果風味，或者來自波特的葡萄乾風味，又或者來自各色蘭姆酒的棉花糖、蘋果、梨子，乃至燒烤、可可、咖啡香氣。

來自前酒的風味物質，可能與木桶萃取的香草椰子風味互揚，譬如來自超甜型貴腐甜白酒的茴香與八角等乾燥辛香，以及杏桃與蜜桃果香，經常被香草椰子風味加強。

來自製桶過程的風味

歐洲橡木必須經過戶外風乾方能製桶；美洲橡木則因單寧含量低，可改採人工烘乾。風乾過程的沖刷與分解作用，會改變氣味物質與木料成分的性質與濃度；接續的加熱烘焙、箍桶成形，則透過高溫與氧化，更進一步損耗或生成各種物質，效果取決於製桶程序差異。若炙燒內壁，會破壞表層物理結構並形成碳層，因此能夠提高萃取效率，並淨化烈酒風味。關於製桶技術層面，詳參 Part III，這裡暫先聚焦於加熱烘焙產生的風味潛質。

烘焙會產生新的風味物質，但某些風味物質卻會由於受熱、揮發與氧化而減少，這類物質以內酯為代表。蘇格蘭威士忌動輒經過多年桶陳培養，來自波本桶的椰子糖或椰漿風味儼然成為風味標籤，這類內酯因此得名「威士忌內酯」（whisky lactone）；較為中性的名稱是「橡木桶內酯」（oak lactone），更為正式則稱「伽瑪－辛酸內酯」（γ-octalactone）。內酯的氣味跨度頗廣，從奶油、蜂蜜、葡萄乾、可可與咖啡，到焦糖、榛果、菸草與乾草，以及包括芒果、草莓、蜜桃、杏桃在內的各式果香，通常點綴丁香與肉荳蔻般的辛香。雪莉桶烘焙製程短，且未經炙燒，內酯與各種熱降解物相當豐

製桶過程的烘焙，不但是箍桶定形的必要手段，期間產生的
降解物更是威士忌桶陳培養風味的重要來源。

富；相對來說，經過炙燒處理的波本桶，由於木料表面碳化，酒液
容易滲透與萃取，再加上木料本身內酯含量相當可觀，經常賦予更
顯著的椰子香氣。

　　橡木的熱降解產物非常多樣。帶有花果香氣的萜烯族化合物，不
僅源於發酵，也來自橡木桶，通常增添薑糖、五香、肉荳蔻、胡椒
等辛香氣息，通常與同族化合物的花果氣味相伴出現，並與其他物質
帶來的花果香氣與辛香產生互動。譬如肉桂、茴香與丁香屬於醛、醇
類，但都能與萜烯類的木質辛香呼應。

　　橡木桶內壁也帶有煙燻氣味，主要來源有二：一是甲酚
（cresol），二是癒創木酚（gaiacol）。甲酚又稱煙燻酚，若不使用全
新燒炙或重新燒炙的木桶培養，對風味影響不大；癒創木酚是木質
素的熱降解物，本身帶有煙燻、燒烤、焙焦、炭火氣味，偶爾接近

肉乾，有些相近物質則帶辛香，也可能帶來鹽碘、醫藥箱、藥水般的氣味，從我們的文化背景來說，也像是龜苓膏與燒仙草。由於多種熱降解物會相伴共生，因此在煙燻、炭火風味外，也會出現巧克力、咖啡、榛果、甘草等氣味。木桶受熱過程中，木質成分與多元醇（polyol）降解，丁香酚（eugenol）濃度提高，加強肉桂與丁香，與煙燻彼此呼應。

甫經烘烤的橡木桶，飄出香草與煙燻氣息——香草會留到威士忌裡，但煙燻卻不見得。反而是木料本身的熱降解物，可能賦予煙燻氣味。

香草醛也是桶陳培養的重要風味標誌，通常表現為香草鮮奶油氣息，並與雙乙醯的奶油風味，以及燒烤榛果、焦糖風味協調共存。烘烤產生的醛類也會賦予焚香、木質辛香與微弱花香，這股氣味與其他物質帶來的煙燻、燒烤杏仁氣味彼此協調，形成繁複的烘烤香氣。

半纖維素遇熱降解形成的呋喃類化合物（furane）種類繁多，通常表現為燒烤杏仁、金黃菸絲、咖啡香氣，也經常表現為焦糖、太妃糖與棉花糖香，有時也有微弱的橡皮氣味，隱約出現草莓果醬氣味；甚至聞起來像甘蔗汁，就像特定類型蘭姆酒的甘蔗香氣。同樣來自熱降解的異環胺（heterocyclic amine），帶有烤麵包與餅乾香氣，源自呋

喃類化合物的焦糖氣味，可與之共構產生濃烈的烤麵包氣味，對我們來說，這樣的香氣也很類似冬瓜茶糖磚。

由於雪莉酒與威士忌酒精濃度稍高，且酒液與桶壁接觸時間長，因此較有機會萃取上述各式熱降解風味物，超過感知濃度，並在成酒中表現出來，成為重要的風味來源。反觀多數經過桶陳培養的葡萄酒，卻不見得能夠嘗得出來。

木料的生青氣味

在戶外風乾的過程中，木料裡的生青風味物質得以充分揮發、沖刷，並且在黴菌作用之下分解殆盡。然而風乾不足導致殘留醛類物質，包括辛烯醛（octenal）、己烯醛（hexenal）與壬烯醛（trans-2-nonenal），通常會帶來草腥與土壤氣味，也像揉碎的葉子或壓扁的昆蟲，或是翻開舊書的氣味，屬於品質缺失。

此外，木料若是殘餘不飽和脂肪酸，經過氧化並被萃取出來，會產生甲殼類海鮮與海水氣味，嚴重的話也屬風味缺失。這類氣味也可能來自發酵降解物或泥煤本身成分。

優質威士忌不應出現板材氣味，飲者必須認識這項潛在風味缺陷。除了利用實驗室製備的分子溶液進行感官訓練，也可親訪桶廠，嗅聞全新橡木桶外側的木料氣味。然而，暴露在戶外的木條常有霉斑，且有微弱土壤氣味，不是此處述及的氣味；若是威士忌出現土味與霉味，通常是來自其他意外，或者源自風味老化。

橡木本身的氣味，表現為木屑氣息，雖然很少出現在威士忌裡，但若出現，並點綴香草鮮奶油與辛香，則是美洲橡木的正常風味特性，不應與木料生青氣味，或者被稱為板材的氣味混為一談。

長期桶陳培養的氣味變化

桶陳培養過程中，果酯不斷增加；年數愈高，酯類濃度也愈高，對風味沒有負面影響。不過，隨著桶壁接觸時間拉長，香草醛與單寧

等風味物質的濃度也會逐漸提高——香草醛很容易達到飽和門檻，超過一定濃度後，就不會有明顯的感官差別；然而，單寧可不一樣。過了熟成高原，單寧澀感與來自熱降解物的木質辛香逐漸居於主導，其濃度取決於桶型。不同尺寸、種類與新舊程度的木桶，在生產單位內部如何循環周轉，都會直接影響產品風格與風味，詳參用桶策略章節。

桶陳培養超過二、三十年的威士忌，很可能出現鉛筆、木質、墨水、樹皮、泥土、甜菜根、蕈菇、動物、馬廄、皮革與酒庫霉溼氣息；較不宜人的陳酒氣味，可能像是破布、紙板、金屬、樟腦、軟木塞。這些氣味表現含蓄時，其實都像灰塵，倒也符合陳年的想像畫面，然若出現在年輕威士忌裡，則可能是由於長期保存在有異味的環境，或酒瓶橫躺，酒液與軟木塞接觸，又或者軟木塞本身品質瑕疵，遭到黴菌汙染。

Glengoyne蒸餾廠桶陳培養35年的麥芽威士忌，帶有蕈菇氣息與豐沛的辛香、花香、咖啡、焦糖，收尾堅實。陳酒風味十足，但是依舊細膩協調。

威士忌待在桶中超過 25 年，往往就會出現鮮明的陳酒風味，氧化與過度萃取的現象也愈趨明顯。桶陳培養並非愈久愈好，需要照顧與追蹤，方能成為高品質的老酒。有些威士忌帶有普洱茶般的陳味，聞起來像是老木頭或舊抽屜的霉溼氣味，甚至出現馬廄與動物氣味；其品質評價取決於性質強度與整體表現，飲者個人品味喜好也是關鍵。根據觀察，市場消費者頗能接受陳酒氧化風味，新鮮富有活力的年輕威士忌，卻不見得獲得青睞。

　　陳年老酒的獨特魅力，以風味宜人、均衡協調為前提；應該明亮立體、活潑輕快，陳味表現含蓄均衡，層次豐富，而不應沉滯呆板、緊澀封閉。老酒，並非「因有陳味而顯優質」，而應是「縱有陳味依然優質」。

各式硫化物的氣味

　　威士忌裡的硫化物風味，與原料、發酵、蒸餾、培養都有關係。大麥在催芽過程中，酵素作用產生豐富的硫化物，但硫化物更是發酵副產物。在經歷蒸餾程序之後，有些來自發酵的硫化物會進入烈酒，甚至通過時間考驗，保留到威士忌裡，並且聞得出來。此外，威士忌的硫質氣息也可能直接承自雪莉酒桶。

容易揮發散逸的硫質

　　這類硫質屬於發酵副產物，通常不太會留到威士忌裡，然而，在培養不足的情況下，可能聞得出來，濃度太高時，即屬品質缺失。

　　這類硫質以二甲基硫醚（DMS, dimethyl sulphide）為代表，聞起來像是爆米花、高麗菜湯、松露，偶爾也像生蠔或番茄罐頭，相近的物質 DMDS 與 DMTS，會帶來水煮馬鈴薯、洋芋片、蒸煮花椰菜、蘆筍汁的氣味，也像爛掉的洋蔥、煮熟的韭蔥。其他硫化物可能更難聞，包括抹布悶臭或排水溝氣味。

把臉埋進一堆剛汆燙過的番茄，可以嗅到類似生蠔、煮蝦水的氣味，這
並非幻覺，而可以從科學角度解釋。這些食材都含有相近的硫化物成分。

　　發酵過程產生的硫醇族化合物，聞起來像黑醋栗芽苞、黃楊木；
在新製烈酒背景下，類似草葉、果醬、百香果與葡萄柚氣息，也可
能出現汗騷。這類化合物在高級醇的刺激花香陪襯下，特別像貓尿氣
味。這類氣味通常只在新酒出現，而不會留到最終的威士忌裡。尚未
超過某個門檻時，不見得臭，但卻往往遮掩其他香氣；有些蒸餾廠的
新酒稱不上芳香好聞，即可能是被硫化物屏蔽。這也是為什麼某些蒸
餾廠的威士忌與同廠新酒相較之下，猶如醜小鴨變天鵝那般戲劇化。

　　威士忌愛好者通常不太熟悉這類新酒可能出現的硫質風味，因為
在威士忌成酒裡通常早已消失殆盡。威士忌生產商不擔心新酒含有這
類硫質，因為它們會透過氧化，甚至只是單純的蒸散，在桶陳培養數
年之內消失。

來自新製烈酒殘留的硫質

　　相對來說，某些來自發酵的硫質較為穩定，而且不易揮發，若是
新製烈酒出現這些硫化物，就很有可能被保留到最終的威士忌當中。
這類硫化物聞起來可能像是生洋蔥，帶有微弱的草莓果醬，或焦烤杏
仁、苦杏仁，甚至像是硫磺，以及從橡皮筋、燒橡膠、咖啡渣到化學

溶劑、瓦斯般的氣息。這類風味通常可追溯至蒸餾切取操作，若放寬酒心收集範圍的下限，就會得到沸點稍高、不易揮發的硫化物，通常對應到橡膠或咖啡渣氣味。有些硫質表現為肉汁與肉乾，則可能與蒸餾火力有關。譬如 Balblair 蒸餾廠，其新酒的堅果、穀物、辛香，來自猛烈加熱待餾酒汁，以至於懸浮酵母釋出風味物質。

並非每座蒸餾廠都可以製得純淨無硫的新酒，有不少蒸餾廠在新酒必然含有少許硫質的條件下，發展出自己的威士忌風格路線。然而若是濃度太高，將直接影響風味結構均衡。因此，絕大多數的麥芽蒸餾廠都以取得「風味純淨的新製烈酒」為目標，縱使所謂的純淨並非全無硫質，而是控制硫質濃度而已。換言之，那些不易揮發的硫質，若在最終成酒裡含量適中，可以在風味純淨前提下，提升風味複雜度，幫助形塑廠區性格。「適中的硫質濃度」，可能是出於有心的設計與追求，也可能是保存風味傳統，微調與演進的結果，相關章節還會詳述。

Cragganmore 蒸餾廠的麥芽威士忌以風味繁複著稱，酒標上不僅標示「斯貝河畔最佳威士忌」，也有「香氣最為繁複」等字樣。該廠冬季產期的新酒硫質含量稍多，是造就風味繁複深沉的重要關鍵。

Dalwhinnie透明無色的新製烈酒，性格多硫。由於廠區環境涼冷，標準桶陳年數為15年，但依然能夠嘗出潛藏硫質，是該廠重要性格特徵之一。

雪莉桶陳培養賦予的硫質

　　使用雪莉桶培養威士忌，通常會賦予顯著的硫質氣味，其主要原因在於木桶曾經使用硫化物滅菌處理。其次，雪莉桶若是以歐洲品種橡木製成，硫質濃度也會較高。

　　曾經培養葡萄酒、雪莉酒的橡木桶，由於酒汁本身殘糖，酒精濃度也不夠高，因此木桶清空後，運送或貯存過程中容易遭到黴菌汙染。雪莉酒的空桶必須使用二氧化硫，或直接在木桶內部燃燒硫磺，形成亞硫酸完成滅菌，確保運輸過程與備用期間不受微生物汙染。在烈酒裡的殘餘硫質不見得像硫磺氣味，其實更像礦石，包括砂礫、曬燙的鵝卵石或沙子，有時也像鞭炮、火藥粉、火柴盒或瓦斯。

　　歐洲品系橡木的硫化物含量較豐，譬如硫醇族化合物（thiols），因此比美洲橡木更容易賦予硫質風味，包括橡膠、橡皮擦、橡皮筋、

圖為 Springbank 蒸餾廠從西班牙進口雪莉桶的卸貨實況。經過硫處理的空桶裡，有火柴與鞭炮氣味。裝酒前只需湊近桶孔嗅聞，即可判斷是否正常沒有發霉；使用前不需涮洗，桶中殘存硫質是威士忌風味來源之一。

輪胎、咖啡烘豆機、絕緣膠帶或電線，不過偶爾也會表現為葡萄柚、番石榴、百香果。

美洲品系橡木本身的硫化物含量較低，且由於裝過烈酒，清空後不易遭到細菌或黴菌汙染，所以不須硫處理。這也是為什麼波本桶培養的蘇格蘭威士忌，較不易出現硫質風味的原因。

別以為使用雪莉桶培養的威士忌，硫味愈重就愈經典。優質的雪莉桶陳威士忌，必須呈現豐富多樣、整體均衡的風味，而不應該只是一杯液體硫磺、火藥、瓦斯——那多沒意思啊！如同瓦斯般的榴槤氣味是一種習得品味，一旦習慣之後就有可能趨之若鶩，某些飲家頗能接受雪莉桶陳威士忌的典型風味，然而必須記得，整體風味架構必須均衡才算優質產品。知名的優質雪莉桶陳威士忌品牌，包括 The Macallan、Glenfarclas、GlenDronach 與 Glen Garioch。

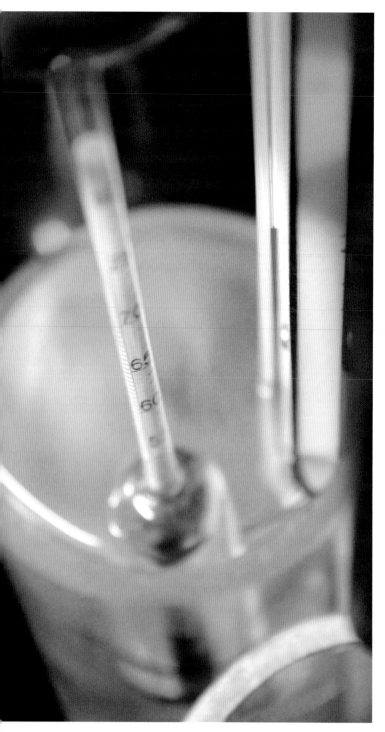

威士忌的風味瑕疵

關於風味缺陷的探討，可以用時間邏輯劃分，分別討論源於生產製程與裝瓶後的保存問題，也可根據缺陷來源，區別微生物與非微生物的風味汙染。

某些硫化物是烈酒製程的必然產物，然若比例強度不恰當，就可能構成品質缺陷，嚴重甚至無法銷售。尾段酒風味也適用這樣的理解方式——是否構成風味缺失或品質問題，關鍵不在於是否存在，而通常取決於濃度高低與風味整體互動。

尾段酒的氣味

尾段酒（feints）通常帶有穀物風味，多屬有氣味但沸點較高的物質，若在切取時進入烈酒，那麼便很難單憑蒸散作用消除，如果太強，就會描述為「帶有尾段酒風味」（feinty），通常視為

蒸餾過程通常透過比重測量，決定哪段冷凝液可以成為日後的威士忌。通常酒精濃度低於61%就被視為酒尾。

石南花蜜、大黃、青草或乾草，
雖然大不相同，卻都是酒尾氣味
的可能表現形式。

技術缺失與品質缺陷。然而，由於酒頭、酒心與酒尾是相對的概念，酒尾風味是否太強，通常取決於比例多寡與整體感官表現。蒸餾切取的技術細節，在 Part III 相關章節還會詳述。

　　酒尾氣味物質多樣，包括吡嗪族化合物、醛類、脂肪酸與各式硫化物。各廠的酒尾氣味不盡相同，可能接近麥渣、生穀、乾草、青草、草腥等氣味，也可能像茶葉、菸草、雪茄、菸灰，偶爾聞起來像塑膠、尼龍繩、燒塑膠、鞋油，也可能帶有汗騷、奶腥、乳酪、皂味與金屬氣味，或包括悶臭氣味、肉汁、蒸煮蔬菜、燒橡膠在內的硫質氣息。

酒尾外觀微濁，若有機會在不同的蒸餾廠直接取樣嗅聞，千萬別錯過，好好認識一下威士忌品評的重要術語「酒尾風味」到底聞起來像什麼。

保存問題與外來汙染

管線、酒槽與器材設備不夠乾淨，清潔劑殘留、機具廢氣，以及滋生黴菌的麥芽、被汙染的空木桶，都可能造成風味汙染。微生物代謝形成的土味素（geosmin）會帶來接近甜菜根、生蘿蔔的氣味與霉味，這類物質的感官門檻極低，微量就足以影響威士忌風味，而且非常不容易消除。不過，雖然酒庫環境經常有霉味，根據觀察，通常不會直接影響威士忌。

威士忌裝瓶後的外來異味，包括軟木塞氣味、光照缺陷，以及環境異味。

所謂的軟木塞氣味缺陷，聞起來與新鮮軟木樹皮不同。軟木塞若是滋生黴菌，氯化物與溴化物分解產生三氯苯甲醚（TCA, trichloroanisole），便會帶來霉溼、腐木氣味；這是一種氣味門檻極低、氣味極強的物質——若在標準奧運泳池裡，只要有一滴，就足以察覺。然而，由於人類感官對這種物質極易感到疲勞，因此若是多聞幾下，便難再次察覺。潮溼溫暖的儲存環境，將提高這項缺陷的發生風險。

威士忌不應橫躺保存，主要是為了避免軟木塞壽命因與烈酒接觸而縮短，而若是軟木塞遭到汙染，也可降低感染擴大的機會。如果汙染始於瓶口，尚未觸及威士忌，這樣的情況可以補救——開瓶後的第一杯酒若有霉溼氣味，可以在清理瓶口之後將威士忌移出，在尚未對三氯苯甲醚產生疲勞前再次嗅聞。若是依然可以聞出霉溼氣味，代表威士忌也已遭到汙染；但若沒有，則代表僅有瓶口遭到汙染。

威士忌應避光保存，否則在陽光或鹵素燈長時間照射下，酒中的胺基酸會分解產生硫醇族化合物，產生光照缺陷，出現汗騷般的臭味，也像溼毛衣與蒸煮花椰菜。就算濃度不高，也會遮蔽其他氣味，改變酒款原本應有的風味表現。

　　產品封瓶方式不見得足以抵擋外界氣味物質進入。早期特別被提出來討論的案例是樟腦丸氣味，因為萘是環境衛生用藥常見成分，燃燒排放的廢氣也含萘，其感知門檻低、氣味強且易揮發，因此在世界各地的威士忌消費端屢見不鮮。

桶陳培養不應帶來霉溼風味，若是威士忌聞起來讓人聯想到木桶封孔用的麻布，應該視為風味缺陷。

威士忌的味道與質地觸感

　　早期學界認為，舌尖專司甜味感知，舌翼傳遞酸味，但是這份「舌面地圖」已經過時。晚近研究指出，舌面分布四種不同形態的味蕾，其內的味覺與觸感接收器夾雜共處。有些味覺接收器傳遞訊息仰賴蛋白質作用，傳遞苦、甜與鮮味；酸與鹹味則仰賴離子作用。也就是說，品酒時以酒涮口，讓酒液與舌面及口腔黏膜充分接觸，並不是為了避免錯過某種味道，也不是為了品嘗更多味道，因為特定刺激並不限於特定部位接收，而是為了提升感受整體強度，增進品評效率。

　　此外，味覺與嗅覺是共同運作的感官機制，甚至可以說，味覺感受大幅仰賴嗅覺輔助；鼻塞的時候食之無味，其實不是味覺出了問題，而是聞不到氣味的關係。

威士忌的甜味與苦味

　　威士忌在裝瓶前，若使用曾培養甜酒的橡木桶，就會吸收前酒的殘存糖分，因而帶來甜味，然而這並非常態。

　　常規威士忌裡的殘糖包括葡萄糖、果糖與蔗糖，通常每公升含量不到 200 毫克，遠低於感知門檻。也就是說，相同的濃度在清水裡，都未必嘗得出來，更不用說威士忌了。威士忌的甜味是由於橡木三萜糖（quercotriterpenoside，簡稱 QTT），這是晚近研究發現的物質，源自桶壁萃取。其中一種三萜糖的甜味強度，甚至是蔗糖的八千倍，歐洲細紋橡木裡的含量尤豐。

　　不過，某些三萜糖不甜反苦；此外，橡木裡含量頗豐的酚類物質也帶有苦味。歐洲寬紋橡木品種的甜味三萜糖含量較少，苦味物質較多，因此這類橡木桶可能會帶來苦味。由於目前蘇格蘭威士忌產業大多接手以美洲橡木製成的波本桶，而來自西班牙的雪莉酒桶也很可能採用美洲橡木製作，因此，蘇格蘭威士忌源自歐洲寬紋橡木的苦味比例極低。

　　美洲橡木的風味萃取物，多表現為香草與椰子，經常被描述為

「香甜」——其實這類氣味物質本身不帶甜味，而是在嗅—味覺共感作用下，產生甜味聯想或自我暗示。這些物質的水溶液，也可能讓人產生甜味想像，其實卻完全不甜。以「香甜」來表達感受，反映的是聯想或錯覺，雖然忠實傳達感官現實，但是「香而不甜」才是科學事實。

威士忌的鹹味

鹹味不見得與鹽分有關；鹽類可酸、可苦，不見得鹹。有些蒸餾廠庫房濱海，據信海風吹拂會影響威士忌的風味，然而，海水微粒不見得能夠進入木桶，也不見得能夠賦予鹹味。少數研究指出，特定濱海庫房裡培養的烈酒，鈉離子檢出量逐年增加。然而反例卻也存在——位於濱海庫房培養，並公認帶有海水鹹味感的威士忌，卻不見得能夠驗出鹽分。

威士忌的鹹味可能是特定風味帶來的鹹味想像，也可能是風味互動帶來的總體感受，有時可以溯源至蒸餾設備，或桶陳培養過程的風味衍生物，而這些物質實際上並不鹹。包括威士忌在內的多種酒類品評，鹹味都不是品質評判依據——嘗得出來也好，嘗不出來也罷，鹹味極少影響整體均衡與品質評判。

威士忌裡的酸與酸味

　　發酵會產生一系列有機酸，隨著桶陳時間拉長，高年數威士忌裡的醋酸也會增加。若是酸的風味特性、強度或比例不恰當，可能構成缺失；譬如強烈的醋酸、乳酪、羊脂、牛油氣味，通常不太討喜。這類風味缺陷在市售產品裡較罕見，因為若是出現，通常不會裝瓶販售。

　　威士忌裡的酸，能夠與醇類結合產酯，以花香或果味物質形式存在；在特定情況下，酸也可以單獨存在，而不至於破壞整體風味和諧，甚至發揮均衡功能。譬如在經歷長期桶陳的威士忌裡，乙醇氧化

蘇格蘭威士忌若是採用波本桶培養熟成，搭配良好的酸度支撐，不僅可以讓風味飽滿而不失清爽，也可以營造悠長的餘韻。

產生醋酸的機會提高，並扮演重要的風味角色。酸味會讓口感更富層次架構，而且醋酸具有揮發性，能夠讓氣味更加立體芬芳。此外，老酒的單寧含量較高，些許醋酸可以緩和澀感。老酒的風味層次多元，堅果風味強烈，但是立體感可能不如年輕威士忌，而且可能顯得甜膩，些許酸韻可以讓風味架構顯得更為均衡、立體、明亮。

　　微弱的酸韻在所有足齡培養的威士忌裡，都能提升風味。爽脆的酸度可以讓焦糖、香草、烘焙氣味顯得飽滿而不失清爽，這是多數波本桶培養威士忌的典型架構。雪莉桶熟成的威士忌，酸韻通常與前酒風味融合，並襯托堅果、果乾與氧化風味，來自木桶的辛香與澀感也較為柔軟，The Macallan 就是一個例子。

威士忌的質地觸感

　　觸感是廣義味覺的構成要素之一，包括質地與份量兩個概念。質地觸感有包覆感、乾澀、油滑與溫熱感等，份量觸感則牽涉輕盈或飽滿感受。

　　由於嗅覺與味覺機制彼此牽連，因此，氣味集中濃郁與觸感油潤黏稠，兩者可能被混為一談。我們可以藉由「體積／音量」（volume）與「重量」（weight）兩個概念來區別差異。泥煤煙燻屬於「體積大，份量輕」的風味形態，譬如波本桶陳的淺齡重泥煤威士忌，煙燻強勁鮮明，但口感卻毫不黏稠滯重。香氣強度適合比擬為「體積／音量」，用語包括了「收斂／奔放」（discret/open）與「微弱／強勁」（weak/strong 或 low/high）；份量質地則可借用「重量」概念，描述為輕盈與飽滿（light/rich 或 small/big）。

包覆感：油潤與蠟質

　　造成威士忌油潤觸感的物質，當今尚無明確定論。然而，透過觀察 Glen Grant、Glen Spey、Strathmill、Glenlossie 這些廠區實例可以發現，若蒸餾設備組合能夠提供充足的銅質接觸，而且烈酒風格偏向草

在國際烈酒賽事裡，質地觸感通常劃入風味範疇考慮；威士忌生產商的品管試飲，觸感範疇的評判項目通常細分出溫熱感、包覆感與乾澀感。

香，那麼經常會帶來油潤質地，用語除了 oiliness 之外，也可以描述為口腔包覆感（mouthcoating）。

至於蠟感（waxiness）則與長鏈脂肪酸及其衍生物有關，這類物質帶有皂味、橙花香氣，或者鳳梨與草莓果香，以及獨特的燭油氣息，但是本身沒有油潤感，也不會造成口腔包覆感。也因此，關於威士忌的蠟感，可以分成兩個不同的類型討論：一種是「蠟質風味」，另一種是「蠟油質地」——有些威士忌可以同時帶有蠟質風味與油潤質地，那麼就可能構成蠟質觸感的印象；有些則只有蠟質風味，但卻不具備油潤觸感，那麼就不會造成蠟質的觸感印象。

若蒸餾設備足以賦予油潤觸感與純淨質地，而長鏈脂肪酸與其衍生物也進入烈酒，就會帶來燭油氣息、皂味花香與油潤質地，並有可能共構蠟油觸感的感官印象。這項風味特徵可能是有心設計，也可能是意外殘留——通常是暫貯槽裡的酒精濃度過高，導致蠟質沉積溶出，或冷凝液帶出管線蠟質沉積，而暫貯槽的數量稍多，也會增加蠟質沉積與進入烈酒的機會。不論根源成因為何，若這類長鏈脂肪酸酯濃度太高，就有可能被視為風味缺陷。

有些威士忌帶有燭油氣息，但卻沒有油潤的蠟感質地。只要蒸餾製程缺乏銅質作用機會，以至於沒有油潤質地或包覆口感，但某個蒸餾環節卻讓長鏈脂肪酸酯進入烈酒，那麼就有可能發生只有蠟油氣味，卻無蠟質觸感的情況。如此一來，蠟感就不算是質地觸感描述了，而只是單純的氣味描述。

澀感：乾爽與粗糙

蘇格蘭威士忌裡的澀感（astringency）通常來自泥煤煙燻，其次是桶壁萃取。在桶陳培養過程中，泥煤煙燻澀感逐漸減弱，來自桶壁萃取的澀感則漸趨明顯。重度泥煤煙燻所帶來的澀感，不見得會遮掩烈酒風味，也不見得粗糙；反觀錯失熟成高原的高齡威士忌，卻可能由於過度萃取桶壁單寧，再加上烈酒風味老化，因而顯得粗糙、苦澀、乾癟。

澀感表現可以描述為乾爽（dry）或粗糙（harsh）——前者是中性用語，描述觸感明快的易飲特性；後者則通常用來表達不必要的長期桶陳，或者熟成環境條件與木桶品質不足以支撐長期培養，以至於過度萃取單寧所造成的結果。如果重泥煤威士忌的烈酒體質缺乏風味平衡，或者用桶策略不當，也有可能讓威士忌風味細瘦乾癟，顯得堅硬嚴肅。

　　酸鹼值也是決定威士忌澀感表現的因素。威士忌的酸鹼值通常落在 4.0-4.5 之間，在此區間內，澀感強度與酒精濃度呈正比。長期桶陳期間，乙醇會氧化成醋酸並拉低酸鹼值，當數值跌破 4.0，澀感強度與酒精濃度轉呈反比，澀感可能因而減弱。陳年過程的酒精濃度變化對澀感影響有限，酸鹼值影響相對容易察覺。這是為什麼縱使單寧濃度相仿，有些威士忌老酒會澀，有些卻不澀。

溫熱感：明亮、溫和與灼熱

　　酒精並不會辣，辣椒素（capsaicin）帶來的燒灼感才是辣，雖然酒精對口腔黏膜造成的燒灼、溫熱，也經常被描述為辣，但這是詞彙誤用。酒精在濃度稍低的情況下，反而會有「致甜效應」，有些威士忌的收尾與餘韻微甜，可能與酒精被唾液稀釋，並與其他風味物質產生互動有關。在慣常的烈酒濃度下，只有超低溫品嘗才足以消除酒精灼熱感，出現乾淨辛香的微弱甜韻，有時也會帶來果味。

　　對於烈酒來說，酒精的觸感常態是溫熱，但在不同風味背景與酒感強度下，有時會賦予胡椒辛香，陪襯花香與果酯，有時會共構圓潤柔軟的印象，有時則加強既有的刺激乾爽風格；常見的描述用語包括明亮清爽（fresh）、溫暖柔軟（warming）與灼熱刺激（burning 或 aggressive）。

　　酒精觸感表現也取決於侍酒溫度。在偏高的品飲溫度下，譬如介於 20-26℃ 之間，稍烈酒款通常更顯刺激。在 14-20℃ 正常品飲溫度下，通常會展現油潤飽滿的觸感；酒精濃度不特別高，而且風格細膩芬芳的酒款，在此溫度區間，則能充分展現清新的風味、輕巧的架構

與立體感。

　　酒精濃度特別高的裝瓶，唯有展現同樣豐沛的風味層次與飽和的口腔觸感，才足以均衡酒感，否則通常會顯得嚴肅、灼熱、刺激。包括原桶濃度在內的這類威士忌，不見得適合純飲；若是不摻水品嚐，通常難以正確評判整體風味協調。有時候可以運用少量抿酒、啜飲的方式，進行純飲品評，然而這樣只適合評判風味與香氣，難以正確評判口腔觸感。

Glenfarclas 的其中一個裝瓶版本以數字 105 命名，這個數字代表酒精濃度，採用英制酒精濃度計量單位（alcohol proof），與常見的酒精濃度容積比的換算方式是除以 1.75，相當於 60% 容積比（ABV, alcohol by volume）。英制系統如今已經非常少用，倒是美制酒精濃度計量較為常見，與容積比的換算方式是除以 2。不論怎麼計數，105、120 還是 60%，都保證嘗得到灼熱的酒感。

如何提升感受表述能力？

累積琢磨語言，提升表述能力

　　品飲就是將無形感受，化作有形文字，初學者遭遇的問題，不見得是感受不到風味，而是找不到合適的詞彙。這時不妨利用風味輪盤作為備忘清單。然而，風味描述只是學習品飲與品質特點描述的開端。品飲者應該不斷練習與揣摩，琢磨語言表達能力，不應滿足於死板的詞彙。

　　威士忌的學問涵蓋極廣，生產方面牽涉生物理工，品質評論則少不了語言文字與批評審美。經驗閱歷可以提升感受與描述能力，有意

識地琢磨語言，也同樣能夠提升表述能力；培養或結合其他興趣嗜好或專業，也能收觸類旁通之效。人人都可運用熟悉的詞彙表達感受，也可以從各自的知識背景與閱歷觀點，作出獨一無二的威士忌評論。

酒類品評語彙不乏隱喻，風味原本就是無形感受，人們運用時空概念，描述風味持續與線條形體，甚至以人物性格形象比擬風味特性，從「高深莫測」到「老態龍鍾」都不算奇怪。文學、音樂與藝術批評概念，也很自然地被借用到酒類評論，包括複雜、和諧、層次、均衡、整合、純淨，乃至結構、變化、形體、跨度、份量，以及創新、正統等新穎的觀察與批評角度。

美食記者或作家特別偏好使用軟性詞彙，引起一般讀者共鳴，文字富有表情，獨具創意、詩意與幽默。輕巧明亮的風格，就稱為「早餐喝的麥芽威士忌」（breakfast malt）；一天當中的不同時機，各有適合的威士忌，包括「開胃威士忌」（aperitif whisky）、「餐後威士忌」（after-dinner malt）、「床邊威士忌」（bed-time malt）。有些酒款較無時空限制而且風味百搭，就稱作「多功能威士忌」（versatile dram）或「全天候威士忌」（all-day dram）。好飲的人就算倦了睏了，也可以來一杯「提神醒腦威士忌」（wake-up whisky）。預算不多的人，也有物美價廉的「居家常備威士忌」（everyday malt）。

評論文字不必堆疊生硬術語，而也可以浸潤感性而詩意的想像。蘇格蘭麥芽威士忌協會的創辦人菲利浦‧希爾斯（Phillip Hills）說：「一個愛酒而且有功力的飲者，能夠將看來平凡無奇的一杯酒，化作巧妙的詩意……縱使不是準確的風味描述，卻也是內蘊豐沛的浪漫，絕不是華而不實的矯情。」他提到有次與文史學者大衛‧戴希斯（David Daiches）一起品嘗威士忌樣品，那座蒸餾廠早已關閉二十年，內部改建為住家，只剩屋頂上典型的塔狀建築被保留下來，但卻不再生產威士忌了。戴希斯凝視杯中的酒，輕嘆一口氣，說這就像是遙望一顆早在幾百萬年前就爆炸的星體，但是殘骸所散發出來的光芒，如今依舊以絢爛的姿態讓人憶起消失之前的存在。

寓含深意的浪漫文字功力，絕非一朝一夕習得，但威士忌專業領域有不少風格形態與技術語言，直接學習與借用，則相對具體且容

易得多。威士忌作家戴夫‧布魯姆（Dave Broom）將威士忌的風格分成五個陣營：「芬芳與花香調」（fragrant & floral）、「穀香與乾爽感」（malty & dry）、「水果與辛香調」（fruity & spicy）、「豐厚圓潤風格」（rich & round）以及「泥煤煙燻主導」（smoky & peaty）。這樣的風格描述與劃分，對於初學者來說是很不錯的起點。但要注意，陣營之間並非壁壘分明，譬如一款多果味與辛香的泥煤威士忌，可以有不同的思考，不一定要劃歸泥煤煙燻主導的風格陣營。

其他某些生產技術層面術語，對於清楚表達概念大有幫助。譬如「尾段酒風味」（feinty）、「熟成不足的青澀風味」（young）以及「年數太高、桶陳培養過頭的陳酒風味」（old），雖然看來只是三言兩語，好像什麼也沒說，但其實每個字詞都言簡意賅，不但清楚傳達品質評價，也分別對應到特定的風味群組。

威士忌的風味架構形態

酒類品評的隱喻，可以運用時空幾何作為輔助。在這裡就示範如何綜合運用線條、結構、層次、跨度等概念，描述威士忌風味結構特點，並區分形態。

1. 層次簡單，結構明晰

多數調和式威士忌，由於摻有風味較為中性的穀物威士忌，相較於麥芽威士忌來說，整體風味簡單。調和式威士忌廠牌著重風格設定，產品都在已經定調的主旋律之下變奏；譬如 Chivas Regal 簡單卻富滋味，就屬於這種類型。

相較之下，麥芽威士忌的風味層次較為豐富，然而某些品牌的整體架構較為簡單，也可以視為這種形態。譬如 Glencadam 在簡單之餘，展現芬芳明亮的風格；Glen Grant 則以純淨風味為背景，從入口、中段到收尾的風味變化明確，展現清晰的架構。

2. 跨度寬廣,風味紛陳

　　風味跨度附屬複雜度的概念下,專指風味不僅多樣,而且涵蓋不同類型。若是兩款威士忌擁有相仿的氣味強度與複雜度,都能夠辨識出 5 種中高強度的主要氣味,然而這些氣味在其中一款威士忌裡,皆屬花果香調,在另一款裡則橫跨花果、辛香、燒烤,那麼跨度就較為寬廣。跨度寬廣屬於風格特徵,與品質沒有絕對關係。

　　麥芽威士忌富有風味潛力,普遍比調和式威士忌更為豐厚紮實。縱使某些麥芽威士忌的整體結構略嫌鬆散,但是風味依然相當豐富。至於調和式威士忌,要做到風味跨度寬廣並非難事,某些廠牌以此作為風格精神,譬如 Grant's Family Reserve 藉由稍高年數基酒帶來的成熟與繁複,表現出同類型當中較為罕見的風味跨度。

3. 線條完整,結構緊密

　　風味線條隱含時空觀念,大致有三種理解方式。首先,想像一個二維座標,縱軸是風味繁複程度,橫軸是品嘗時間進度。若是入口、中段與收尾,風味複雜度充足,就會畫出平滑曲線。其次,線條感也可以用來描述風味很快開展,層次組成分明,彷彿可以一眼看清全貌;在此,線條感像是利用空間概念,想像風味感受是否能夠沿著假想線排列出來。從以上兩個角度理解,線條感表達的是風味變化的整體感與複雜度。最後,某些品飲研究者運用圓方尖、點線面這類幾何概念,模擬酒液在口中產生的風味形體感受。在這層意義下,線條感比較接近口腔觸感的想像,有時也能呈現風味的變化與複雜度。

　　暫且把線條概念理解為風味變化整體感與複雜度。麥芽威士忌普遍更容易透過風味聯想與呼應,形成空間與線條想像;某些優質的調和式威士忌,也能夠展現結構緊密的特質,相對較有線條感。以 Ballantine's 調和式威士忌為例,風味層次細膩繁複;此外,Johnnie Walker 的黑牌版本,風味架構與發展頗為完整,藍牌版本更是繁複,各元素之間關係緊密。

　　至於麥芽威士忌,Highland Park、The Macallan 與 Cragganmore 的常態裝瓶,都屬於風味多樣、線條完整、結構緊密的作品,但風味圖

根據皮耶爾‧哈若特（Pierre Rajotte）的設計，風味與口腔觸感可以依照特定的方式製圖，用視覺化的方式呈現風味複雜度的差異。我們可以將Highland Park、The Macallan以及Cragganmore三款麥芽威士忌的常態裝瓶風味表現，分別繪成風味變化示意圖。

（圖例：橘色外框與背景代表口腔剖面與舌頭；藍線代表風味，線條數量愈多，代表風味愈複雜，最多以4條為度。線條曲折代表風味變化。）

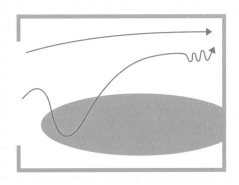

Highland Park 12 yo

2條線表示頗有複雜度的風味。其中一條線，入口下降觸碰舌面並立即回升，代表入口出現微弱的甜韻，但是整體依舊輕盈。收尾微澀，以波浪代表。
（此酒款完整品評紀錄見頁296。）

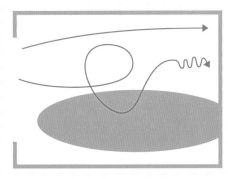

The Macallan 12 yo

依舊以2條線代表頗富變化的風味，其中一條線在舌面上翻了一圈，代表口腔觸感飽滿厚實，頗為油潤；稍微碰觸舌面，則代表嘗得出來自雪莉桶陳培養的微弱酸韻。
（此酒款完整品評紀錄見頁249。）

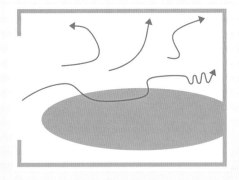

Cragganmore 12 yo

多條藍線代表風味豐富多樣，箭頭呈放射狀布滿口腔，代表有飽和的口腔觸感與油潤的質地；收尾微澀，以波浪代表，具有均衡油潤質地的作用。
（此酒款完整品評紀錄見頁240。）

景卻不盡相同。Highland Park 屬於風味並陳、目不暇給的那種豐富，彷彿多條軸線同時發展；The Macallan 層次鮮明、發展持續，多條風味軸線在不同的時間點出現，朝向不同的方向發展，而且在不同的時間結束；而 Cragganmore 除了有類似 The Macallan 那樣的繁複層次與風味持續性之外，風味跨度特別寬廣。

4. 異質共存，有機整合

有機整合是指各種風味達到和諧整一。缺乏整體協調的情況分成兩種，一是平行結構，意指風味元素之間缺乏對話與互動，發展軌跡難以描述，結構支離破碎；二是風味衝突，通常源自風味缺陷造成的風味遮蔽，以至於風味元素無法共構有機整體，而由單一風味主導，因而顯得失衡。

以泥煤煙燻麥芽威士忌為例，若是擁有豐盛的果味核心，通常可以展現更好的均衡與協調感。由於泥煤不會遮掩果香，一旦達到強度協調與風味整合，通常都能呈現異質共存應有的基本均衡。藉由果味均衡泥煤的例子包括 Ardbeg、Springbank、Lagavulin、Bowmore 與 Kilkerran。至於 Laphroaig 則是藉由活性極佳的波本桶，以集中強勁的甜潤平衡重泥煤，達到風味和諧與架構整合。

平行結構是缺乏整體協調的一種表現形式，然而若不同風味勢力分別獨立，卻依然以某種精準的比例構成和諧整體，那麼平行結構也可不帶貶義。譬如 The Balvenie Double Wood，使用活力旺盛的雪莉桶進行換桶處理，但在裝瓶前的調配拿捏精準，創造不同桶型風味共存的平行結構，但依然展現充分的風味協調。

新製烈酒是不容忽略的一塊拼圖

威士忌的前世模樣與基因體質

在蘇格蘭，新製烈酒稱為 "new make"、"new spirit" 或 "new make spirit"，這是蒸餾完畢後，兌水稀釋到適合入桶培養濃度的烈酒樣本。新酒依法必須桶陳培養 3 年才能稱為威士忌，所以入桶 3 年內通常稱為烈酒（spirit）——新製烈酒、3 年內的烈酒，以及準備裝瓶的年輕威士忌，標誌了桶陳培養過程的變化軌跡。若有機會比較品飲，能夠幫助認識廠區基因與桶陳培養間的風味互動消長。

新酒是威士忌的原初模樣，雖偶有極為青澀的年輕特質，但卻能真正反映廠區基因體質；與培養年數介於 8-15 年之間的常態裝瓶進行比較，通常可以清楚掌握烈酒體質特性。若條件允許，研究威士忌最好雙管齊下——新酒是體質基因對照組，原廠常態裝瓶通常是新酒個性、桶陳培養時空條件與生產者風格設計的互動結果，可以視為廠牌風格基調。透過比較威士忌的前世今生，可以幫助認識一座蒸餾廠的生產哲學與風格美學。

新製烈酒品質判別技巧

多數新酒單憑嗅聞即足以判斷品質特性，只有極少數例外。然而，非生產端的品飲者，在面對不同新酒樣本時，為找出差異，沒必要放棄品嘗，這也是幫助認識烈酒品質的手段。原廠專業人士不需品嘗，是因為工作時面對的樣本品質相對固定，嗅聞即可滿足品管需要。

新酒不宜純飲，在充分嗅聞後，若要品嘗，慣例是添加 3 份淨水，讓酒精濃度從 63-68% 降至 16-17%。如此，品嘗時的口部動作相對簡單，不需要擔心酒精刺激，而且啜飲的酒量可以稍多，大約 8-10 毫升左右。

新酒的年輕風味，會隨著桶陳培養過程，透過化學反應與蒸散作用消失，並且被桶壁萃取風味物遮掩；然而，威士忌成酒依然帶有大約 3 成的新酒風味。以 Clynelish 蒸餾廠為例，其新酒散發蜂蠟、燭油與橙皮香氣，且口感質地油潤如蠟——該廠裝瓶產品也保留了這些重要特點。威士忌的風味個性，理論上是以橡木桶主導，但該廠的新酒與威士忌間，卻有顯著的風味聯繫。

Clynelish 蒸餾廠的蒸餾師在取樣量測酒精濃度後，從量筒裡倒一些新酒在我手上——雙手就是最方便的新製烈酒聞香杯。

前世碰上今生：新酒與成酒比較品飲

　　Springbank 蒸餾廠的新酒，展現繁複的香氣層次，果香豐沛，表現為香蕉與洋梨，煙燻溫和，帶有土壤氣息，並襯托鹽滷般的氣味。來自初餾鍋直火加熱的酵母氣味，與麵團般的穀物氣味呼應。桶陳培養 10 年的裝瓶，在新酒豐沛紮實的基礎上，發展出辛香芬芳的樹脂，煙燻氣息依舊鮮明。15 年的版本，煙燻氣息與新酒風味較弱，木桶賦予的乾果、辛香、堅果與木屑氣味居於主導，果香含蓄，然而收尾果味豐富，伴隨泥煤煙燻帶來的乾爽觸感。這組比較品飲呈現泥煤煙燻風味隨著桶陳時間延長而逐漸衰退的現象，但酚類的乾爽觸感並未消失；來自木桶的影響則隨著年數逐漸居於上風，但在桶陳培養 15 年的版本裡，依然足以察覺新酒固有的繁複香氣層次，與紮實果味核心的基因體質。

Glenfarclas 蒸餾廠的新酒充分展現直火蒸餾的風味底蘊，氣味強勁集中，口感堅實。果香奔放，表現為李子、梨子，以及些許葡萄汁般的花香，伴隨土壤、堅果與鹽滷般的香氣；泥煤煙燻鮮明可辨，但融入風味底景，收尾出現乾爽的泥煤觸感，並持續到餘韻。桶陳 12 年的版本為該廠旗艦酒款，搭配多種不同規格的桶型，但依然足以辨認新酒風格基調，不至於被雪莉桶風味遮掩。該廠推出酒精濃度高達 60% 的原桶濃度版本，以舊制濃度計數 105 為名，這個版本的雪莉桶風味影響較深，展現濃郁的堅果、果乾，而且來自橡木桶的甜潤風味，更加強原就旺盛的酒精勁道，口感稠密，收尾風味飽和卻乾爽，恰與堅實的性格特徵呼應。這個版本較為年輕，新酒風味殘留較多，梨子與花香顯著。

　　Glengoyne 的新酒帶有青檸與草香，入口飽滿油潤，中段純淨柔軟，收尾頗有勁道，帶有明亮刺激的胡椒辛香，比較不像肉桂與丁香。桶陳培養 17 年與 18 年的版本，呈現顯著的雪莉桶木質特性，包括巧克力、堅果與葡萄乾，點綴丁香，呼應新酒固有的胡椒辛香；已然浮現來自培養的木瓜果酯，新酒的青檸與草香至此幽微地沉在背景中；收尾微澀，整體均衡。可以發現，該廠新酒頗耐桶陳，雪莉桶的風味在 17-18 年數階段居於主導，但不足以遮掩烈酒風味本質。21 年的版本裡，培養過程的氧化與桶壁萃取的風味顯著，表現為繁複的果泥、果乾、堅果、辛香、花香與烘烤；收尾有澀但並未失衡。不難看出該廠勁道紮實而油潤飽滿的新酒，足以耐受 21 年的雪莉桶陳；但也值得注意，雪莉桶風味至此已經居於主導，烈酒本身的風味特性隱晦不彰。

Styles,
Evolution and Flavours
of Scotch Whisky

最近半個世紀掀起的麥芽威士忌復興風潮，讓麥芽威士忌成為舞台新寵，然而，談到蘇格蘭威士忌，不應忘記調和式威士忌。唯有將目光抽離最近五十年的短暫光景，才能窺見蘇格蘭威士忌的形態與種類，如何在五個世紀當中逐漸發展成形，並明白品味演變的原因與意義。在這單元，我將帶你認識穀物、麥芽與調和式威士忌，彼此之間難分難捨的命運連結，理解威士忌品質風格演變與市場變化。

此外，我們也將稍微學些蓋爾語，揣摩廠牌名稱的原文發音與原始意義。當蓋爾語不再那麼陌生有距離感的時候，你或許也會發現，過去歷史不免有些難以考證的幽暗角落，蓋爾語恰似一盞油燈的微光，依舊足以照亮某段隱晦不明的歷史，讓你得到一些飲酒以外的滿足與驚喜。

Part II

酒瓶裡的人文史地

蘇格蘭
在蒸餾之外的魔力

Genesis of the National Drink

蘇格蘭威士忌
的語言文化肌理

為什麼值得學些蓋爾語？

　　學些蓋爾語基本發音是有幫助的，雖然這個語言的使用族群很小，但它依舊深植蘇格蘭文化肌理。多數蘇格蘭蒸餾廠與地名的背後都有一段故事，經常要藉助蓋爾語方能解密；有些術語甚至也要回到蓋爾語詞源，才能找到正確解釋。在蘇格蘭威士忌的旅途上，蓋爾語是不可拋下的旅伴。

　　蓋爾語的發音與拼寫規則複雜，若是沒有基本概念，往往會對詞面與讀音的差距感到非常意外；模仿蓋爾語發音，以英語重新拼寫而成的廠牌名稱，有時也模稜兩可。然而，若回到蓋爾語原文來看，就可以揣摩原始讀音，分辨不同考據版本，並判斷名稱正確涵義。我在這一節裡的任務，就是讓你對蓋爾語不再感到完全陌生，你的威士忌旅途可以在杯瓶與風味之外，平添意想不到的樂趣。

蓋爾語是蘇格蘭重要的文化遺產，從雙語路標即可看出當局保存這項語言遺產的企圖。

蓋爾語的 18 個字母

　　蓋爾語只有 18 個字母，沒有 j、k、q、v、w、x、y 以及 z。字母都以植物命名，譬如 A、B、C、D 分別是 ailm、beithe、coll、dair，意思是榆樹、白樺、榛木、橡樹。由於蓋爾語歷經演變，這些以古語命名的字母名稱，與當代的拼寫不同，唸起來跟看起來也不太一樣。

字母	字母名稱	意義	當代蓋爾語拼寫
A	ailm	榆樹	leamhan
B	beith(e)	樺樹	-----
C	coll	榛樹	calltainn
D	dair	橡樹	darach
E	eadha	山楊	critheann
F	feàrn	赤楊	feàrna
G	gort	常春藤	eidheann
H	uath	山楂	-----
I	iogh	紫杉	iubhar
L	luis	山梨	caorann
M	muin	葡萄樹	fionan/crann-fiona
N	nuin	梣、白蠟樹	uinnseann
O	oir	衛矛	feòras
P	beith bhog	（軟化的字母 b）	(peith)
R	ruis	接骨木	droman
S	sùil	柳樹	seileach
T	teine	金雀花、荊豆	conasg
U	ur	石南	fraoch

Oban 或許是最容易發音的蘇格蘭威士忌名字了。廠區位於西海岸同名小鎮，巷口即港口，出了大門就是碼頭，這裡與格拉斯哥的直線距離並不遠，車程偏偏至少3個小時。鎮名的蓋爾語為an t-Òban，正是「偏遠小灣」的意思。

蓋爾語發音規則概覽

　　蓋爾語的發音規則，可以簡化為四個部分：一、母音與拼寫變體的發音；二、字母 h 的多種發音與例外；三、被硬母音包圍的子音；四、被軟母音包圍的子音。

　　蓋爾語的 a、o、u 三個母音，由於發音時嘴巴張大，稱為硬母音或寬口母音；e、i 兩個字母，發音時唇形扁平，稱為軟母音或扁口母音。母音又有長短之分，但是不影響拼字。蓋爾語的拼字規則，要求子音周圍的母音必須軟硬一致；某些子音的發音可軟可硬，取決於相鄰母音的寬扁軟硬。因此導致許多拼寫出來的母音，具有發音指示作用，但本身卻不需發音；也就是說，拼寫變體的發音其實都與母音原始拼寫的發音一樣。我們可以將所有的母音發音列表如右。

　　所謂硬子音，是與寬口母音相鄰的子音，而軟子音則是與扁口母音相鄰的子音。通常，同一個子音或子音組合，會隨著相鄰的母音的寬扁軟硬而改變發音。掌握蓋爾語子音發音規則最簡單的方式，是先記熟硬子音的發音規則，其中 c、ch、d、dh、g、gh、l、n、s、t 這些子音作為軟子音時的發音比較特殊，另外熟記作為補充。

寬口母音的原始拼寫型	實際發音	後方軟化的拼寫型	前後軟化的拼寫型	前方軟化的拼寫型
短母音 a	[æ]	ai	eai	ea
長母音 à	[a]	ài	eài	eà
母音組 ai	多種可能	不存在	不存在	不存在
輕讀的 a	[ə]	不存在	不存在	不存在
母音組 ao	[œ] 或 [ø]	aoi	不存在	不存在
短母音 o	[ɔ]	oi	eoi	eo
長母音 ò	[o]	òi	eòi	eò
短母音 u	[ʊ]	ui	iui	iu
長母音 ù	[u]	ùi	iùi	iù
母音組 ua	[uə]	uai	不存在	不存在

扁口母音的原始拼寫型	實際發音	後方硬化的拼寫型	後方軟化的拼寫型	前方硬化的拼寫型
短母音 e	[ɛ]	ea	ei	不存在
長母音 é	[e]	eu	éi	不存在
長母音 è	[e]	èa	èi	不存在
短母音 i	[ɪ]	io	維持不變	ai
長母音 ì	[i]	ìo	維持不變	不存在

字母	作為硬子音時	作為軟子音時
b	位於字首唸 [b] 其餘情況唸 [p]	位於字首唸 [b] 其餘情況唸 [p]
bh	在字首發[v]（比mh的鼻音弱） 在字中經常不發音 在字尾經常不發音或微弱的[ʊ]	發 [v] 的音，或者不發音
c	位於字首唸 [k] 其餘情況唸 [xk]	位於字首唸 [k'j] 其餘情況唸 [çk]
ch	[x]	[ç]
d	位於字首唸 [d] 其餘情況唸 [t]	[dʒ]
dh	字首發介於[g]與[x]間的喉音 在字中與字尾經常不發音	字首發[j]的音 在字中與字尾經常不發音
f	通常不發音，或唸成 [f]	通常不發音，或唸成 [f]
fh	通常不發音，極少數唸 [h]	通常不發音，極少數唸 [h]
g	位於字首唸 [g] 其餘情況唸 [k]	位於字首唸 [g'j] 其餘情況唸 [k]
gh	字首發介於[g]與[x]間的喉音 在字中與字尾經常不發音	字首發[j]的音 在字中與字尾經常不發音
h	[h]	幾乎聽不見的微弱氣音
l	[l]	[l'j]
ll	在 -all 與 -oll 裡，母音唸[aʊ]	[l'j]
m	[m]；在 -am 與 -om 裡，母音分別唸 成 [aʊ] 與 [ɔʊ]	[m]
mh	位於字首唸[v] 其餘情況常不發音	經常不發音
n	[n]	[n'j]
nn	在字中與子音相鄰唸成[n]； 字尾唸成[n]。 在 -ann 與 -onn 裡，母音唸[aʊ]	前後都是母音時，唸成[ɲ]； 字尾唸成[n]。
p	位於字首唸 [p] 其餘情況唸 [hp]	位於字首唸 [p] 其餘情況唸 [hp]
ph	[f]	[f]
r	[r] 或 [ʀ] 位於字尾唸[θ]	[r] 或 [ʀ] 位於字尾唸[θ]
s	[s]	[ʃ]
sn	[s]（字母n不發音）	[s]（字母n不發音）
sh	[h]（字母s不發音）	[h]（字母s不發音）
t	位於字首唸 [t] 其餘情況唸 [ht]	位於字首唸 [tʃ] 其餘情況唸 [htʃ]
th	[h]（字母t不發音） 位於字中唸[h]或不發音 位於字尾不發音	[h]（字母t不發音） 位於字中唸[h]或不發音 位於字尾不發音

蓋爾語的字母 h 很特殊，在這裡針對字母 h、其氣音 [h]，以及相近的喉頭氣音 [x] 作個整理。當 h 單獨出現時要發 [h] 的音；在雙子音 sh 與 th 中，只發 [h] 的音；當 c、p、t 在字中被母音包圍時，要搭配一個 [x] 或 [h] 的氣音作為呼吸停頓，分別唸成 [xk]、[hp]、[ht]。此外，字母 h 會讓前方的子音軟化，譬如 b/bh，發音從 [b] 變成 [v]，而 m/mh 則分別發 [m] 與 [v] 的音。

　　最後，再補充一些特例，看到蓋爾語原文，就完全可以唸得出來了。

　　當子音 n 的前面搭配字母 c、g、m、t，構成雙子音時，字母 n 必須發 [ʀ] 的音。譬如 Knockando 的蓋爾語原文是 an cnocan dubh，其中 cn 的組合就必須讀成 [kʀ]，酒廠名稱於是唸作 [ən kʀoxkən du]。

　　某些子音之間，必須以一個輕讀母音 [ə] 連結，否則難以發音。這些情況包括：lch、lg、lmh、lp、lch、ms、mch、nb、nbh、nch、nm、nmh、rb、rbh、rm、rch、rg、rgh、sch。蘇格蘭西部外島的年輕蒸餾廠 Abhainn Dearg 直接以蓋爾語命名，第二個字的發音是 [dʒæʀək]，在字母 r 與 g 之間，就加了一個輕讀母音 [ə]。

　　很多蘇格蘭威士忌廠牌的英文名字，都是用英語模擬蓋爾語發音改寫而來的呢！現在，試著自己練習看看，以下這兩個蓋爾語原文名字怎麼發音，而又讓你聯想到哪些蘇格蘭麥芽威士忌品牌呢？

Achadh an t'Oisean

Gleann a'Gheòidh Fhiadhain

你答對了嗎？正確答案是 Auchentoshan 與 Glengoyne。

蓋爾語原文	**Achadh an t'Oisean**

子音群	Ch		dh	n	t'	s		n
母音群	A	a	a		oi		ea	

硬母音位於重音節　在硬母音間發喉音　硬母音位於輕音節　位於字尾時不發音　定冠詞裡永遠輕讀　在字尾與硬母音相鄰　在字首與硬母音相鄰　後方軟化的拼寫型　受軟化時的嘶擦音　前方軟化的拼寫型　位於字尾不需軟化

實際發音	Au	ch	en		to	sh	an

英語拼寫	**Auchentoshan**

蓋爾語原文	**Gleann a'Gheòidh Fhiadhain**

子音群	Gl	nn		Gh		dh	Fh	dh	n
母音群		ea	a'		eòi			ia	ai

兩個子音皆發原音　雙子音前發音改變　短母音的硬化拼寫　位於字尾不需軟化　定冠詞裡永遠輕讀　位於字首發硬音　前後軟化的拼寫型　位於字尾不發音　位於字首不發音　後帶輕音的扁口母音　位於字中不發音　母音組合特殊發音　位於字尾不需軟化

實際發音	Gl	en		go		y	ne

英語拼寫	**Glengoyne**

蓋爾語與廠牌名稱意義

　　蘇格蘭麥芽蒸餾廠的歷史，可以追溯到十八、十九世紀，廠牌多半不以創廠者姓氏命名，而多半反映自然環境或歷史人文。多數廠牌名稱典故來自周遭環境景觀，從山巒谷地到海岸地形都有，也因此，與以蘇格蘭蓋爾語命名的地名頗多相通對應。有些廠牌名稱反映早期農牧業背景，譬如廠區原是廢棄磨坊改建，或位於農鎮中心；其他命名典故則包括宗教、傳說、神話或戰爭。

　　語言是活的，詞彙與發音不斷演變；而人是健忘的，沒有文字保存的歷史，口述難免訛誤，記憶也可能錯亂。在時間洗禮與捉弄之下，有些蒸餾廠的蓋爾語原文意義已經難以考證，有些廠名則出現4、5種可能解釋。不過，蘇格蘭大約9成以上的蒸餾廠，如今都可以充分掌握廠名的意義與來源。

Kil這個字首，源自蓋爾語的Cill，意思是教堂。從Glengyle蒸餾廠可以望見鎮上的大教堂，該廠的麥芽威士忌Kilkerran就以此命名。

Clynelish 蒸餾廠的名字，在蓋爾語裡的意思是「緩坡花園」。不過，緊臨蒸餾廠旁的這片緩坡，如今並沒有種花，而是被一群綿羊占領了。

在現代蓋爾語裡，可以看到其他同族語言的元素。蓋爾語屬於凱爾特語族的一支，以蘇格蘭蓋爾語（Scottish Gaelic）為代表，其次還有愛爾蘭蓋爾語，通常直接稱為愛爾蘭語（Irish），以及幾乎絕跡的曼島（Isle of Man）蓋爾語，又稱曼克斯語（Manx）。另一支則包括威爾斯語（Welsh）、不列塔尼語（Breton）以及幾乎絕跡的康瓦爾語（Cornish），也就是康沃爾的凱爾特語。在現代蓋爾語裡，像是 obar（河口）、lann（教堂）這些元素，都是受到這些同族語言影響的遺跡。

英文的 Glen 源於蓋爾語 Gleann，意思是谷地或平原。蘇格蘭地名與威士忌廠牌名稱頻頻出現這個字，是人們習慣以自然景觀命名的語言文化遺跡。

英語	蓋爾語	字根意思	蒸餾廠名稱實例	廠名意義
ach 或 auch	achadh	草地	Auchentoshan *Achadh an t'Oisean*	角落草原
aber	obar	河口或沼地	Aberlour *Obar Labhair*	喧囂匯流處
bal	baile	農村	Balmenach *am Baile Meadhanach*	中央農村
ben	beinn	山嶺	Ben Nevis *Beinn Nèamh-Bhathais*	雲霄峻嶺
knock	cnoc	丘陵	Knockando *an Cnocan Dubh*	黑色小丘
craig	creag	峭壁或岩石	Craigellachie *Creag Ealeachaidh*	多石岩壁
dal	dail	草原	Dalwhinnie *Dail Chuinnidh*	會師之地
glen	gleann	谷地或平原	Glen Garioch *Gleann Ghairbhich*	荒野谷地
inch	innis	草地或島嶼	Inchgower *Innis Ghobhar*	山羊草地
kil	cill	教堂	Kilchoman *Cill Chomain*	侯曼教堂
land/lan	lann	教區或教堂	Longmorn *Lann Marnoch*	聖馬諾教堂
ken/kin	ceann	盡頭或起點	Kininvie *Ceann Fhìnn Mhuighe*	平原盡頭
loch	loch	湖泊	Loch Lomond *Loch Laomainn*	羅夢湖
strath	srath	闊谷	Strathmill *Srath a'Mhuilinn*	磨坊闊谷
tay/ty	taigh	房屋	Teaninich *Taigh an Aonaich*	市集之屋
tom	tom	圓丘	Tomatin *an Tom Aiteann*	杜松子圓丘
aird/ard	àrd	高的	Ardmore *an Àird Mhòr*	峻嶺高地
dhu/duff	dubh	黑色的	Tamdhu *an Tom Dubh*	黑色圓丘
beg	beag	小的	Ardbeg *an Àird Bheag*	小岬角
more	mòr	大的	Bowmore *Bogh Mòr*	大海灣

蘇格蘭**威士忌形態**：全寫與簡稱	廠區來源		製酒原料	
	單廠	多廠	麥芽	穀物
單一蒸餾廠·全麥芽·威士忌 Single distillery (Scotch) malt whisky → **Single malt**	✸		✸	
單一蒸餾廠·摻用穀物·威士忌 Single distillery (Scotch) grain whisky → **Single grain**	✸		✸	✸
單一蒸餾廠·調和式·威士忌（少見） Single distillery (Scotch) blend(ed) whisky → **Single blend**	✸		✸	
			✸	✸
調和式·全麥芽·威士忌 Blended (Scotch) malt whisky → **Blended malt**		✸	✸	
			✸	
調和式·摻用穀物·威士忌（少見） Blended (Scotch) grain whisky → **Blended grain**		✸	✸	✸
			✸	✸
調和式·威士忌 Blended (Scotch) whisky → **Blended** (~~blend~~)		✸	✸	
			✸	✸

蘇格蘭威士忌
的形態與發展軌跡

2-2

類型概覽與術語釋疑

● 為什麼不說「單一麥芽威士忌」？

　　所謂「單一麥芽威士忌」原文是 single malt，經常被誤解為「單一品種麥芽」，然而其意義是「來自單一蒸餾廠，以全麥芽作為配方，符合生產法規要求，製得烈酒後，經過足齡培養的威士忌」——重點在「單一」與「麥芽」兩個概念應該分開理解。與其直呼「單一麥芽威士忌」引起誤解，不如改稱「單一蒸餾廠麥芽威士忌」、「單一廠區麥芽威士忌」或「單廠麥芽威士忌」。

● 別望文生義：穀物與麥芽的真實意義

　　威士忌製酒用的麥芽，專指經過催芽處理的大麥麥芽；穀物則是指小麥與玉米，不包括麥芽。穀物威士忌的配方，除了小麥或玉米，早期必須採用約 1/3 的大麥麥芽，以便利用麥芽酵素分解澱粉；隨著技術進步與品質提升，如今麥芽用量可以降低至 10-15%。亦即「麥芽威士忌」採用全麥芽製酒；「穀物威士忌」卻不是全穀物配方，而必須使用麥芽作為糖化基礎。換句話說，malt whisky 是「全麥芽威士忌」，簡稱麥芽威士忌；但是 grain whisky 雖然稱為穀物威士忌，卻不是「全穀物威士忌」，而應理解為「摻用穀物的威士忌」。

● 什麼是「蘇格蘭威士忌」？

　　Scotch whisky 簡稱 Scotch，這不只是一個地點修飾語，它代表一種符合生產法規要求的酒類產品類型。蘇格蘭威士忌這個名稱，已經隱含蒸餾程序、地理條件、桶陳培養、配方原料等一系列要求。其中重要的規範內容包括：麥芽不得在該廠區之外進行糖化作業；必須使用麥芽作為糖化所需的酵素來源；不得採用自然發酵，必須人工完成接菌；蒸餾完畢的烈酒濃度不得超過 94.8%；桶陳培養必須全程在蘇格蘭進行，至少 3 年，木桶容積不得超過 700 公升，廠房地點另有規範；產品感官特性必須反映原料製程；除了稀釋用水與調整色差所需的專用焦糖之外，不得使用其他添加物。

　　雖然規範定義清楚，然而法規是人訂定的，容許闡釋的「彈性」或「漏洞」向來不少。曾經引起關注或討論的議題包括：採用與多數蒸餾廠不同的酵母品種製酒；改變蒸餾鍋形制，譬如將壺式蒸餾器的頸部改成柱式並加裝層板；在橡木桶內壁刮出溝槽，增加烈酒與木桶的接觸萃取面積。通常這些作法都對應生產者的品質訴求，而不見得是為了標新立異。

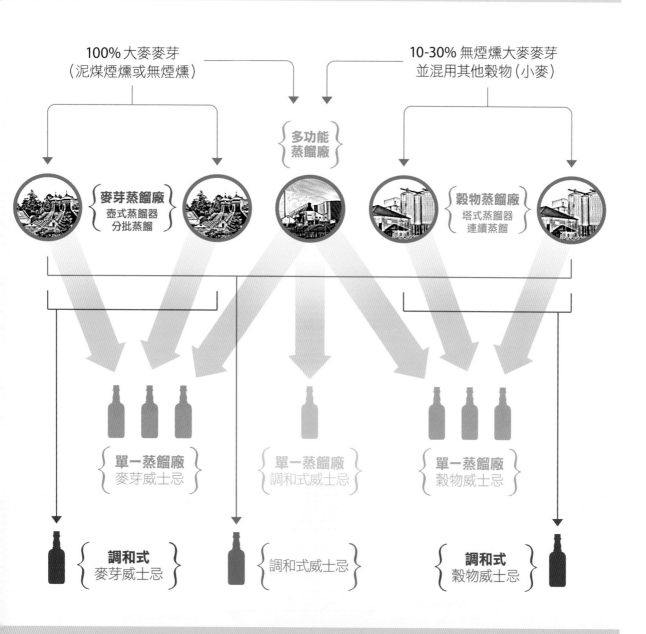

100% 大麥麥芽
（泥煤煙燻或無煙燻）

10-30% 無煙燻大麥麥芽
並混用其他穀物（小麥）

多功能
蒸餾廠

麥芽蒸餾廠
壺式蒸餾器
分批蒸餾

穀物蒸餾廠
塔式蒸餾器
連續蒸餾

單一蒸餾廠
麥芽威士忌

單一蒸餾廠
調和式威士忌

單一蒸餾廠
穀物威士忌

調和式
麥芽威士忌

調和式威士忌

調和式
穀物威士忌

最具好奇探索精神，富有想像創意的一群人，與傳統成規發生衝突在所難免。試想：如果木桶登船離開蘇格蘭，在海上進行培養熟成，看似不符合「全程在蘇格蘭培養」，但若船隻登記在本國籍之下，而且接受官方權責單位稽查檢驗，這樣可以視同合法嗎？再讓我們看看 Ardbeg 蒸餾廠的 Supernova 系列，將烈酒與桶壁刨刮出來的木屑，裝在特製容器當中，送上太空站進行失重環境萃取實驗。雖然目的並非大量生產無重力環境培養熟成的威士忌，而是意圖透過不同的理化反應路徑，探索風味潛質，並將發現結果運用在地球上。這組實驗結束後剩下的樣本，最終以限量商品出售，酒標也有「蘇格蘭威士忌」字樣。

「在蘇格蘭境內蒸餾並裝瓶」是蘇格蘭威士忌的重要條件，但並非僅止於此，還必須符合一系列規範要求。

「製程必須在蘇格蘭」的真正意涵，更像是為了總體品質與課稅管理設立的通則，立法初衷並不在於桎梏創意或限制實驗。若在當局同意下，讓烈酒離開蘇格蘭，但卻沒有在其他國家領土上進行傳統意義上的培養，也就沒有違背立法初衷。不過，許多被管理者的創新之舉確實已經挑動管理者的敏感神經，但是蘇格蘭威士忌的界限也因此推得更遠。

● 酒，有很多名字：不同階段，不同稱呼

桶中培養未超過 3 年的烈酒，縱使假以時日會成為蘇格蘭威士忌，但若在這時裝瓶，就不能以 Scotch 的名義銷售，也不能稱為 whisky ──毛毛蟲還沒變成蝴蝶，就只能是毛毛蟲。

提及這些「尚未真正成為蘇格蘭威士忌的烈酒」，亦即「準蘇格蘭威士忌」或「蘇格蘭威士忌候選樣品」，必須斟酌用詞。尚處蒸餾程序的酒液，稱為「蒸餾液」（distillate）或「冷凝液」（condensate），包括酒頭、酒尾及其不同比例的混合液；蒸餾完畢的特定批次，稱為「酒樣」（make）、「烈酒」（spirit）或「新製烈酒」（new make spirit），後兩者專指酒廠認可入桶濃度的樣本，通常經過兌水稀釋；在桶中未滿 3 年，稱「年輕烈酒」（young spirit）；在桶中超過 3 年，即為 whisky，但尚未裝瓶、貼標之前，不需稱為 Scotch。

所以在蒸餾廠裡，別對著烈酒控制箱裡汨汨流淌的無色液體呼喊威士忌，因為那不是它的名字。詳參 Chapter 5。

圖為 Glenfarclas 蒸餾廠的控制箱,正在收集酒精濃度只有 20-22% 的低度酒(low wines),外觀微濁。

穀物威士忌與調和式威士忌

穀物威士忌：天生麗質　不須等待

　　穀物蒸餾的新酒純淨俐落，幾乎不需熟成，只需調降酒精濃度，就是相當堪喝的無色烈酒。然而現行法規規定，烈酒必須經過至少 3 年桶陳培養，方得以蘇格蘭威士忌的名義銷售，因此穀物威士忌生產商必須滿足最低桶陳培養的年限要求。

　　雖然穀物烈酒風味相對純淨，卻經常帶有鮮明可辨的蘋果、梨子、香蕉、鳳梨、柑橘等果香。各生產商的用桶策略、培養時間、風格設定與調配拿捏不同，穀物威士忌的複雜程度並不亞於麥芽威士忌。在蘇格蘭威士忌產業裡，穀物威士忌的裝瓶相對罕見，因為多半與麥芽威士忌調配，以調和式威士忌的產品形式銷售。

　　穀物威士忌通常是單一蒸餾廠的裝瓶版本，較為罕見調和式穀物威士忌（亦即調配數間穀物蒸餾廠的威士忌），這個現象大致可以從三個層面解釋。從經濟層面來看，穀物威士忌裝瓶屬於小眾市場，單廠版本幾乎是行銷最低門檻；從經營層面來看，穀物蒸餾廠的核心功能是提供所屬集團調配基酒，生產調和式威士忌，而不是單廠穀物威士忌，更遑論與其他穀物蒸餾廠調配，生產調和式穀物威士忌；從感官風味的角度來看，穀物蒸餾設備對環境條件較不敏感，因此通常藉由用桶策略創造廠區風格，混調不同廠區的穀物威士忌，無益呈現廠區風格。

調和式威士忌：精心設計的品牌風格

　　在調和式威士忌裡，穀物威士忌通常占有相當高的調配比例。法規並無硬性規定比例門檻，但是穀物威士忌成本低廉，通常用得較多；況且，提高麥芽威士忌用量比例，不等於品質較好。不過，有些調和式威士忌品牌，推出麥芽基酒配方比例較高的酒款，或者提高基酒的培養熟成年數，並以 Luxury、Extra、Premium、Deluxe 等字樣作為號召。這些標示的意義與內涵，目前尚無明確規範。

　　穀物基酒雖是調和式威士忌的骨幹，然而其風味強度普遍低於麥芽威士忌。縱使如此，穀物基酒不應該被理解為用來稀釋麥芽基酒風味的廉價貨色。相反的，穀物威士忌能夠賦予柔軟甜潤的風味與觸感，提升整體易飲性，降低年輕麥芽威士忌的生澀風味，加強圓熟表現，幫助釋放某些麥芽基酒的風味，創造風味層次。

Cutty Sark調和式威士忌於1923年面世，色淺明亮、清爽易飲的風格在當時算是一種創新。品牌以十九世紀的大帆船命名，酒瓶上的羅盤浮雕與the spirit of adventure字樣，象徵冒險犯難的精神。

調和式威士忌品牌都藉由調配技藝與行銷手段，創造自己的風格路線與市場價值。麥芽蒸餾廠的品質特徵，來自無可複製的廠區條件總成；相對來說，調和式威士忌的風格形塑則幾乎仰賴調配技藝，配方最多包括 2-5 種穀物威士忌，以及 20-50 種麥芽威士忌。調和式威士忌的基因血統是市場導向，如今不僅可以做到量大質佳，而且產品極富彈性，能夠順應潮流與消費喜好，有利拓展全球市場。

調和式威士忌的精神在於品牌經營，透過調配技藝呈現預設的風格與風味，而不像單廠麥芽威士忌那樣，傳遞無可複製的廠區風格。也因此，單廠調和式威士忌極為罕見，實例只有 Loch Lomond 蒸餾廠而已。該廠設備允許生產不同形態烈酒，並透過製程微調創造不同的風格體質，桶陳培養並酌予調配之後，便能以單廠調和式威士忌的名義裝瓶出售。

調和式威士忌生產商通常會擴大基酒供應來源，以俾在某些貨源短缺時，既有配方可以交替使用，不至於改變品質風格。生產商之間不免彼此購買或交換基酒，然而基酒來源掌握在自己手中是最保險的。隨著轉手併購與重整，集團化經營儼然成了近代傳統。有些廠商特別倚重集團自有麥芽蒸餾廠供應的基酒，稱為「核心麥芽基酒」（core malt）；在此情況下，調和式威士忌很可能帶有特定麥芽威士忌的風格影子。

調配技藝：猶如液體魔術方塊

調配就像玩魔術方塊──遊戲最終要讓六面同色，但轉動方式卻有無窮可能。調配的精神不在於複製相同配方，而是得到一致的風味結果。可供運用的基酒因時而異，同源基酒也存在批次差異，調配師要在如此浮動的基礎上，得到品質相似而數量龐大的調配成品，其職涯面對的持續挑戰與成敗壓力可想而知。

每批調和式威士忌，都是由不同基酒以不同比例組成，所謂品質穩定，要求重點在於與留樣批次交叉比對沒有明顯風味差異。業者通常採「3 杯比較法」，其中一杯是不同的酒樣，若專業品評的正確答

法商 La Martiniquaise 酒業公司以調配起家，目前擁有蘇格蘭 Glen Moray 蒸餾廠。在單廠麥芽威士忌之外，該公司也推出 Label 5 Classic Black 調和式威士忌，在法國境內相當暢銷。

題率低於概率，就代表樣品間的差異，細微到可以忽略。通常增加試飲梯次或採用 5 選 2 的模式，品評小組的人數可以更精簡，甚至調配師獨自一人進行試飲，就能判斷成品是否符合要求。

風味互動機制並非簡單的平均或加總，因此調配是一門著重經驗的技藝，更勝於精密的科學計算。調配師必須有足夠的知識基礎與調配經驗，預估不同基酒混合之後的感官效果——數十種基酒調配之後，每項構成元素不一定嘗得出來，在不同背景下的表現也不會一樣，但卻都是不可分割整體的一部分。

配方比例：商業機密與公開秘密

認識調和式威士忌，首重廠牌風味特徵與風格表現，其次才是藉由配方資訊揣摩風味根源。不過，廠商通常不願意釋出配方細節，就連探問概略配方比例都難如願。雖然有商業資訊保密的考量，但是配方比例經常浮動，少透露技術細節，對經營者來說較為穩妥。調和式威士忌的風格設計，不乏企業經營現實考量；配方比例雖是商業機密，但核心麥芽基酒來源則是公開秘密。

調和式威士忌的樂趣，在於認識不同廠牌風格差異的探求過程，研究基酒配方不應作為出發點，也不會是終點。品牌都有風格定位，同廠牌的不同酒款，都代表風格基調的一種闡釋或變化，可以藉此作為自我鍛鍊的工具。調和式威士忌占蘇格蘭威士忌總銷售量 9 成之多，但風格脈絡相對簡單，只需跟隨簡單的指引，就能掌握蘇格蘭威士忌領域最大宗的形態，何樂而不為呢？

Girvan

蘇格蘭穀物威士忌

輕盈乾爽・風格明亮

來自原廠的酒精度 57.1% 裝瓶版本，在入杯之後，很快散發出波本桶的香草與椰子香氣。底層出現新鮮輕巧的水果香氣，包括梨子與蘋果，偶爾點綴胡椒辛香以及甘草氣味。晃杯之後，梨子果香鮮明，也出現類似香蕉皮的香氣；酒精帶出辛香與花蜜芬芳，隱約出現草本氣息，表現為青綠草香，而不是乾草氣味。靜置之後，辛香氣味更加顯著，並且蘊積出薄荷氣息，點綴穀物與麵包香氣，波本桶的木屑與鮮奶油氣味始終鮮明可辨。整體香氣強度中等，但是不乏層次。

酒液入口之後，觸感灼熱乾燥，辛香與穀物風味鮮明，表現為胡椒與茴香，混有蜜味與裸麥麵包風味。中段很快發展出果味，入口第一風味印象持續不散，兩者結合為果、蜜、花、木的繁複風味層次。觸感漸趨乾燥，並與微弱的甘草與木質香氣呼應。收尾出現杏桃風味，微甜不至於膩。

這是一款香氣層次豐富的穀物威士忌，酒感強勁，但是觸感輕盈，予人明亮的風味印象。在波本桶的風味背景之下，收尾風味香甜，甚至出現微甜感，然而酒精的灼熱感卻巧妙地發揮平衡作用，口感質地輕盈乾爽。

William Grant & Sons 集團擁有麥芽蒸餾廠與穀物蒸餾廠。剛採購進來的橡木桶，活性較佳，多用來培養麥芽威士忌；待橡木桶活性減弱，則轉給同集團的 Girvan 穀物蒸餾廠使用。這個系列的 Girvan 單廠穀物威士忌，包括桶陳培養超過 20 年的版本，都依然展現明亮而年輕的風味架構，絲毫沒有被桶味壓過的態勢。

Port Dundas

蘇格蘭穀物威士忌

香 氣 繁 複 · 慍 烈 乾 爽

香的青蘋果風味，略帶土壤與蕨類植物氣息，讓人聯想到迷迭香與青椒。中段由鮮奶油與松脂般的蜜味主導，短暫的柔軟觸感漸趨乾燥。收尾乾爽辛香，表現為茴香與胡椒，發展出穀物與麵包風味層次。餘韻淺短，除了巧克力之外，還浮現微弱的李子與鳳梨風味。

這款穀物威士忌的香氣芬芳刺激，以綠色風味主導，不斷散發出青蘋果、迷迭香、奇異果與青椒氣息。橡木桶的果乾與巧克力風味微弱但足以辨識，辛香與穀物風味則處於底景強度，提升風味層次變化。未摻水嗅聞，最能充分展現這款穀物威士忌的青綠氣息。然而，由於酒精觸感特別慍烈，建議兌水稀釋品嘗——稍微兌水稀釋到 40-45%，可以突顯純淨的風味與油潤的觸感；大量兌水稀釋到 20-25% 的酒精濃度時，巧克力、堅果與蜜餞等氣味尤其明顯。

這款威士忌來自 2010 年關閉的 Port Dundas 穀物蒸餾廠，1992 年蒸餾，並經過桶陳培養21 年，由酒商 Douglas Laing 裝瓶，The Clan Denny 是 系 列 名稱，裝瓶形式是單桶（single cask），桶號為 HH 9452，酒精度55.7 %，屬於限量商品。

酒液中等金黃，一入杯即飄出梨子與柑橘香氣，相當芬芳刺激，幾乎像是指甲油與葡萄柚一般。這股氣息很快發展出青蘋果

與桑椹香氣，並隱約帶有青綠草香。表層香氣多變，接著出現花香與辛香，表現為山楂與茉莉，以及乾燥月桂葉。底層是波本桶的香草鮮奶油香氣，伴隨焦糖與糖蜜。晃杯之後，梨子香氣轉趨集中，並且出現青檸香氣層次，也接近奇異果氣味。靜置之後，巧克力鮮明可辨，並且點綴含蓄的焦烤，表現為咖啡與焦糖，隱約出現櫻桃與深色葡萄乾。

入口觸感慍烈，出現混有辛

Ballantine's

蘇格蘭調和式威士忌

香氣層次繁複・觸感甜潤絲滑

　　無年數標示的 Finest 版本，酒液中等金黃，表層散發焦糖與核桃氣息，很快轉為果蜜香氣主導，然而燒烤堅果依舊處於底景強度，並且發展出葡萄乾的氣味層次，構成令人印象深刻的複雜度。晃杯之後，蜜香依舊濃郁，伴隨香草與蘋果。靜置之後，出現集中的雪莉桶氣味，表現為乾燥香料與燒烤堅果，也有巧克力與裸麥麵包氣味。

　　入口觸感柔軟滑順，風味繁複細膩。主要核心麥芽基酒的風味特性相當清晰——來自 Miltonduff 蒸餾廠的麥芽基酒賦予青檸果味；草本植物與花蜜風味，則反映 Glentauchers 麥芽基酒的風味特性；中段浮現微弱皂味、橙花與鳳梨氣息，則是 Glenburgie 與 Glentauchers 兩座蒸餾廠的共同特徵；油潤軟甜的觸感質地，搭配蘋果、梨子與水蜜桃罐頭風味，則是來自 Scapa 麥芽蒸餾廠的風格標誌。收尾微

甜，很快轉趨乾爽，帶出穀物與堅果風味。餘韻悠長，以肉豆蔻與藥粉般的乾燥辛香主導，點綴香草、木屑與巧克力，發展出微弱但足以辨識的花香與蘋果氣息。

　　這款調和式威士忌不僅充分反映 Scapa 的輕盈純淨、Miltonduff 的芬芳花香、Glentauchers 的蠟質油潤與

Glenburgie 的花卉果味，更突破了這幾座蒸餾廠基酒的風味框架，透過添加其他數十個不同來源的麥芽威士忌，創造令人驚豔的繁複層次。在品嘗時，固然不難嘗出核心元素的影子，但也完全可以透過細膩繁複的層次表現，感受其設定的風格目標不止輕盈芬芳而已。

蘇格蘭
穀物威士忌

蘇格蘭
調和式威士忌

蘇格蘭
調和式麥芽威士忌

Bell's

堅果辛香主導 · 柔軟卻又鋭利

　　無年數標示的 Original，成色深金，甫入杯即飄出燒烤堅果、焦糖氣息，很快發展出花蜜，但很快消失。表層氣味帶有煙燻，表現為泥土與苔蘚。底層發展出青綠氣息，接近青蘋果、香瓜氣味，並且伴隨乾草、麥稈與草蓆。晃杯之後，純淨的酒精芬芳加強乾燥辛香，白胡椒特別明顯，出現隱微的花卉蜜香，李子果醬般的氣味轉瞬即逝。靜置之後，回到辛香與穀物主導的基調，背景是堅果氣息，點綴含蓄的蜜香。

　　入口觸感油潤，滑順柔軟，旋即出現短暫但顯著的硫質風味，最初表現為酵母泥，接著像是硝石一般；同時出現桶陳賦予的核桃、燒烤堅果、辛香與花蜜。入口第一印象，份量感與風味強度俱足，中段觸感依然油潤飽滿，酒精逐漸主導，轉趨乾爽芬芳，襯托辛香，收尾爽朗。酒精讓中段

之後的架構，在觸感方面顯得特別細瘦鋭利，但卻同時加強蜜味的飽滿印象。收尾以酒精主導，依舊襯托蜜味，但也與煙燻澀感共構乾爽的觸感，但是煙燻風味不甚顯著。餘韻頗長，由乾燥的泥煤支撐，與肉桂般的辛香風味彼此呼應，背景依然是純淨的酒精風味。

　　Bell's Original 入口柔軟、收尾鋭利，不但忠實反映背後麥芽基酒的特性，酒精本身的純淨風味也成為重要的風味軸線。鋭利的酒感與突出的酒精風味，並未遮掩堅果、辛香風味主導的風格基因。果味表現不甚顯著，也與麥芽基酒風格一脈相承——Blair Athol 基酒賦予乾爽硬朗而堅實飽滿的堅果辛香性格、Dufftown 則帶來草本與穀物風味，Inchgower 的柔軟蠟質觸感與 Caol Ila 的煙燻風味、青綠瓜果草香，也都嘗得出來；至於 Glenkinchie 的多硫

性格，在最終的調和成品裡相對含蓄，並不至於像是高麗菜湯，但依舊嘗得出微弱的酵母泥與硝石氣息。

Black & White

蘇格蘭調和式威士忌

風味基調簡單・變化層層升高

這款調和式威士忌在十九世紀末是以酒商 Buchanan 的名義銷售，由於黑瓶白標顯眼好記，因此暱稱 Black & White，後來借為品牌名稱，搭配兩隻蘇格蘭獵犬作為商標。

入杯即飄出煙燻氣息，伴隨乾燥的迷迭香、茴香與土壤氣味，重複嗅聞可以察覺乾燥的硝石與煙灰氣息。底層花蜜與柑橘香氣集中，表現為葡萄柚與橘子，很快發展出蘋果、梨子、杏桃與香蕉。偶爾出現巧克力氣味，與豐富多變的柑橘果香呼應。晃杯之後，泥煤煙燻更加鮮明，很快回到柑橘主導基調。靜置之後，花蜜香氣顯著，伴隨主導的柑橘果香，就像是新鮮的橙皮果醬一般。

入口觸感油潤溫和，波本桶的香草、椰子與木屑風味鮮明。中段由柑橘主導，出現純淨的酒精芬芳與乾燥觸感，溫和的木質風味不時浮現，並點綴蘋果

風味。主導的柑橘風味持續到微澀的收尾，柑橘皮油般的澀感與果與逐漸明朗的泥煤呼應。收尾觸感乾爽，純淨的酒感略顯灼熱。餘韻綿延不絕，依然在柑橘風味的基調上，發展出羅漢果、胡椒、肉荳蔻、乾草等乾燥香料，以及當歸、人參般的風味。

這款調和式威士忌的風味元素並不複雜，但卻像是一首迴旋曲，在同一個風味基調上，不斷轉圈，不斷升高。雖然柑橘風味看似固定，但是在不同的背景與階段出現，都有不同效果。在香氣階段，柑橘與其他類型的果香及蜜香融合，與葡萄柚呼應，也與巧克力共存；入口之後，柑橘則與泥煤煙燻、木質風味、其他果味產生互揚並達到協調；乾爽收尾也是由柑橘皮油風味與泥煤澀感、酒感共構；泥煤澀感逐漸居於主導的餘韻階段，葡萄柚的風味與皮油觸感，繼續在柑橘的基調上發展出細膩的辛香變化。

蘇格蘭
穀物威士忌

蘇格蘭
調和式威士忌

蘇格蘭
調和式麥芽威士忌

Chivas Regal

蘇格蘭調和式威士忌

花蜜香氣芬芳·風格輕巧細膩

桶陳培養12年的裝瓶版本，採用 Strathisla 作為重要核心麥芽基酒——而且也鮮明地反映該廠輕盈細膩、層次豐富的風格特徵。該廠年份稍低的威士忌，表現較多的土壤、蕨類植物與木質氣息，隨著桶陳培養年數提高，則發展出更多柑橘與桃子果香。在這款調和式威士忌裡，偶爾也可以察覺同集團的 Longmorn 的風味特徵。

酒液外觀呈琥珀色，表層浮現柑橘與巧克力香氣，但是很快被土壤與蕨類取代，並成為底層香氣的主導元素。晃杯之後，出現花蜜香氣。靜置之後，杯中累積較多堅果香氣，偶爾飄出柑橘與蜜香。

入口觸感滑順，酒體輕盈。首先出現鮮明可辨的柑橘果味，表現為果醬般的甜熟，以及接近白葡萄乾的風味。觸感輕盈，毫不黏膩。中段以草本風味主導，並出現乾草與薄荷氣息。波本桶的香草鮮奶油風味從中段之後，一直停留不散。偶爾可以在中段嘗出微弱的硫質，不但襯托蜜味，也讓輕巧的酒體顯得紮實。

收尾微甜，但依然乾爽，以榛果、巧克力與香草鮮奶油作結。燒烤杏仁與核桃風味持續到餘韻，不時出現土壤與穀物氣味。餘韻逐漸發展出水蜜桃風味，讓人聯想到 Strathisla 固有的果味；漸漸浮現嫩薑般的辛香與核桃、堅果，則彷彿有 Longmorn 的影子。

Strathisla 的許多風味標誌，在這款調和式威士忌都可以察覺，包括蕨類與土壤氣息，穀物與堅果風味，水蜜桃與青檸般的果味。然而，在調和式威士忌更為乾爽純淨的風味背景下，得以突顯柑橘果香，並創造花蜜香氣，讓人聯想到 Longmorn。

Cutty Sark

蘇格蘭調和式威士忌

架構立體明亮・收尾細膩悠長

無年數標示版本，酒液淺金，甫入杯以酒精主導，表現為梨子、蘋果與李子，也能夠嗅出鳳梨與杏桃，再加上鮮明的葡萄柚、檸檬與皮油氣味，即構成表層主導。微弱的泥煤煙燻風味，比較接近乾燥辛香與炭火氣息，而不像煙燻食材、瀝青或藥水氣味。

底層逐漸發展出香草鮮奶油與椰子氣味，點綴木屑、焚香、肉桂與茴香，伴隨乾草與青綠氣息；木質氣味偶爾遮掩果香，但是依然聞得到杏桃、青檸與鳳梨香氣，平衡良好。晃杯之後，穀物與堅果氣味集中，卻又很快消散，回到酒精芬芳主導架構，點綴蜜香。靜置之後，乾草與青綠氣息特別顯著，花蜜與果香則處於背景強度；香氣不斷變化，透過嗅覺疲勞機制，可以再次察覺香草鮮奶油與椰子氣味。

入口油潤，隨即散發李子風味，然而果味很快讓位給桶味。

處於背景強度的波本桶風味不斷累積增強，點綴蜜味與辛香，直到接近收尾時，香草、椰子與木質辛香躍居主導。收尾乾爽而層次複雜，嘗得出泥煤澀感與辛香，椰子、烤杏仁與堅果風味顯著；酒精芬芳加強木屑辛香與乾燥辛香，襯托蜜桃果味。餘韻悠長，以木質、穀物、堅果、蜜味與果味共同主導，點綴微弱的燒烤與穀物風味。

這是一款架構細膩的調和式威士忌，看似隱微不彰的泥煤煙燻，其實扮演重要的風味均衡角色。微弱的泥煤煙燻，足以提供辛香，與酒精芬芳以及桶味形成呼應，也能夠塑造明亮的酒體、立體的架構、乾爽的收尾與悠長的餘韻。

蘇格蘭
穀物威士忌

蘇格蘭
調和式威士忌

蘇格蘭
調和式麥芽威士忌

Dewar's

蘇格蘭調和式威士忌

花果蜜味豐盛 · 觸感柔軟滑潤

這款調和式威士忌是 John Dewar & Sons 公司推出的品牌，採用同集團 Aberfeldy 的麥芽基酒作為重要配方。White Label 是無年數標示的品項，軟甜豐潤、花果風味俱足，蜜味飽滿；桶陳培養 12 年的裝瓶版本也擁有相同風格基因。

酒液成色深金，香氣以花果蜜香主導，襯托煙燻氣息。酒液入杯即散發橡木桶的香草鮮奶油、木屑氣息，很快被梨子與柑橘果香取代，並發展出含蓄的燒烤與乾果，陪襯類似尤加利、茶樹精油般的樹脂氣味，也類似青綠的草本植物氣息。

底層香氣以柑橘與花蜜主導，微弱的硫質氣息似有若無，但卻足以襯托蜜味。晃杯之後，柑橘蜜香更加突出，酒精氣息純淨。靜置之後，泥煤煙燻氣息轉趨於鮮明，比例均衡，表現為炭火與煙燻，而較不接近泥土氣味。

入口質地溫和柔軟，輕巧平順，隨即出現炭火煙燻，很快發展出濃郁集中的蜜味，以及杏桃、柑橘、檸檬、鳳梨，並持續到中段，觸感依然柔軟。收尾趨於乾燥，並且浮現包括丁香與胡椒在內的含蓄辛香，與炭火煙燻彼此協調。餘韻以乾淨明亮的梨子主導，偶爾浮現罐頭水蜜桃風味，並且有宜人的煙燻與辛香與之均衡，接近當歸、甘草根，並點綴巧克力。

除了來自麥芽基酒 Aberfeldy 豐盛強勁的果酯、柔軟滑潤的觸感，以及濃郁的花蜜香氣之外，似乎也嘗得出集團旗下其他蒸餾廠的風味特徵：包括 Aultmore 的青綠草香、Craigellachie 的油潤觸感，以及 Royal Brackla 的顯著蜜味；這些蒸餾廠共通的辛香特質，在 White Label 裡也感受得到。集團旗下的 Macduff 蒸餾廠，也擁有鮮明的辛香特質，但是配方比例較低。

Dimple

蘇格蘭調和式威士忌

質地柔軟稠密・風味繁複深沉

Dimple 品牌創於十九世紀末，當時在船運出口之前，生產商以金屬絲纏繞瓶身固定瓶塞，預防運輸過程的高溫環境，導致瓶塞外推造成滲漏。如今商品包裝保留金屬絲纏繞三角瓶身的傳統，成了這個品牌最顯眼的註冊商標。

桶陳培養 15 年的版本，酒液外觀深金，甫入杯即散發堅果、穀物、乾草與焦烤氣味，並帶有裸麥麵包辛香。很快發展出濃郁集中、層次繁複的果香，並成為主導氣味結構；果香跨度頗廣，既有蘋果、梨子與青檸，也有香蕉、蜜桃與鳳梨，櫻桃莓果蜜餞也少不了。焦糖與草莓般的糖蜜香氣，提升並加強果香印象。純淨不帶硫質，少許脂肪酸酯賦予微弱的燭油與花蜜香氣，呼應鳳梨與柑橘果香。晃杯之後，蠟油般的橘皮、橙花與花蜜特別顯著。靜置之後，堅果與辛香逐

漸增強，但是果香依然居於主導。總的來說，香氣結構以花卉果實為主，堅果穀物辛香為輔，青綠草本與泥煤煙燻氣息微弱。

入口油潤，風味飽滿，酒感溫和，立即發展出堅果與穀物風味，風味結構以辛香主導，與香氣表現不同。中段直到收尾，都以燒烤、巧克力、堅果、穀物、焦糖為主，背景點綴蜜餞與無花果乾。觸感柔軟油潤，甚至到蠟質程度。收尾微甜，觸感沉穩，酒精帶來胡椒風味，持續到以果味主導的餘韻。溫暖的肉桂、胡椒與丁香帶來沉穩的餘韻，橙花與燭油氣息鮮明，點綴明亮的青檸與鳳梨，櫻桃蜜餞處於底景強度。

這款威士忌見長於柔軟稠密的質地觸感，以及繁複深沉的風味層次。相較於年數標示較低的 12 年版本，15 年的裝瓶濃度稍高，觸感也特別油潤。

蘇格蘭
穀物威士忌

蘇格蘭
調和式威士忌

蘇格蘭
調和式麥芽威士忌

The Famous Grouse

蘇格蘭調和式威士忌

雪莉性格明亮・伴隨典型果香

成色中等金黃，入杯即散發微弱的煙燻氣息，表層很快蘊積雪莉桶陳氣味，表現為燒烤杏仁、堅果、烏梅與棗子乾，幾乎不再聞得到煙燻。底層以乾果與堅果為基礎，發展出甘草、花香與蜜香，並點綴來自波本桶的木屑與鮮奶油。這股香甜氣息在晃杯之後更為集中，並發展出濃郁的水果香氣，表現為柑橘、黃檸檬與熟透的蘋果。

入口溫和柔軟，質地油潤，然而很快出現乾爽觸感，並伴隨來自雪莉桶的燒烤堅果風味，花蜜、黃檸檬、柑橘風味也相當顯著。中段開始發展微澀觸感，收尾乾燥，略帶甜韻，不但出現辛香料與草本植物風味，伴隨微弱的泥煤煙燻，也出現微弱的香草鮮奶油風味，陪襯來自雪莉桶的堅果、果乾與巧克力。餘韻帶有水蜜桃、梨子果泥、棗子與豐富的辛香，包括甘草橄欖、茴香與月桂葉。

整體來說，這款調和式威士忌是以雪莉桶風味、柑橘果味與花蜜共同主導，來自波本桶的辛香、木屑與香草鮮奶油的風味次之，芬芳泥煤再次之。此外，品牌隸屬集團旗下，有數間麥芽蒸餾廠──其中有些正是重要基酒，而且在酒杯裡都可以察覺出來。

在品嘗過程中，稍微靜置酒杯，香氣會回到微弱煙燻氣息主導，但是會混合一些花蜜香氣，這股帶有花蜜香氣的煙燻氣息，讓人聯想到麥芽基酒 Highland Park。此外，甫入杯隨即出現的雪莉桶氣息，正是另一個重要基酒 The Macallan 的風格標誌，表現為乾果與棗子氣味，而比較不像是硝石與火藥氣味。在靜置之後，逐漸累積裸麥麵包般的穀物氣息，則屬於 Glenrothes 麥芽基酒的性格。入口之後，一貫的純淨明亮口感，與不時浮現的柑橘風味，則是配方裡 Glenturret 麥芽基酒賦予的風味特徵。

Grant's

層次架構完整‧風味圓熟多變

The Family Reserve 版本的成色金黃，甫入杯即飄出草本植物、柑橘與蘋果香氣，很快蘊積出香草鮮奶油，點綴 Glenffidich 基酒經典的梨子氣息。表層以燒烤堅果與乾燥木質辛香主導，表現為木屑、榛果與月桂葉。底層以蜜香主導，逐漸演變為花香，呼應背景的蘋果與梨子等果泥氣味，燒烤榛果逐漸演變為焦糖。靜置之後，這股焦糖與燒烤榛果氣息，又發展出巧克力氣味，混有蜜香。晃杯之後，花蜜香氣與焦糖更為顯著。

入口柔軟油潤，以蘋果與葡萄乾風味主導，發展出新鮮鳳梨與烏梅蜜餞風味。中段以焦糖與燒烤堅果主導，巧克力風味鮮明，與果味持續到收尾。收尾頗為乾爽，觸感依舊柔軟，出現青草與辛香，浮現薄荷草本芬芳。來自穀物基酒的純淨酒感，在接近收尾時尤其突出，表現為胡椒與花卉。餘韻蜜味悠長，點綴焦烤氣息。

在品嘗這款調和式威士忌時，可以察覺低年數 Glenfiddich 的風味特徵，包括青草、蘋果、鳳梨，然而也可以找到顯著的巧克力風味，這是 Glenfiddich 稍高年數裝瓶的風味標誌。一般來說，調和式威士忌由於添加風味輕巧純淨的穀物威士忌，整體風格表現通常會顯得更為輕盈，展現純淨的酒精風味與觸感。然而，在這款 Grant's 調和式威士忌的基本款裡，卻可以嘗出 Glenfiddich 12 年裝瓶較為缺乏的陳年風味特徵，反映其配方採用年數稍高的麥芽基酒，讓調和成品展現層次多元而完整的風味架構。

Johnnie Walker Black Label

蘇格蘭調和式威士忌

格局恢宏·選擇多樣

成色深金，酒緣帶有琥珀光澤。表層為木屑、椰子與白胡椒辛香。底層蘊積柑橘與香瓜青綠果香，點綴煙燻氣息。晃杯之後，飄出濃郁的蘋果、蜜桃香氣，襯托花蜜，果香持久不散。靜置之後，出現蠟油氣息，像是剛捻熄的蠟燭；泥煤氣息鮮明可辨，伴隨複雜的混香，表現為海藻、礦物、荳蔻、燒烤杏仁與核桃。

入口柔軟甜潤，隨即出現泥煤煙燻風味，並由果味與蜜味支撐。水果甜潤風味很快與波本桶的香草呼應，並與紮實的蠟質觸感、飽和卻不至於濃膩的蜜味，共構和諧整體。入口即出現的泥煤風味表現為胡椒與積炭的綜合，比較不像瀝青、柏油與藥水，持久而溫和。收尾乾爽，以蜜桃、蘋果、香蕉主導，來自橡木桶的葡萄乾、核桃與可可氣息不時湧現，泥煤風味則居於背景強度，混有木屑與胡椒辛香。

在這款 Johnnie Walker 的經典版本裡，可以嘗出數種麥芽威士忌基酒，分別賦予不同的風味層次與觸感，而最終的整體風味格局非常寬廣。在穀物威士忌 Cameron Brig 帶有草香與蜜味的基礎上，Glendullan 的花蜜芬芳與 Caol Ila 香瓜般的青綠氣息，協同並共構靈活多變的輕盈香氣；而 Talisker 的胡椒芬芳與 Lagavulin 豐厚紮實的果味核心，則讓風味層次擁有多元的花蜜與水果面向；另一款重要的基酒 Mortlach 則以厚實稠密的風味個性，襯托不同基酒的蜜味，並以蠟油般的黏稠質地，提升整體觸感印象。

總的來看，Johnnie Walker 黑牌的表現非常豐厚完整，相較之下，紅牌是走輕巧爽口路線的調和式威士忌；綠牌是繁複深沉的調和麥芽威士忌；金牌是蠟質口感顯著，質地柔軟、蜜味豐富的調和式威士忌；藍牌則見長於完滿繁複的風味架構。

Justerini & Brooks

蘇格蘭調和式威士忌

酒感純淨輕巧・穀物辛香主導

　　無年數標示的常態基本裝瓶 Rare 版本，酒液淺金，表層有相當顯著的燒烤堅果、穀物氣息，表現為裸麥麵包、燒烤堅果與核桃，點綴月桂葉的辛香。底層帶有隱微的葡萄、蘋果與梨子果香，但是並非主導氣味。晃杯之後，類似表層香氣，短暫出現集中的酒精芬芳，旋即回到堅果與穀物主導的結構。藉由嗅覺疲勞機制，可以嗅得更多果香與蜜香，波本桶的香草氣味也更顯著。

　　入口平滑柔軟，中段以鮮明可辨的香草鮮奶油主導，逐漸發展出乾燥與微澀的觸感，持續到收尾與餘韻。顯著的酒精灼熱感加強乾爽的觸感表現，收尾也相當乾燥，與燒烤堅果呼應。在酒液被唾液稀釋之後，散發出檸檬、糖漬鳳梨風味，襯托純淨的酒精芬芳。餘韻很快回到基調，以穀物與堅果主導，並帶有純淨的酒精

氣息。然而，糖漬鳳梨的甜熟風味依然不減，處於背景強度。這股果味發揮極佳的動態平衡功能，讓風味變化軌跡顯得完整。

　　即使酒精帶來顯著的芬芳氣息、純淨的酒感與灼熱感，但是這款調和式威士忌在風味方面，仍然以穀物、堅果與乾燥辛香主導。這樣的風味表現，充分

反映來自 Knockando、Auchroisk 與 Glen Spey 這三座蒸餾廠的麥芽基酒個性。相近的風味調性彼此拉抬，賦予裸麥麵包、燒烤堅果、穀物烘焙、月桂葉與礦石般的鹹香，成為該款調和式威士忌重要的風味標誌。然而，在風味強度、酒體份量感與觸感方面，這款調和式威士忌依然屬於輕巧風格。

Lauder's

蘇格蘭調和式威士忌

細緻均衡・花香奔放

無年數標示的基本裝瓶，酒液成色中等琥珀，甫入杯即散發出乾果、烏梅與焦糖香氣，中等強度的香草氣味間歇出現，很快轉變為穀物主導的氣味架構。晃杯後，酒精氣息顯著，並帶出微弱的白桃香氣與花香，杯底逐漸蘊積乾草氣息，以及巧克力般的微弱煙燻氣味，但很快回到穀物基調。靜置後，胡椒辛香顯著，酒精芬芳加強穀物與堅果氣味層次，表現為燒烤杏仁與花生。除了微弱的梨子、白桃與與蘋果香氣，幾乎無法察覺其他果酯。整體來說，這款調和式威士忌的香氣以穀物、麵包與花香主導，堅果與辛香次之，果香再次之。

入口溫和輕盈，觸感相當柔軟。中段乾爽，以胡椒辛香與酒精芬芳主導，並且持續到收尾，相當乾燥，純淨的酒精風味也加強此一印象。餘韻微澀，隱約浮現蘋果與蜂蜜香氣，仍以穀物、乾燥辛香主導。酒感溫和，餘韻微甜，蘋果風味含蓄悠遠，逐漸蘊積出微弱的焦糖、奶油風味，酒精氣息在尾韻持久不散。

這款調和式威士忌見長於細瘦骨感的架構，以及聞起來幾乎像是發糕、麵包心的花香，這股氣息通常被外國人描述為風信子。整體風味表現雖然在初嘗之下可能稍嫌單調，而且酒精風味頗為顯著，然而細心品嘗會發現風味跨度雖然不廣，但在鮮明濃郁的花香背後，其實藏著含蓄的穀物、辛香與焦糖風味，足以支撐整體架構。這款酒收尾乾爽、酒精甜潤與輕盈觸感，這些元素之間也達到細緻的均衡協調。

Loch Lomond

蘇格蘭調和式威士忌

桶味鮮明・比例協調

該廠配有柱式蒸餾器與壺式蒸餾器，藉由搭配不同的原料、器材與製程，能夠變化出不同風味特性的穀物烈酒與麥芽烈酒，不僅能夠單獨裝瓶，推出麥芽與穀物威士忌，而且經過混合調配之後，可以依法以「單廠調和式威士忌」（Single Blend）的名義出售。本廠現有品牌不一而足，其中這項產品是蘇格蘭威士忌業界絕無僅有的特殊案例。然而，該廠近年產權轉手，新業主是否繼續維繫這項產品，則不得而知。

酒液成色中等金黃，表層帶有梨子、蘋果與糖漬鳳梨氣味，並且搭配波本桶的香草鮮奶油。底層發展出柑橘，接近葡萄柚與橙皮，而比較不像橘子。香草與木屑氣息鮮明集中，堅果、焦糖、蜜餞氣息處於底景強度。晃杯之後，花蜜特別集中，陪襯杏桃與芒果氣息，並且被酒精的胡椒辛香加強。靜置之後，回到柑橘、鳳梨果香主導的氣味形態，發展出李子氣息，波本桶的香草與椰子氣味久久不散。

入口輕盈油潤，隨即飄出波本桶的香草鮮奶油、焚香與椰子風味，並且成為主導。中段在桶味的基礎上，發展出花卉蜜香與水蜜桃。觸感柔軟油潤，收尾趨於乾爽。酒感加強胡椒辛香與花蜜，背景出現李子與穀物風味。餘韻溫熱不刺激，兼有乾爽明亮與油潤微甜雙重性格，與香草鮮奶油風味相得益彰，並呼應蜜桃風味。

這款調和式威士忌以波本桶的風味主導，從入口到餘韻，幾乎都以波本桶風味譜為基礎架構。然而，主導風味強度拿捏相當成功，波本桶風味鮮明強勁卻有層次線條，而且除了波本桶本身風味富有變化之外，還能與酒中的其他香氣、風味、觸感元素構成協調，不至於凌駕烈酒性格之上。

Long John

蘇格蘭調和式威士忌

架構簡單・清爽明亮

　　無年數標示的 Special Reserve，酒液中等金黃，以乾淨的酒精氣息主導，陪襯梨子、蘋果果香、木質辛香與花蜜氣味。很快發展出焦糖、燒烤與微弱的焚香與蜂蜜氣息，與蘋果果泥氣味共構底層香氣。晃杯之後，酒精氣味尤其顯著，陪襯杏桃與梨子香氣。

　　這款調和式威士忌的氣味表現簡單而且年輕，穀物烈酒的氣味特質居於主導，整體氣味印象幾乎像是嗅聞帶有微弱木質氣味的新製烈酒。特別值得注意的是，稍微靜置之後，焦糖與燒烤堅果氣味稍多，積出核桃與咖哩辛香，並散發類似割草氣味，也像海風與生蠔氣味。這類讓人聯想到海港邊的氣味物質，可能來自發酵過程的副產物殘留，也可能來自桶陳培養過程當中，風味物質分解的結果。晃杯之後，生蠔氣味很快被浮現的果香與焦糖

氣味遮掩，但是並未真正消失。

　　入口柔軟純淨，頗為甜潤，酒精風味很快成為主導，浮現胡椒辛香與草香。中段明亮輕快，在酒精的辛香與溫熱甜韻之下，浮現微弱的焦糖與堅果風味，至於果味則更加微弱，表現為幾乎無法辨認的梨子與蘋果。收尾仍以酒精主導，胡椒辛香與草香特別明顯，泥煤帶來的澀感隱約可感。餘韻幾乎像是伏特加一般純淨明亮，酒精風味綿長不斷，雖然不至於淺短，但是除了甘草甜韻之外，沒有顯著的風味發展變化。

　　這款調和式威士忌品牌隸屬 Chivas Brothers 集團，但是出於產品線設計與市場區隔，這個品牌的風格與同集團的 Ballantine's 與 Chivas Regal 相當不同。無年數標示的版本，特別清爽明亮、草香豐沛；桶陳培養 12 年的版本，風味架構強勁許多，泥煤煙燻風味也較為明顯。

Scottish Leader

蘇格蘭調和式威士忌

果味豐沛‧結構完整

　　無年數標示的基本裝瓶，外觀呈深金色。甫入杯即散發出鮮明的桃子香氣，果香豐富集中，隨即發展出柑橘皮屑、梨子、蘋果、葡萄與鳳梨氣味。靜置之後，出現木屑般的焚香、胡椒辛香與巧克力牛奶氣味。泥煤煙燻氣息雖然不甚強勁，但是依舊鮮明可辨。晃杯之後，花蜜香氣趨於集中，伴隨固有辛香與煙燻。整體架構以花蜜與水果氣味主導。

　　入口柔軟甜潤，立即出現飽滿的果味與波本桶的香草鮮奶油風味，伴隨木質與胡椒。中段以桶味主導，帶有燒烤堅果、花生與烘焙氣息。泥煤煙燻風味逐漸堆疊，與豐盛集中的水果與鮮奶油風味，共構乾爽微澀的收尾。收尾除了嫩薑般的辛香，還浮現可可、焦糖與牛奶咖啡。餘韻以杏桃乾與蘋果主導，輔以甘草橄欖與木屑般的乾燥香料風味，泥煤煙燻風味逐漸發展出草本植物氣息。

　　這款調和式威士忌以同集團的 Deanston 蒸餾廠麥芽威士忌作為核心配方，該廠風味個性以果味主導，經過調配之後，依然傳神展現該廠麥芽威士忌基酒神韻，幾乎可以說是

小一號的 Deanston。然而，Scottish Leader 多了一些泥煤煙燻風味，收尾乾爽明快，雖然整體風味強度小了一號，但是反倒創造出架構堅實明快的另一番樣貌。若將兩者對照比較，會是相當有趣的品飲練習。

蘇格蘭
穀物威士忌

蘇格蘭
調和式威士忌

蘇格蘭
調和式麥芽威士忌

Té Bheag Nan Eilean

蘇格蘭調和式威士忌

層次豐富・乾爽堅實

Té Bheag Nan Eilean 是斯開島酒商 Pràban na Linne 出品的調和式威士忌。公司名稱是「海邊小酒館」的意思，品牌名稱則唸作 [tʃe vek nən elan]，意為「來自島嶼的小姑娘」。品牌名稱一語雙關——或謂來自酒標上的船名，而「小姑娘」也是蓋爾語裡「一小杯威士忌」的意思。

酒液呈淺琥珀色，入杯之後很快飄出微弱的泥煤煙燻氣息，表現為土壤與蕨類植物，陪襯甲殼類海鮮與海藻。杯底很快發展出雪莉桶的堅果、咖啡、焦糖、蜜餞氣味。晃杯之後，蘋果與辛香集中，酒精芬芳帶出花香，伴隨梨子香氣。靜置之後，柑橘與花蜜顯著並且成為主導，點綴泥煤煙燻與雪莉桶陳風味，香蕉若隱若現，層次表現細膩。

入口柔軟乾爽，浮現少許脂肪酸酯，表現為含蓄的皂味，但是泥煤煙燻與雪莉桶陳培養風味很快取而代之，並逐漸發展出蜜味，三者成為這款威士忌的主導結構。泥煤煙燻帶來礦石般的乾燥觸感，與雪莉桶的堅果、燒烤、焦糖、咖哩辛香呼應；處於背景強度的蜜味逐漸增強，但是並不甜潤；純淨的酒精觸感與芬芳刺激，也加強乾燥辛香與堅果氣息。中段以後直到收尾，風味印象特別輕快明亮；收尾乾爽慍烈，依然辛香，並逐漸發展出苦橙皮風味。餘韻以堅果、穀物、燒烤主導，偶爾浮現鹽滷與礦石氣息。花蜜風味在收尾與餘韻階段一直處於背景強度。

這款調和式威士忌見長於香氣繁複、乾爽堅實，以花蜜與雪莉為主要結構，泥煤煙燻次之。果味表現以蘋果、柑橘為主，以香蕉、梨子為輔；來自雪莉桶陳培養的果味，稍多於來自發酵與醇類本身的氣味。

Teacher's

蘇格蘭調和式威士忌

飽滿油潤·辛香宜人

這款調和式威士忌的核心麥芽基酒來自 Ardmore 蒸餾廠，風味表現多有神似之處，然而比例效果卻截然不同。

酒液入杯之後，很快浮現微弱的泥煤氣息，表現為炭火與灰燼，點綴杏桃、蜜桃與蘋果香氣，背景是波本桶的香草鮮奶油與微弱的木屑與椰子；雪莉桶的香氣相對較弱，隱約散發堅果、果乾、辛香與礦石，浮現少許焦糖氣味，巧克力與烏梅氣味非常微弱；來自前酒的氧化風味也不明顯，聞不出芹菜、核桃或咖哩氣息。

底層果香更為濃郁，陪襯微弱的肉桂與丁香。晃杯之後，散發豐富的各式柑橘類果香，包括葡萄柚、柳橙與檸檬；花蜜香氣頗為鮮明，接近風信子與山楂花。稍微靜置之後，果香依舊不散，杏桃、檸檬與柑橘成為主導；繼續靜置之後，漸漸回到蘋果、炭火與礦石，陪襯含蓄的焦糖、堅果、胡椒、甘草與肉桂辛香。

入口觸感紮實，溫和毫不慍烈，隨即發展出堅果、焦烤風味，雪莉桶的甜韻與堅果、核桃、果乾風味接續而出，點綴乾燥辛香。中段的穀物與胡椒風味愈趨顯著，收尾乾燥，胡椒更加鮮明，來自煙燻的焚香綿延不絕，點綴蘋果風味。

這是一款性格鮮明，風味相對強勁的調和式威士忌，觸感飽滿油潤，收尾乾爽明亮，雖然從香氣到收尾餘韻，都帶有 Ardmore 蒸餾廠麥芽基酒的影子，然而在調和式威士忌純淨輕盈的風味背景下，胡椒辛香與焚香氣息躍居主導，因此，雖然蘋果與炭火風味都在，但是依然與麥芽基酒「蘋果園中的篝火」風格很不一樣。

蘇格蘭
穀物威士忌

蘇格蘭
調和式威士忌

蘇格蘭
調和式麥芽威士忌

White Horse

蘇格蘭調和式威士忌

層次豐富·純淨協調

White Horse Fine Old 調和式威士忌的麥芽基酒來源，以艾雷島的 Lagavulin 蒸餾廠為主，兼採來自斯貝河畔其他廠區的基酒作為配方。

酒液成色深金，一入杯即散發海藻與青綠氣息，讓人聯想到香瓜與薄荷，並點綴青檸層次，酒精帶出梨子、花卉與胡椒辛香。底層發展出乾草、穀物與蘇打餅乾，以及橡木桶的堅果、烤麵包、焦糖與蜜餞，繁複的果香層次包括葡萄乾、李子與櫻桃。晃杯之後，果香更為集中，以柑橘果醬與花蜜為主。靜置之後，蘊積波本桶的木屑與香草鮮奶油氣味。煙燻含蓄卻鮮明，表現為礦石與焦炭。

入口輕盈純淨，隨即發展出焦糖、堅果與微弱的巧克力。很快轉以蜜味主導，與柑橘、梨子呼應，穀物與堅果處於背景強度，表現為核桃與麥片餅乾。中段觸感油潤，以蜜味與香草主導，逐漸出現樹脂與橄欖油的青綠風味。收尾趨於乾燥，泥煤煙燻風味鮮明，表現為鹽滷、海藻，也像是培根與煙燻食品，點綴胡椒辛香。餘韻乾爽，但卻浮現香草鮮奶油風味，發展出肉桂與胡椒的溫暖辛香，也嘗得出焦糖與堅果。

這款威士忌見長於豐富元素之間彼此協調。來自 Lagavulin 的風味體質強勁紮實，但卻不至於遮掩其他麥芽基酒的花果蜜香；穀物基酒多果味的明亮純淨特性，也幫助獲致均衡。不同麥芽基酒的泥煤煙燻與芬芳細膩風格元素，彼此融合協調，觸感輕盈卻又風味飽滿，油潤滑順卻又乾爽明亮，異質共存毫不衝突。

Whyte & Mackay

蘇格蘭調和式威士忌

甜潤厚實・和諧整一

Whyte & Mackay 的麥芽基酒主要來自 Dalmore 蒸餾廠,甜潤厚實的性格特徵鮮明。該品牌的另一項重要特點,是特別著重各調配元素的和諧整一。

基本裝瓶 Special 的酒液深金,入杯立即飄出桶陳培養的香氣特徵,濃度不高,但是層次不少,包括可可般的燒烤、焦糖、肉桂與嫩薑般的辛香、核桃堅果、杏桃乾、花蜜、柑橘、烏梅與蜜棗。表層較多水果氣息與蜜香,底層則是燒烤、辛香與堅果;香氣層次彼此融合,幾乎難分彼此。晃杯之後,橙花般的柑橘蜜香特別鮮明,酒精氣息接近白胡椒,與花蜜香氣互揚。靜置之後,則以蜜棗與蘋果香氣為主,點綴咖哩、核桃、芹菜氣味。

入口溫和,觸感飽滿,風味集中,焦糖與巧克力風味顯著,陪襯葡萄乾與烏梅。中段以培養熟成的風味為主軸,包括核桃、烏梅與蜜棗。酒感純淨溫和,襯托辛香與堅果。收尾乾爽微澀,伴隨橘皮風味與澀感,堅果、可可與燒烤風味顯著,果味支撐充足。餘韻悠長,首先出現薄荷與尤加利般的樹脂氣息,點綴微弱的蘋果風味,核桃與甘草辛香綿延不絕。

Whyte & Mackay 的酒標上,經常出現 double marriage blend 字樣,意謂該品牌在裝瓶之前都經過延長靜置熟成——不難發現,其 13、19 與 22 年數標示,恰好比大多數品牌的 12、18 與 21 年標示多了 1 年。該廠主張,刻意延長 1 年的靜置培養,可以讓威士忌的風味更加協調。事實上,這款調和式威士忌的重要調配基酒 Dalmore,亦是頗需時間熟成的麥芽威士忌。

William Lawson's

蘇格蘭調和式威士忌

酒感純淨飽滿 · 穀物辛香紮實

入杯即散發出裸麥麵包般的穀物氣息，底層緩慢蘊積木質、乾草、香料氣息，表現為茴香、月桂葉、草蓆與木屑。香草氣味不太顯著，伴隨微弱的核桃、燒烤堅果與杏仁。晃杯之後，穀物與堅果氣味更為集中，但是香氣變化不多。靜置之後，出現微弱、稍縱即逝的新鮮洋梨與蘋果，依然以裸麥麵包、燒烤杏仁主導。

入口溫和輕盈，觸感甜潤，帶有花蜜風味，但很快退居背景強度。中段之後，再次浮現穀物與燒烤堅果風味，延續聞香階段的感官特徵，但是風味變化不大。穀物與堅果風味偶爾發展出辛香層次，包括白胡椒、月桂葉與荳蔻。在中段酒感襯托之下，這些辛香風味顯得純淨乾爽。穀物與辛香風味持續到收尾，出現微甜的蘋果果肉風味，很快轉趨乾燥，並出現微澀觸感，持續到餘韻。餘韻倏地出現烏梅風味，

而且頗為悠長。

這款調和式威士忌的麥芽基酒，來自同集團 Macduff 蒸餾廠的麥芽威士忌 Glen Deveron。品嘗時的感受，幾乎是麥芽基酒的鏡像翻版──風味內容如出一轍，只是出現階段不盡相同，強度與整體印象不太一樣。

透過比較品飲，不難觀察到 William Lawson's 彷彿是架構小一號的 Glen Deveron，然而由於酒感相對提高，顯得純淨而灼熱。不過，入口與收尾那股稍縱即逝的微甜印象，卻也較為明顯，足以緩和麥芽基酒固有的細瘦乾癟觸感印象。

麥芽威士忌

麥芽深富潛力，時間換取圓熟

　　麥芽威士忌是風味潛力最雄厚，風格最多變的威士忌類型——尤其是單廠裝瓶產品的豐富多樣性，足以作為蘇格蘭威士忌繽紛光譜的寫照。究其原因，是由於麥芽極富風味潛力，搭配壺式蒸餾器分批蒸餾。各種風味物質在複雜的網絡中交互作用，設備規格與製程搭配的細微差異，經過點滴累積，每座蒸餾廠品質個性都獨一無二，而其反應群組更是難以複製。麥芽威士忌看來雖只是一種蒸餾方式與一種產品形式，但是不同廠區生產的新酒，發展潛力與風味細節都不盡相同。

　　相較於調和式威士忌品牌著重情境訴求與產品形象，單廠麥芽威士忌的行銷，倚重風味描述與技術細節，以廠區獨特作為市場溝通重點。譬如 Glendullan 的酒標文字描述酒款「口感堅實而柔軟，富有水

果香氣，餘韻滑順而綿長」；Dalwhinnie 的頸標點出「風味溫和」；Kilkerran 以吊牌形式提供頗有內容的品酒筆記；Aultmore 的背標甚至宛若知識充電站，解釋傳統冷凝設備如何影響風味特性。

相較於穀物烈酒，麥芽烈酒的風味副產物較多，多數需要仰賴桶陳培養，才能得到圓熟的酒感與風味。通常透過設備與製程，可以達到風味淨化效果，但若新酒依然多硫，只能藉由桶陳培養，仰賴時間撫平粗糙青澀，達到風味成熟。

麥芽威士忌的種類

來自單一蒸餾廠的麥芽威士忌，通常個性鮮明，環肥燕瘦都有；把不同廠區的麥芽威士忌調配在一起，就會得到調和式麥芽威士忌。

品嘗單廠產品，彷彿鑽進一座蒸餾廠，體會每個環節製酒環節，如何透過風味傳達無可複製的廠區條件。習於此道的人，在品嘗調和式麥芽威士忌時，可能會感到迷惘——風味不再反映一座蒸餾廠的總成，而是兼容並蓄數座風格不一的蒸餾廠。在調和式麥芽威士忌裡，由於不同根源的風味共冶一爐，再加上風味之間的複雜互動，審美與評論思維不盡相同。

成功的調和式麥芽威士忌，基本要求是豐富完整、協調宜人。調配的技藝，是在符合適飲的基本前提下，達到截長補短、豐富完整的效果，且不失線條與深度，甚至引出原本不彰的風味個性。調配成品縱使不見得能夠嘗出基酒特性，但各元素在整體配方裡的角色功能應足以辨認。對於品飲者來說，調和式麥芽威士忌的挑戰並不亞於單廠產品。

調配不是把美好的事物混在一起而已，而是懂得如何讓缺陷轉成優點的技藝。就如同層次精彩的香水，多少都含有單獨嗅聞不見得宜人的成分，但正是這些元素賦予立體線條、層次深度與精神韻味。威士忌調配亦復如是——本身並不出色的基酒，也可能有畫龍點睛之效。調配只有是否懂得門道的問題，沒有基酒品質優劣的問題。

別以為能夠裝瓶放在商場銷售的產品必然就是精彩的作品，因為事實本非如此。品質較差的產品，美其名是「適合不同的場合與心情」，有其市場出路；然而這樣的產品，或許香氣與風味之間不夠協調，也或許風味與觸感之間不夠均衡，個性形象可能非常模糊，讓人困惑難以理解。

來自同廠區或同集團的麥芽威士忌

單廠麥芽威士忌必然對應一座蒸餾廠;然而一座蒸餾廠卻可以生產不只一種單廠麥芽威士忌。Springbank 蒸餾廠即為一例,每年區分產季排程,利用同一套設備,以不同蒸餾工序與麥芽泥煤煙燻強度,創造三種風格不同的麥芽威士忌。

另一種情況是酒業集團擁有不同麥芽蒸餾廠,因此推出多款單廠麥芽威士忌。譬如 Glenfiddich、The Balvenie 與 Kininvie 彷若三重奏,所屬相同卻各有特色,母公司集團也兼採三者調配,推出名為 Monkey Shoulder 的調和式麥芽威士忌。

同集團旗下不同酒廠的風格比較,或單一蒸餾廠不同產品線的風格比較,都是很有意義的練習與探索。以下先從調和式麥芽威士忌開始介紹,至於單廠麥芽威士忌,將在 Chapter 3 逐一解說。

調和式麥芽威士忌是頗有操作空間的類型,早期稱為 vatted malt,顧名思義就是「利用大型酒槽混合的麥芽威士忌」,如今改稱 blended malt。

Monkey Shoulder

蘇格蘭調和式麥芽威士忌

多元融合·條理分明

這款調和式麥芽威士忌，使用隸屬同集團的 Glenfiddich、The Balvenie 與 Kininvie 3 座麥芽蒸餾廠基酒調配而成。Monkey Shoulder 的典故來自早期製麥工人常見的職業傷害——肩頸痠痛，暱稱「猴子的肩膀」。包裝設計 3 隻猴子的立體圖騰，同時影射 3 座蒸餾廠，饒富趣味。

表層帶有葡萄乾、香草、青草與青蘋果氣息。底層的酒精氣味純淨，帶出梨子、柑橘與鳳梨，伴隨嫩薑與甘草。晃杯之後，蜜棗、覆盆子與花蜜集中濃郁，些許巧克力。靜置之後，回到雪莉桶與波本桶風味彼此均衡的基調；杯底出現清晰的花香，接近玫瑰，就像 Kininvie。來自 Glenfiddich 的青草、青蘋香氣得到襯托；The Balvenie 飽滿紮實與 Kininvie 輕巧芬芳的性格彼此協調，在不同階段漸次鋪展。

入口圓潤油滑，帶有鮮奶油與甜熟李子風味。中段轉趨乾爽卻仍飽滿，出現雪莉桶的核桃與烤杏仁，並點綴荳蔻與肉桂，波本桶的香草甜韻處於背景強度，猶如 The Balvenie 微甜有澀與 Kininvie 層次繁複的風味綜合體。中段以後偶爾出現薄荷草本氣息，風味發展愈來愈有 Glenfiddich 的影子。收尾出現礦石與堅果風味，可可、柑橘與花蜜接續出現，偶爾飄出清新草香。餘韻乾燥，酒感溫熱，雪莉桶的堅果、烏梅、桑椹、葡萄乾與核桃麵包主導。雖然察覺不出青綠氣息，但是若隱若現的礦石與巧克力，暗示 Glenfiddich 的腳步並未真正走遠。這款調和式麥芽威士忌，讓 3 座酒廠的不同性格和平共處，也讓兩種桶型的不同風味緊密結合，條理層次分明。

值得注意偶爾浮現的硫質氣息，這是雪莉桶與 The Balvenie 固有的風味特性。The Balvenie Double Wood 的桶味足以遮掩處於背景強度的硫味。然而，在這裡少了足夠的桶味遮掩，固有的硫味便足以察覺。

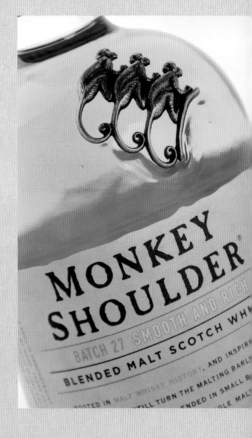

Cutty Sark Blended Malt

蘇格蘭調和式麥芽威士忌

異質共存・此起彼落

這是一款有趣的調和式麥芽威士忌，結合了2座性格迥異的蒸餾廠——Glenrothes 的性格沉穩柔軟，以辛香與木質主導；Tamdhu 則富有芬芳的花香與植蔬般的青綠氣息。在品嘗的過程中，可以明顯感到兩股不同的風味此起彼落。

酒液入杯之後，立即出現兩種橡木桶風味特性，繁複而均衡——不但有來自波本桶的木屑、堅果與奶油餅乾氣味，也有來自雪莉桶的烏梅、棗子、葡萄乾、櫻桃、焦糖。底層出現土壤與辛香氣息。靜置之後，含蓄的花香表現為風信子與紫羅蘭，伴隨奶油焦糖與香草氣息。這兩股來自不同桶型的氣味特徵，恰與 Glenrothes 與 Tamdhu 常見的裝瓶版本呼應。

入口柔軟，以蘋果與甜熟梨子主導，點綴蜜李與棗子，雪莉桶的風味元素暫居主導，葡萄乾、堅果與燒烤風味宜人。中段很快發展出裸麥麵包與乾草風味，偶爾浮現小黃瓜與芹菜青綠風味，以及紫羅蘭氣息。中段出現穀物、堅果與肉桂辛香，持續到收尾。觸感愈趨輕巧乾爽，逐漸浮現波本桶的風味元素，接近白胡椒與木屑。收尾乾燥微澀，微苦風味接近烤杏仁與巧克力，這個部分很像 Tamdhu。餘韻則以微弱的香草鮮奶油主導，雖然消散很快，但卻頗有 Glenrothes 的影子。

這款調和式麥芽威士忌將風味濃郁、架構簡單、花香芬芳的 Tamdhu，以及沉穩內斂、豐厚柔軟，果香豐沛的 Glenrothes 調配在一起。不僅結合了不同型態橡木桶的風味特徵，也讓兩座蒸餾廠的鮮明個性和諧共存。最後調配的結果，雖然整體風味強度不高，風味架構也簡單，但正是因為如此，品嘗時可以很容易跟上調配師的審美邏輯。

蘇格蘭
穀物威士忌

蘇格蘭
調和式威士忌

蘇格蘭
調和式麥芽威士忌

The Peat Monster

蘇格蘭調和式麥芽威士忌

架構平衡·泥煤多變

由 Compass Box 公司推出的 The Peat Monster，調配基酒包括 Laphroaig 與 Ardmore 泥煤威士忌，取名的典故在於「結合畸異所構成的美感」，而不是以「未經馴服的強勁野性」為訴求。入杯之後可以很快發現，以泥煤強度來說，這款威士忌並不是一隻「怪獸」。

酒液成色淺黃，表層以柑橘與梨子主導，波本桶的椰子與香草氣息轉瞬即逝，旋即浮現鹽碘與海藻，接近甲殼類海鮮，也帶有焦油與瀝青氣味。底層發展出梨子與杏桃果醬，白胡椒辛香鮮明可辨。晃杯之後，出現乾燥香料、炭火與灰燼氣味，果香處於背景強度；靜置之後，蘋果與蜜桃香氣蘊積，點綴辛香與穀物。

泥煤煙燻氣味層次豐富，不但有高地泥煤特性，表現為炭火、灰燼、樹脂、積炭與乾燥礦石氣息，也隱約帶有艾雷島泥煤風格，混有肉桂、茴香、鹽碘、海藻、甲殼類海鮮、藥水與瀝青。總的來說，高地泥煤特性尤其鮮明。

酒液入口，首先出現波本桶的鮮奶油、椰子與木屑辛香，伴隨檸檬、蜜桃與柑橘果醬。甘草、胡椒與帶有海風氣息的泥煤彼此襯托。泥煤風味在中段之後趨於強勁，表現為礦石與炭火風味；蘋果、杏桃、葡萄柚，以及波本桶香草鮮奶油風味依然足以平衡泥煤。中段質地觸感油潤，輕巧滑順，果味顯著。收尾乾爽有澀，泥煤愈發鮮明，以乾燥的炭火、菸灰、積炭與礦石主導。餘韻煙燻風味綿延不絕，點綴薄荷氣息；果味依然足以平衡幾乎處於主導的泥煤風味。

這款威士忌採用風格差異顯著的泥煤煙燻麥芽基酒作為配方，品嘗時的重點在尋找與體驗其間的協同與互補，以及泥煤與果味、波本桶特性之間的平衡關係。

Big Peat

蘇格蘭調和式麥芽威士忌

泥煤強勁・果味暗藏

這款由 Douglas Laing 公司出品的調和式麥芽威士忌，是由艾雷島 4 座蒸餾廠的泥煤威士忌混調而成。外觀淺黃，泛青綠光澤。主導的泥煤氣味，帶有甘草辛香與瀝青、藥水、碘酒，偶爾飄出當歸與人參的藥粉氣味。底層逐漸蘊積青綠瓜果香氣，陪襯微弱的蜜桃、梨子與香蕉，硫質含蓄。晃杯之後，丁香、杏仁、柑橘與鳳梨果香集中，但是焦油、瀝青與積炭很快浮現。靜置之後，回到泥煤煙燻主導。

酒標沒有騙人──入口的第一印象是強勁的泥煤，伴隨豐富溫暖的甘草、肉桂、丁香，泥煤多變，表現為煙灰、碘酒、積炭，接續出現瀝青、柏油與橡膠，甚至讓人聯想到橡皮筋。果味架構支撐良好，整體架構平衡；來自 Ardbeg 的甜潤果味，賦予蘋果、梨子與柑橘風味，中段隱約浮現 Caol Ila 的青綠瓜果與 Bowmore 的熱帶果味。逐漸

發展出煙燻鮭魚、杜松子般的辛香與焚香層次，而不是只有煤炭、煙灰、柏油與海藻。收尾乾爽，香草鮮奶油風味陪襯艾雷島年輕泥煤威士忌經常出現的薄荷與鼠尾草氣息。餘韻表現清新明亮，煙燻氣息裊裊不絕，帶出礦物觸感與燧石風味，各式果味處於底景強度。

這款調和數款艾雷島泥煤威士忌的作品，結合數座蒸餾廠的特徵，雖然乍看之下，彷彿是以強迫的方式，把所有泥煤全部塞進一瓶威士忌，然而品嘗時不妨注意各廠元素如何獲致風味平衡；來自波本桶的香草與椰子風味，也扮演關鍵的均衡角色。核心果味並未被泥煤遮掩，Ardbeg 的柑橘與蘋果、Bowmore 的芒果與鳳梨，與 Caol Ila 的香瓜風味皆鮮明可辨；縱使泥煤強勁而全面，整體感官印象仍不至於乾癟緊澀或燻嗆刺激。

Johnnie Walker Green Label

蘇格蘭調和式麥芽威士忌

四大基酒 · 完美鑲嵌

Johnnie Walker 綠牌是一款調和式麥芽威士忌，採用同集團 Cragganmore、Talisker、Linkwood 與 Caol Ila 數座麥芽蒸餾廠的威士忌作為基酒配方。

酒液呈金黃色，甫入杯即散發柑橘、青檸果香、陳皮辛香與含蓄的香蕉氣味。月桂葉、丁香、肉豆蔻等乾燥香料與香草氣息接續而出，很快發展出微弱但足以辨識的杏桃乾。來自泥煤煙燻麥芽基酒的礦石氣息，在底層逐漸蘊積，並點綴白胡椒辛香，頗能展現 Talisker 的個性。逐漸發展出來的玫瑰與風信子花香鮮明，與泥煤氣味相互映襯。晃杯後出現繁複的青綠氣味，接近青草與小黃瓜，這些特性可能來自 Caol Ila 麥芽基酒。至於青檸香氣與花香，則讓人聯想到 Linkwood 蒸餾廠。整體來説，調配成品以繁複的柑橘、辛香、煙燻、花香與青綠氣息主導，香蕉、白桃、蘋果、梨子香氣表現稍弱，背景木質氣息更弱，表現為削鉛筆，並逐漸出現甘草糖、仙草與巧克力氣味。

入口溫和飽滿，隨即發展出繁複的風味，包括來自麥芽原料的泥煤煙燻風味、烈酒熟成培養所發展出來的深沉果味與蜜香，以及來自木桶的辛香。觸感紮實的 Cragganmore 賦予溫和飽滿觸感，與繁複風味層次共構協調整體。餘韻悠長，綿延不絕，來自泥煤煙燻的澀感也相當溫和，辛香富有層次，讓人聯想到 Talisker。

這款調和式麥芽威士忌猶如一幅細膩的鑲嵌畫，四大蒸餾廠風味元素在調配成品裡協調融合，架構完整，層次豐富。值得強調的是，雖然調和式威士忌的品鑑不以尋找、印證配方比例為目的，但是來自四座麥芽蒸餾廠的風味個性，在這款調和式威士忌裡相當清晰，比例協調，非常值得作為體驗調和工藝與練習品飲的素材。

用威士忌
暢遊蘇格蘭

Scotland Tour by Single Malts,
Region by Region

本章將介紹近百座麥芽蒸餾廠的威士忌，彷彿用威士忌暢遊遙遠的北方國度。
選酒標準以原廠常態基本裝瓶為主，這些品項最能呈現廠區風格特性，也較容易購得。
編排方式則借重產區觀念分組，呈現地理空間分布，
順著讀下去，宛若在蘇格蘭晃了一圈。

廠區與產區：
風味地圖的線索

3-1

每個廠區都代表一個血統基因

先釐清幾個地理概念

　　酒類研究著重產區觀念，但其概念內涵與運用方式不盡相同。若將地理概念分成廣義「自然環境」與狹義「製酒地點」，威士忌更適用後者解釋。

　　原料產地與製酒地點不可混為一談。葡萄酒產區劃分以葡萄種植區為基礎，也就是原料來源，然而威士忌產區是以蒸餾廠所在位置定

威士忌酒標上印著「高地」，會讓人聯想到蒸餾廠位於涼冷的高地，而不是麥田出現在高原上──威士忌產區的意義，並非原料產地。

義，也就是製酒地點，酒質不足以反映製酒農產原料的產地特徵。自然環境不構成威士忌產區劃分依據，通常只會考慮外在條件如何與製酒設備與程序操作產生互動。

蒸餾廠外觀形似，製酒風格卻不神似；更別以為產區相同或相鄰，威士忌的風格也會相近。

產區足以造就形態走向，卻不足以刻劃風格

形態與風格是不同層級的概念。產區自然環境與歷史背景條件相似，可能孕育出相似形態的威士忌，但卻無法造就相似的風格；多數例子表明，地理條件與風味特徵之間缺乏邏輯關係，產區風格並不存在。毗鄰酒廠風格不一，交集或聯集都不足以歸納產區風格；蘇格蘭威士忌產區版圖，比較像是綜合考量人文與自然條件所劃出的空間分布，而不是依據威士忌品質特性歸納的結果。

譬如島嶼產區威士忌，各島各廠風格錯落，雖然多屬泥煤形態，但泥煤煙燻本身不是一種風格，而是一種類型，更適合從經濟與交通等人文地理角度解釋。又如低地威士忌向以細膩輕巧著稱，是由於擁有煤礦而無需泥煤，但形塑輕巧純淨風格的關鍵卻在於經營方式、市場

喜好與消費生態等人文條件。再如高地區的泥煤亦是早期產區形態標誌，但由於交通發展、技術進步等人文變遷，這項傳統如今已然失落。

　　從以上這些例子不難看出，人文條件是形塑蘇格蘭威士忌風格的關鍵，自然環境則居於陪襯地位；縱使在某些個案裡，產區環境扮演特別重要的角色，但總的來說，「地理空間相近，品質風格也相似」的觀念，在此並不成立。

廠區才是決定製酒風格的關鍵

　　產區風格理應是歸納各廠風格的結果，但事實表明，產區風格在蘇格蘭威士忌領域裡很難成立。區域風格往往不成立，但若把地理範圍縮小到一個廠區，每座蒸餾廠卻都形同一個自足的小宇宙，都代表一個無可複製的風格。威士忌產業不適合談論產區風格，廠區風格才是關鍵。

品嘗單廠單麥芽威士忌，就如同在酒杯裡觀察一座蒸餾廠——其風味特徵來自諸多條件互動，原廠裝瓶的常態品項，風格基因尤其鮮明。

廠區是一個可以獨立分析的地理區域，其設備製程與產品特徵，可以視為人文、歷史、科技、經濟在自然環境影響之下的綜合結果。對於品飲來說，廠區風格也是具體的研究對象；探討廠區風格，本質上就是研究生產技術細節，在自然與人文雙重因素影響之下，如何造就威士忌的風格。

廠區風格（distillery character）不適合借用葡萄酒界廣泛使用的「風土人文條件」（terroir）一詞闡釋，更合適的用語是「廠區特性」（site-specificity）或「反應群組」（reaction group）。威士忌獨一無二的風味特性，通常來自廠區的蒸餾工藝程序與調配操作，製酒程序與風味效果之間的脈絡關係複雜，有時甚至顯得隱晦而矛盾，然而品質因果關係依然相對明確。

地理層級	地理劃分意義
國別	以生產國別作為產區劃分標準，是個粗略但直觀的方式。歷史發展、技術工法與課稅標準，都是形成國別標誌的因素。
區域	擁有相似的人文歷史或地理條件，通常足以形成產區，譬如高地區、斯貝河畔產區、低地區、島嶼區、艾雷島與坎培爾鎮。
次區域	約定俗成的區域範圍內，位置相近廠區組成的更小地理群組。譬如將高地區劃分為東、西、南、北、中部高地與斯貝河畔。
廠區	廠區猶如一個微產區，擁有特定的地理位置、人文條件與自然環境。做為一個製酒地點，廠區與一般酒類產區概念內涵吻合，能夠充分反映地理條件與風格特徵之間的關係。

多數追求輕盈純淨風格的蒸餾廠，通常不會帶有蠟質風味，然而蘇格蘭北高地的 Clynelish 蒸餾廠卻是特例，素以蠟質口感與風味著名。

　　舉例來說，William Grant's 集團旗下的 Glenfiddich、The Balvenie 與 Kininvie 三廠，地理位置接近，然而威士忌風格迥異，主要是因為蒸餾鍋形制不同。許多例子也都顯示，廠區設備製程對風味的影響，比蒸餾廠所在位置環境條件更加關鍵。

　　然而，較為特殊的案例是 Dalwhinnie 蒸餾廠，該廠新酒多硫，一般認為是蒸餾環境涼冷，搭配傳統冷凝，並在同樣涼冷環境下桶陳培養的結果——長達 15 年的培養依然無法消除硫質，成為鮮明的風格印記之一。該廠的多硫性格與環境涼冷關係固然密切，但若非搭配傳

廠區環境特別涼冷的Dalwhinnie，年均溫不到10°C，夏季均溫也只有17°C。

統冷凝，也不見得會有如此效果。從這個案例可以看到，廠區風格的意義，是考慮設備製程在環境條件下賦予的風味效果，雖然並未排除自然環境條件，但也不單獨考慮自然環境條件。

認識廠區風格：常態裝瓶作為探索起點

　　蘇格蘭單廠麥芽威士忌的裝瓶版本很多，有原廠裝瓶，也有酒商選桶裝瓶。不同裝瓶的風味品質可能頗有差異，但內在風格基因卻相對固定。不過，在具備能力分析哪些屬於原廠風格基因，而哪些屬於批次特性之前，我建議利用原廠常態或低年份裝瓶作為起點，這是掌握廠區風格與培養品味的基礎。

　　我樂於推薦每個原廠常態裝瓶與基本款——不論好喝與否、喜不喜歡，也不論品質水準高低。這些威士忌容易取得、個性明確、價格廉宜，特別適合作為入門素材，幫助掌握廠區風格，並作為品嘗、琢磨其他裝瓶版本的參照基礎。有經驗的飲家也可藉此溫故知新，條理歸納品飲經驗，建立有系統的風味記憶資料庫。

產區劃分的意義與功能

　　蘇格蘭威士忌的產區概念，只是群組名稱，不應與製酒風格聯想在一起。然而，產區風格不存在，並不意謂產區概念不重要。我們依然可以利用產區概念，劃分具有空間意義的地理群組，作為學習工具。

群組劃分與過渡地帶

　　攤開蘇格蘭威士忌蒸餾廠分布圖就會發現，要替這些疏密不一的地點，劃歸不同群組並非易事。約定俗成的高地、低地、斯貝河谷（Speyside）、艾雷島、坎培爾鎮（Campbeltown）與其他島嶼，看似理所當然，但是原廠怎麼看待自身所屬？若是考慮情感因素，劃分產區的任務又增加了難度。

　　舉例來說，Knockdhu 蒸餾廠位於高地東部的北段，毗鄰傳統認定的斯貝河谷地區。威士忌作家戴夫·布魯姆（Dave Broom）認為，應根據行政區界線將之劃歸高地威士忌。不過，已故權威麥可·傑克森（Michael Jackson）認為，廣義斯貝河谷包括東緣德弗倫河（Deveron）河谷與其支流艾拉河（Isla）河谷一帶，因而視為斯貝河谷蒸餾廠；原廠調配師也自認為，其產品比許多斯貝河谷蒸餾廠，更具有斯貝河谷風格。由此可見，產區概念包括地理與人文雙重因素。

　　地理群組的交會地帶經常發生兩難。譬如 Auchroisk 蒸餾廠，位於斯貝河支流的 Mulben 河畔，恰在西側洛赫斯鎮（Rothes）與東側樹鎮（Keith）兩個城鎮之間。雖然距離洛赫斯鎮不遠，但卻不太融入這個數廠毗鄰團聚的小鎮氛圍，反而比較接近東側艾拉河谷與樹鎮一帶，那種蒸餾廠零星散布的氣氛。若將之視為東邊區段的群組成員也相當合理，然而該廠產品風格與地理距離，卻未必接近東邊區段的蒸餾廠。

　　拉出明確界線，似乎只是太過完美的設想，不如接受過渡區域

蘇格蘭酒吧的小黑板，把相同產區的麥芽威士忌寫在一起，足以看出產區觀念是很實用的歸類方式。

Aberlour 與 Speyburn 兩座蒸餾廠，皆位於公認的斯貝河谷核心區域，鄰廠多以斯貝河谷名義標示，然而兩廠卻沿用高地的名號。

島嶼區的蒸餾廠通常亟欲營造獨特形象——位於穆勒島的Tobermory、斯開島的Talisker，以及艾倫島與朱拉島的兩座同名蒸餾廠皆然。

存在的事實；某些位處區間地帶的蒸餾廠正有「過渡風格」，除前述 Knockando 外，實例還有高地與低地交會一帶的 Loch Lomond 與 Deanston 兩廠——前者產品形態多元，既有代表低地傳統的柱式蒸餾，也有代表高地傳統的壺式蒸餾，與自身的地理過渡性質呼應；後者風格幾經演變，在高地傳統與低地現代風格之間擺盪。產區之間的過渡地帶，既是地理現實的寫照，也是歷史人文過渡現實的縮影。

產區名稱是產品形象的一部分，雖然只是地理名詞，卻隱含情感

與身分認同，有時也關乎產品行銷。以斯貝河谷為例，雖原屬高地一部分，但由於蒸餾廠群聚，已成公認產區。當地廠牌可自由選擇標示高地區或斯貝河谷，但多數選擇標示斯貝河谷。縱使斯貝河谷是個地理邏輯清楚的概念，但是作為一種風格，這個名稱的意義內涵卻模糊得多；不難理解為何某些位處斯貝河谷核心區域的蒸餾廠，卻選擇標示高地威士忌。

產區劃分現況

產區劃分是為了論述方便而逐漸發展成形的群組體系，劃分原則與標準不一，也因此出現不同版本的產區地圖。如今，蘇格蘭威士忌產區的基本架構大致底定，以四大區塊為基礎：高地、低地、艾雷島與坎培爾鎮。這套四分法並不考慮產區規模比例是否接近——高地涵蓋面積廣大，蒸餾廠數量最多，而坎培爾鎮規模相對很小，卻也自成一區。傳統四分法之下的高地區，仍可細分不同層級。斯貝河谷屬於「次區域」（sub-region），其下又可劃出「村鎮產區」（village appellation）。每一個村鎮內的蒸餾廠，都可以視為一個獨立的地理單位；每一個蒸餾廠，就如同葡萄酒產區劃分概念下的單一葡萄園或獨立酒莊。

當今各家的產區地圖版本，大致上就是以這樣的邏輯標準，編出地理規模或蒸餾廠數量相近的產區層級系統。綜觀來看，可以歸納出以下幾項重點：

一、斯貝河畔是廣義高地區的一部分，但幾乎總是被獨立出來。不論認定標準寬嚴，群組成員都達半百之譜，占全蘇格蘭半數。各家對於區塊劃分亦抱持不同觀點，最常見的有兩種：一是以城鎮作為分區根據，包括達夫鎮（Dufftown, Baile nan Dubhach）、洛赫斯鎮（Rothes, Ràthais）、榭鎮（Keith, Baile Chè）、艾津鎮（Elgin, Eilginn）等，位於鎮上或附近的蒸餾廠自成一組；二是依據河谷劃分，除了斯貝河谷本身之外，尚有其一級支流 Fiddich、Dullan、Avon，以及二級支流利威河（Livet）與其他鄰近河谷，包括東邊的德弗倫河

及其一級支流艾拉河,以及西邊的洛希河(Lossie)與芬德霍恩河(Findhorn)。總的來看,以城鎮為標準或以流域為依歸,這兩種分區描述並沒有本質上的差別,實際上,兩者劃分結果頗有重疊之處。

二、斯貝河谷以外的高地區,面積廣褒,通常會再加細分。高地北海岸、高地中部、高地東海岸、高地西海岸,高地南部,都是常見的名稱。縱使各家沿用相同產區名稱,但是實際涵蓋範圍卻不見得相同。

三、島嶼區的劃分慣例是將蒸餾規模最大的艾雷島(Islay)獨立分出,至於歐克尼群島(Orkney Islands)、路易斯島(Isle of Lewis)、斯開島(Isle of Skye)、穆勒島(Isle of Mull, Muile)、朱拉島(Isle of Jura, Diùra)、艾倫島(Isle of Arran),除了可視為南北跨度極廣的島鏈區域,有些評論家也將每個島嶼視為一個獨立單元,畢竟這些島嶼至少都有一兩座個性獨具的蒸餾廠。

坎培爾鎮在極盛時期曾經擁有30座蒸餾廠，然而一度沒落蕭條。按法規，3座蒸餾廠便能成區，如今坎培爾鎮重返威士忌舞台，而且自成一區。

四、坎培爾鎮位於金泰爾半島（Kintyre）南端，雖然有時被視為高地西海岸產區，甚至被當做島嶼區的一部分，然而坎培爾鎮在地理上並非島嶼，而且理應獨立看待。

地理群組概念的用途

地理群組觀念對學習與參訪都很實用，可以幫助建立空間版圖概念，讓風味印象、產品名稱與地理位置產生連結，並與歷史人文知識共構完整時空。產區劃分對研究評述也提供許多便利，就連官方也出於行政需要而認可採納。

在接下來的章節裡，我將借重地理群組概念，把規模龐大的地理層級切割為較小的單位，讓每個區段都能分別囊括最多十餘座蒸餾廠，讓這趟紙上蘇格蘭環遊之旅的行程安排更為清晰。

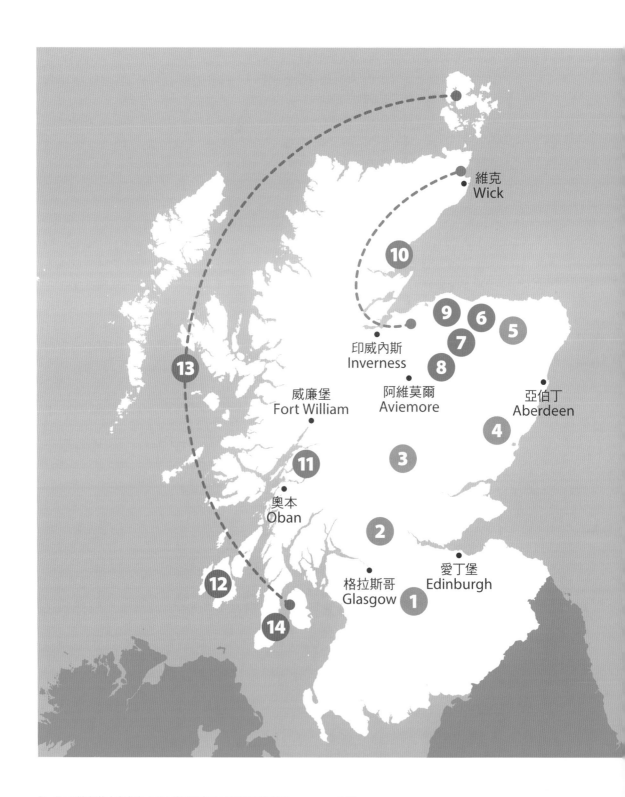

維克
Wick

10

9 6
　5
7
8

印威內斯
Inverness

威廉堡
Fort William

阿維莫爾
Aviemore

亞伯丁
Aberdeen

13

4

3

11

奧本
Oban

2

12

格拉斯哥
Glasgow

愛丁堡
Edinburgh

1

14

位於愛丁堡近郊的Glenkinchie蒸餾廠，藏身在一個不容易找到的小溪旁邊，緊緊跟著路標還是很可能迷失在不知名的田野中央。

從低地往北行，
遍訪高地南、中、東部

　　蘇格蘭威士忌歷史上，不少重大事件都發生在低地，這裡是城鎮聚集地帶——工業城格拉斯哥與文化城愛丁堡皆在此處。拜訪蘇格蘭，很有機會從這兩座城市進出，從低地區城市近郊的蒸餾廠開始參訪，再自然不過了。

　　蘇格蘭低地區看似蒸餾廠寥寥無幾的威士忌沙漠，然而這裡是重要的培養與調配中心。隨著十九世紀上半葉的產業興革，低地區率先採用柱式連續蒸餾，投向穀物威士忌的懷抱，並逐漸發展出量產的生態。調和式威士忌攀升成為銷售大宗，低地區的威士忌產業欣欣向榮。如今，低地區生產無泥煤煙燻威士忌，有些酒廠使用大型蒸餾器，有些則沿襲 3 道蒸餾工法，這些歷史遺跡都讓低地威士忌延續了近代興起的輕巧純淨流行品味，縱使是麥芽威士忌，也都細膩輕巧。

　　從低地區向北行，便逐漸進入幅員遼闊的高地。首先會穿越高地南部與海拔較高的高地中部；高地東部濱海，廠區分布範圍頗廣，其北段與斯貝河谷區域接壤，屬於過渡地帶。若說蘇格蘭低地區的威士忌風格純淨輕盈，象徵現代品味，那麼在北行沿途中卻彷彿時光倒流，威士忌風味愈來愈傳統。老式的黏稠飽和風味，彷彿訴說著威士忌在遙遠年代，於幽林碧水之間流淌的歷史。

　　蘇格蘭高地環境普遍涼冷，但卻難以按照這項共通的地理特性預測廠區風格。除了特別涼冷的幾座蒸餾廠外，多數廠區缺乏共通性格標誌，風格走向也不太一致；呈現自然與人文，現代與傳統之間的不同拉鋸結果。高地區各蒸餾廠的特性多元，難以預料，但若把目光放在廠區層級觀察，卻不難歸納各廠牌的風格脈絡。

　　高地區南部儘管地近格拉斯哥，但是整體風格走向卻不見得接近低地威士忌，這裡有質地油潤的 Glengoyne、風格多變的 Loch Lomond、觸感黏稠的 Deanston，以及優雅芬芳的 Tullibardine。位

於高地區南部的蒸餾廠個性迥異，缺乏共同特徵，高地區東部也是如此。

　　至於高地區中部環境涼冷，新製烈酒在經過桶陳培養的過程中，多半發展出花香與蜜味，以 Dalwhinnie 為代表。然而在這模糊的共通特徵之外，每座蒸餾廠各有特色。這又再次表明了產區風格是個弔詭的概念──固然有相似的風格元素，但是彼此之間的差異可能更大，這也正是高地威士忌的寫照。

高地區的蒸餾廠，風格走向與個性迥異，彷彿這兩隻高地野兔，雖然在同一片草地上，但卻朝著不同的方向。

低地區
格拉斯哥
愛丁堡與南境

高地區南部
接近低地一帶

高地區中部
高海拔區域

高地區東部
臨近海岸一帶

高地區東部
北段過渡地帶

Auchentoshan

低地區：格拉斯哥近郊的蒸餾廠

輕 巧 細 膩 · 性 格 鮮 明

廠牌名稱的蓋爾語原文是 achadh an t'oisean，唸作 [axəntoʃaʃ]（字中的 dh、字母 i 與字母 e 都不發音），意為「角落草原」，雖然蒸餾廠如今依舊位於山邊的小角落，但是感覺更像是位於格拉斯哥近郊的公路邊。

桶陳培養12年的原廠裝瓶版本，入杯之後，表層很快出現源自橡木桶的白胡椒辛香與木屑香氣，混有鮮明的風信子花香，讓人聯想到吐司與麵團氣味。底層很快發展出燒烤杏仁、榛果、餅乾、烤麵包。晃杯之後，柑橘果香顯著。靜置之後，蘊積蘋果與柑橘氣息，微弱的香蕉氣味處於底景強度。

入口細膩溫和，觸感絲滑。首先以豐沛的白胡椒、含蓄的肉桂與茴香主導，接著出現榛果與穀物風味，點綴草本植物氣息。在嗅聞階段即相當鮮明的風信子花香，在品嘗時依然鮮明可辨，

並與堅果、穀物風味彼此襯托，除了香草氣味之外，背景隱約飄出奶油餅乾氣味。收尾乾燥卻毫無澀感，餘韻帶有豐沛的柑橘水果與蜜味。

該廠風格細膩芬芳、溫和明快，以輕巧取勝，穀物辛香層次多變，與花卉果香彼此均衡，這些特性可以追溯到生產製程——採用澄澈麥汁進行相對短期發酵，賦予穀物與辛香特質；採用罕見的 3 道蒸餾程序，最終切取所得的烈酒濃度約為 82-80%，極為青綠芬芳，不但帶有柑橘、梨子、蘋果與大黃氣味，也有香蕉與柑橘氣息。由於新製烈酒的風味特別芬芳輕巧，因此用桶含蓄，桶陳培養衍生的風味個性不至於遮掩烈酒本身的風味。

Glenkinchie

低地區：愛丁堡近郊的蒸餾廠

新製烈酒多硫 · 愈熟愈顯輕巧

Glenkinchie 蒸餾廠位於愛丁堡近郊，由於在歷史上，蘇格蘭低地區的消費市場較大，因此該廠採用大型設備提高產量。大型蒸餾鍋若是搭配鬆緩的蒸餾步調，可以得到純淨輕巧的烈酒，然而該廠並未追求純淨，而且搭配傳統蟲桶冷凝，以至於風格多硫。這股硫質風味在桶陳培養期間逐漸消散，青檸芬芳與輕巧觸感才得以展現，但是卻不足以磨滅多硫的基因。

桶陳培養 12 年的常態裝瓶，外觀深金，表層香氣以柑橘與梨子主導，帶有些許硫質，花蜜與青草接續而出。底層柑橘、蘋果與李子果香集中，酒精賦予花香芬芳。晃杯之後，鳳梨香氣顯著，但幾乎稍縱即逝。靜置之後，可以察覺來自雪莉桶的核桃氣味，以及新製烈酒殘餘硫質，表現為蒸煮花椰菜與番茄，然而整體香氣表現堪稱純淨。

入口溫和滑順，出現飽滿的蜜味與李子般的果味，伴隨少許胡椒、嫩薑辛香、花卉與堅果風味。中段頗有香草水果蛋糕風味。收尾以柑橘與檸檬主導，混摻花蜜。進入餘韻之後，硫質風味支撐辛香，發展出丁香氣息。縱使硫質足以察覺，然而整體觸感輕巧。

Glenkinchie 早期裝瓶以桶陳培養 10 年為常態，硫質風味顯著，如今的常態裝瓶依然帶有足以辨識的硫質，表現為高麗菜湯、番茄、蒸煮花椰菜以及火柴，而比較不像是肉汁、橡皮、雞蛋、洋蔥等。新製烈酒的硫質風味會隨著培養而減弱，該廠處於低地區，環境較為溫暖，相對有利於硫質風味消散。因此，雖然多硫風格通常伴隨較為厚實的觸感質地，然而 Glenkinchie 卻由於培養熟成環境條件，得以發展出帶硫卻輕巧的特殊風格。

低地區
格拉斯哥
愛丁堡與南境

高地區南部
接近低地一帶

高地區中部
高海拔區域

高地區東部
臨近海岸一帶

高地區東部
北段過渡地帶

Bladnoch

低地區：蘇格蘭最南境的蒸餾廠

風格芬芳純淨・層次刻劃細膩

廠牌取名自河流名稱 Blaidneach，唸作 [bladnʌx] ——字中的 i 與 e 兩個字母都是由於拼寫規則而添加的字母，都不發音。

該廠目前處於停工狀態，早期釋出的桶陳培養 15 年原廠裝瓶版本，酒液呈淺金黃色，略帶草綠光澤。表層由蘋果塔、梨子果泥、礦石與花香共同主導。花蜜香氣表現為薰衣草與紫羅蘭，些許橙花與橘皮氣味。花果蜜香與乾燥火石氣味持續不輟，陪襯底層出現的乾燥辛香、椰子與香草。晃杯之後，果泥與礦物氣味顯著。靜置之後，回到花蜜與礦石主導結構。整體香氣純淨，除了微弱的火柴氣息，沒有其他硫質跡象；脂肪酸酯的皂味加強背景的花蜜氣息。

入口輕盈純淨，以梨子與花香主導，表現為薰衣草與山楂花，很快發展出蘋果與杏桃果味，觸感油潤觸，蜜味濃郁，呼應橙花般的皂味，點綴乾燥辛香。木桶的香草、燒烤堅果與木質風味，從中段開始逐漸增強。收尾充滿甘草辛香，觸感乾爽。餘韻以辛香、木質、椰子主導，水蜜桃罐頭般的滋味綿延不絕，核桃與鳳梨蜜餞風味依稀可辨。

這款威士忌展現純淨卻又繁複的風味特質，雖然矛盾，實則協調，而且可以從之前的生產製程得到解釋——在蒸餾梯次之間讓鍋爐充分休息，銅質得以恢復活性，有助於保留芬芳特質；然而採用混濁麥汁緩慢發酵，卻足以賦予堅果與辛香風味潛質，同時又有可觀卻不至於主導的果味潛力。如此折衷的結果，便造就了芬芳細膩純淨，卻頗富線條刻劃與複雜層次的風味特徵。

Glengoyne

美麗全銅管線・緩慢經營哲學

Glengoyne 蒸餾廠的蓋爾語原文寫成 Gleann a' Gheòidh Fhiadhain ——沒錯，中間有一大串字母都不發音，所以寫起來很長，唸起來卻很短。原文意思是「野鵝谷地」，酒標也出現一對鍍金的野鵝。

該廠經營哲學就是慢慢來，不要急——稍微放緩發酵程序，讓蒸氣能夠在蒸餾器頸部自然冷凝回流，提升銅質接觸機會。蒸餾器配有滾沸球，讓蒸氣在裡面四處亂撞，力量彼此抵消，以至於不容易上升至頂端，也不容易衝向冷凝器，於是拉長停留時間，並且不斷淨化。結果便是得到風味純淨、果味活潑的新製烈酒。冷凝液全部經由純銅管線進入烈酒控制箱，提升銅質接觸機會，全銅管線也相當漂亮。

桶陳培養 18 年的原廠裝瓶版本，外觀呈淺琥珀色澤，表層是純粹的果味，柑橘與木瓜主導。底層香氣出現雪莉桶的濃郁

燒烤、堅果與巧克力風味，並且伴隨礦石氣息與白胡椒辛香。入口銳利卻細膩，中段充滿紅蘋果、黑櫻桃、棗子與烏梅果味。來自雪莉桶的火柴般的硫質風味，襯托蜜餞風味表現。收尾柔軟微甜，單寧澀感細膩，水果與礦石風味持久且彼此融合，風味多元而協調。

這是一款果味頗為豐盛的威士忌，然而，水果風味多半來自

培養，而較少來自發酵與蒸餾製程——最佳證明就是新製烈酒帶有草本植物氣息，果味不多而且非常含蓄。即便整體風格並不算是果味主導，但是 Glengoyne 新酒裡的果味恰能均衡堅果與草本氣息。烈酒風味純淨無硫，來自雪莉桶的硫質氣息含蓄，果酯不多但卻足以察覺，這樣的風格在原廠的全系列裝瓶裡都表現得相當清楚。

(Loch Lomond 蒸餾廠)

Inchmurrin

高地區南部接近低地一帶

爽朗輕盈 · 架構簡單

這座蒸餾廠以毗鄰的羅夢湖為名，位於蘇格蘭高地區與低地區的交界，北倚山野，南面城鎮，其威士忌風格恰如其地處過渡的反映——既生產穀物威士忌，也生產麥芽威士忌，當然也有生產調和式威士忌的條件。該廠早期的產品線，即囊括單廠穀物威士忌、單廠麥芽威士忌，以及單廠調和威士忌，是業界罕見的特例。然而，隨著業主的經營策略改變，如今該廠推出不同的產品線，不見得以蒸餾廠 Loch Lomond 為名。

這座蒸餾廠富有創新精神，蒸餾器配有可拆卸式的層板，藉由細部調節，可以得到不同性格的新製烈酒。因此，即便源於同廠，不同批次的新酒也能擁有迥異的風味個性，在接續的桶陳階段也足以創造多種不同風格效果，最終皆可作為調配基酒；藉由不同的調配比例與配方，便能夠得到最多樣化的產品。Inchmurrin 是 Loch Lomond 蒸餾廠目前麥芽威士忌產品線裡，其中一款常見的裝瓶版本。

原廠裝瓶品牌 Inchmurrin 桶陳培養 12 年的版本，外觀淺金，氣味乾淨，穀物與堅果主導，類似花生與夏威夷豆。表層果香微弱，但是晃杯之後，酒精迅速帶出葡萄柚般的柑橘果香，然而很快又再次回到穀物與堅果主導的架構。底層帶有微弱卻鮮明可辨的泥煤煙燻與乾燥辛香，類似小茴香。

入口柔軟，夏威夷豆的堅果風味主導，伴隨小茴香風味。觸感極為乾爽，收尾非常辛香，甚至有堅果與鹽滷般的鹹香錯覺，泥煤表現含蓄。餘韻帶有微弱的甜潤感，恰足以平衡乾燥的收尾印象。整體來說，這款麥芽威士忌的個性爽朗、風味輕盈、架構簡單。

Deanston

追求果酯表現．蠟質觸感頗多

Deanston 廠區所在曾為棉花工廠，梳棉廠房為穹頂挑高建築，如今成為酒庫，平均溫度介於 8-14℃，在蘇格蘭算是較為涼冷的培養環境，有利延緩單寧萃取與酒精蒸散，提升果味的整體比例。該廠的新製烈酒具有蠟質觸感與風味，足齡培養之後，通常都會發展出花果香氣與蜜味。

桶陳培養 12 年的原廠裝瓶，酒液深金，表層果香豐富集中，表現為柑橘皮屑與糖漬水蜜桃，隱微的梨子、蘋果、葡萄與鳳梨。底層飄出木屑般的焚香，伴隨胡椒辛香與巧克力牛奶。處於背景的微弱硫質襯托花卉果香，並帶出蜂蜜。晃杯之後，花蜜集中，並伴隨固有的辛香，整體架構以花蜜與水果氣味主導。

入口柔軟甜潤，立即出現飽滿的果味與波本桶的香草鮮奶油風味，伴隨木質與胡椒。中段以桶味主導，帶有燒烤堅果、花生與烘焙氣息。收尾乾爽微澀，除

了嫩薑般的辛香，還浮現可可、奶油焦糖與牛奶咖啡。餘韻以杏桃乾與蘋果主導，甘草橄欖與木屑般的乾燥香料風味為輔，香草鮮奶油則相當微弱。純淨柔軟，以果味主導，木桶風味襯托果味，並賦予木質辛香，風味架構頗富層次。

該廠的果味主導性格，可以追溯到發酵、蒸餾、培養等製程——刻意降低麥汁糖度，使用清澈麥汁發酵，並延長發酵時間到 80-100 小時，果酯潛力豐厚；再配合放緩蒸餾步調，在蒸餾梯次之間的空檔，都讓蒸餾鍋曝氣休息，恢復活性，提高銅質催化效果。此外，刻意提高冷凝器的溫度，讓風味淨化效果更好；蒸餾器的肩頸相接處，設有滾沸球，提升蒸氣自然冷凝回流的機會。然而，新製烈酒除了整體風味純淨之外，果味並不豐盛——柑橘、蜜桃果香，都必須經過陳年才會浮現。

低地區
格拉斯哥
愛丁堡與南境

高地區南部
接近低地一帶

高地區中部
高海拔區域

高地區東部
臨近海岸一帶

高地區東部
北段過渡地帶

Tullibardine

高地區南部接近低地一帶

環境潮溼多雨・熟成步調緩慢

廠名的蓋爾語原文有兩種不同的考證，一説 Tullach Bhardainn（警報之丘），另説 Tulach Bàrdainn（樹林圓丘）。前者説法特別有意思，因為該廠位處蘇格蘭高地與低地過渡區，正是昔日北方部族南侵時的警報前線。語法規則要求詞組首字為陰性時，第二個單詞字首的子音後方要加 h，並且改變發音。廠名的英文拼寫比較接近後者，有可能是刻意忽略或拼寫演變，也有可能根本沒有所謂的警報之丘，向來就只是樹林圓丘。

該廠於 1993 年蒸餾，2008 年裝瓶的原廠版本，風味複雜均衡。酒液外觀金黃，表層香氣由花草與穀物組成，酒精氣味提升梨子與蘋果香氣，青綠草香清新立體。花香宜人，就像山楂花，也像茉莉綠茶。穀物風味處於底景強度，讓原本的蜜香聞起來就像是蜂蜜麵包與甜甜圈。

入口甜潤，隨即轉為鋭利清新的觸感，並襯托茉莉花香、青檸、梨子。中段口感輕盈滑順，以木質辛香主導。收尾乾爽，穀物風味再次躍居舞台中央。餘韻持久，甘草辛香、清甜風味、檸檬皮屑、花蜜風味悠長不絕。

整體來説，這是一款以花卉水果香氣主導的威士忌，鮮明純淨的木質氣味相得益彰。酒廠切取策略是多掐一些高段酒，提升芬芳表現，而在杯中也確實可以聞出並嘗到梨子與青綠的青檸氣息，有如鳶尾花與茉莉的香氣也相當清晰易辨。

該廠也推出無年數標示的 Sovereign，這個版本的穀物風味明顯較少，青綠的草本植物風味較多，表現為鼠尾草、馬郁蘭。此外，由於基酒的平均年齡較輕，所以也有更多年輕烈酒的風味特徵——酒感更慍烈，硫質也稍多，但是整體風格走向依舊輕盈芬芳。

Glenturret

輕盈卻豐富・芬芳而明亮

咖啡與可可，伴隨乾燥辛香、甘草根與香草。收尾漸趨乾爽，杏桃蜜餞風味再次出現，伴隨類似大黃根的梨子氣味。微弱的燭油與皂味，襯托這股蜜味與果味。愈接近收尾，炭火與土壤的泥煤標誌愈顯著，並帶來乾爽澀感。餘韻風味不強，點綴哈密瓜般的青綠果味，也很接近青草與小黃瓜，與木桶的香草與甘草風味均衡。

本廠帶硫風格與蒸餾器較小的規格尺寸有關。然而透過製程微調，卻足以得到比預期更為純淨的烈酒，並透過切取策略，保留少許脂肪酸酯的皂味、花香與鳳梨風味。可以說，這款麥芽威士忌是兩種風格的折衷──既具輕盈風味架構與芬芳明亮風格，也有微弱硫質賦予風味層次。此外，微弱的泥煤煙燻風味與觸感，並未遮掩這股風味；煙燻酚與之共存，也造就了輕盈卻又豐富的獨特風格印記。

Glenturret 的歷史可以追溯至 1775 年，宣稱是全蘇格蘭歷史最悠久的蒸餾廠。該廠提供調和式威士忌 The Famous Grouse 麥芽基酒配方，而且如同許多藏身在調和式威士忌品牌背後的麥芽蒸餾廠，之前有很長一段時間，極少以麥芽威士忌的名義裝瓶銷售。

桶陳培養 10 年的原廠裝瓶，甫入杯即散發火柴般的微弱硫質氣息，並且帶有脂肪酸酯的燭油、皂香與柑橘蜜香。表層伴隨桶陳培養賦予的燒烤堅果、果乾、核桃、蜜李。底層發展出微弱的泥煤煙燻，接近土壤與苔蘚植物氣息。晃杯之後，橘皮、鳳梨、桃子與瓜果氣味強勁集中，梨子與蘋果香氣隱約可辨。果香容易消散，很快回到桶陳培養與泥煤煙燻的基調。

入口輕巧，出現鳳梨、柑橘與杏桃，隨即發展出堅果與乾果，變化節奏很快。中段以桶陳風味主導，燒烤堅果、葡萄乾、

Aberfeldy

高地區中部高海拔區域

蠟質觸感柔軟・蜜香細膩芬芳

Aberfeldy 的廠牌特徵是果酯豐盛集中，觸感柔軟油潤，花蜜香氣濃郁。從桶陳培養 12 年裝瓶的風味繁複、適飲程度與完整的架構，足以看出該廠足齡培養即已相當精彩，若是與桶陳培養 21 年的裝瓶相較，更可看出具有長期培養的潛質。

桶陳培養 12 年的裝瓶版本，酒液外觀呈深琥珀色，甫入杯就出現鮮明的蠟質氣味，像是剛熄滅的燭台。陸續出現蘋果、檸檬、梨子、白桃、李子、紅色果實，含蓄的香草布丁氣息，以及溫暖的木質辛香，包括木屑、茶樹精油、丁香、荳蔻與白胡椒。底層香氣以柑橘主導，在蠟油與酒精芬芳襯托下，檸檬、葡萄柚與橙皮香氣特別立體明亮。晃杯之後，浮現微弱的硫質氣息，很快被花蜜香氣取代。靜置之後，煙燻氣味隱約可辨。

入口觸感溫和，包覆感顯著，帶有橄欖油般的青綠風味，隨即演變為穀物，背景是繁複的花果層次，果酯豐富。中段口感依然稠密，出現燒烤堅果，波本桶的香草與椰子風味漸趨顯著，與果味共同主導架構。收尾乾爽，微弱的煙燻風味與木質、胡椒辛香彼此呼應。餘韻的堅果風味漸漸消散，取而代之的是蜜桃、香草鮮奶油、荳蔻與椰子風味。

該廠的新製烈酒富有花果香氣，這些風味特點可以歸因於：

延長發酵時間，促進產酯；使用細頸蒸餾器，放緩蒸餾速度，製造充分的銅質接觸機會，達到風味淨化效果；酒心切取時，收進一些特別芬芳的高段酒，與白桃風味的果酯產生互揚。不難發現，桶陳培養階段發展出來的蜜味與木質風味，也能與烈酒本身的花果香氣彼此協調，共構細膩芬芳的風味層次，這則歸因於用桶策略與庫房環境達到平衡。

Edradour

高地區中部高海拔區域

強勁厚實．口感油潤

Edradour 的蓋爾語原意是「兩河之間」，酒廠即位於同名小溪邊。這間蒸餾廠曾是全蘇格蘭規模最小的蒸餾廠，號稱是「三人酒廠」。但是隨著其他規模更小的酒廠出現，它已經不是最小的了，然而其規模迷你，依然毋庸置疑。

原本這座蒸餾廠仍保有老式製程，以及十八至十九世紀老式設備，包括傳統開放式糖化槽，配有齒輪驅動的攪拌臂，矮小的蒸餾器搭配傳統蟲桶冷凝，幾乎算是「古蹟的活保存」。然而，如今汰換部分設備之後，該廠依然屬於傳統老式風格，強勁厚實、口感油潤。該廠的同名威士忌是無泥煤威士忌，適合以雪莉桶熟成，泥煤威士忌取名 Ballechin，則採用波本桶培養。

桶陳培養 10 年的無泥煤版本，外觀呈中等琥珀色澤，撲鼻而來的是燒烤榛果與核桃氣味，也帶有剛出爐的麵包與熟透的

香蕉氣味。底層發展出雪莉桶氣息，表現為硫磺、鞭炮、火柴，同時摻有含蓄的深色果醬、棗子與葡萄乾，也出現乾草、竹席氣味。晃杯之後，發展出皮革。這是一款富有氣味層次的威士忌，來自雪莉桶的元素比例極佳，整體氣味輕巧卻不失繁複層次。

入口溫和，中段強勁厚實，酒感滑潤而不刺激，舌面

包覆感顯著，是非常標準的老式風格威士忌。收尾浮現乾燥香料與草本植物氣味，包括馬郁蘭（龍角散）、尤加利（萬金油）、茴香，餘韻頗為持久，乾爽微澀，雖然看似厚重，但卻不至於黏膩。以一款老式風格的蘇格蘭麥芽威士忌而言，Edradour 相當溫和易飲，風味繁複，讓人玩味再三。

Blair Athol

高地區中部高海拔區域

堅果辛香擅場·果味曇花一現

Blair Athol 以堅果辛香主導，其風味特性可以追溯到發酵、蒸餾與用桶策略——採用混濁麥汁迅速發酵，控制在 50 個小時以內，因此產酯有限而缺乏果味，取而代之的是堅果、乾草、辛香與穀物風味；待餾酒汁的酵母泥沉澱物，部分隨同進入初餾鍋，遇熱帶來燒烤風味；搭配雪莉桶熟成培養，賦予堅果、蜜餞、果乾風味，加強烈酒固有的風味特性，並形成協調呼應。

桶陳培養 12 年的 Flora & Fauna 系列版本，表層以穀物、烤麵包、乾草，以及胡椒、肉桂辛香主導，雪莉桶氣味居於陪襯，與穀物、辛香構成協調的混香。果香含蓄，表現為葡萄乾、烏梅與棗子。晃杯之後，立即嗅聞可以察覺柑橘、鳳梨與梨子香氣，這些果香與酒精芬芳結合，表現為果醬般的蜜香，但是消散速度快。果香性格雖然鮮明，但是並非這款威士忌的主導氣味。靜置之後，浮現燒烤與焦香氣息。

入口之後，浮現核桃與烤杏仁的微苦風味，收尾演變為肉桂辛香，餘韻變成黑巧克力，不時出現牛奶巧克力與麥芽糖香。觸感質地圓潤紮實，收尾辛香乾爽，帶有燒烤、可可與辛香，構成呼應協調。

總結來說，這款威士忌的果味相當薄弱，然而風味卻不因此顯得空洞。堅實的胡椒、核桃、肉桂、燒烤杏仁、穀物風味，與來自雪莉桶的風味，共同撐起風味架構，顯得乾爽硬朗、堅實飽滿。此外，來自熟成培養的衍生風味，以及烈酒本身的體質特性，兩者之間達到均衡協調。

Royal Lochnagar

高地區中部高海拔區域

鬆緩蒸餾工法・堅實乾爽純淨

桶陳培養12年的原廠裝瓶，酒液入杯之後，表層香氣乾淨而富層次，散發青草、穀物、堅果、乾燥辛香與各式果香，包括柑橘、水蜜桃。底層則出現更多果醬與蜜餞型的果香，包括熟透的梨子、杏桃果醬、糖漬大黃與鳳梨，以及花蜜香氣。香氣由果酯主導，波本桶的風味相對含蓄，帶有辛香，香草氣息微弱，帶有太妃糖與榛果氣味，木屑氣味相對鮮明。

入口純淨柔軟，立即迸發果味，延續聞香階段一系列水果與蜂蜜花香，包括梨子與李子，豐富協調。中段的草本氣息隱約可辨，表現為薄荷與含蓄的乾草。觸感油潤，但不黏膩。來自波本桶的木屑氣味逐漸增強，伴隨硫質，以及表現為微弱皂味的脂肪酸酯。收尾出現辛香的甘草與肉桂，持續到餘韻，並與微甜的酒精結合成一股溫暖的甘甜風味，但是觸感依然頗為乾爽。

Royal Lochnagar 堅實乾爽而不乏果味，如果單從酒廠的設備特點來看，很難與這樣的最終成酒風格聯想在一起──蒸餾廠配備小型蒸餾器，配合傳統蟲桶冷凝，在在指向風味強勁、硫質豐富的烈酒。

然而，該廠卻藉由一系列的製程操作配套，得到果味豐沛、純淨無硫的烈酒，包括：使用清澈麥汁配合延長發酵，促進果酯生成；放緩蒸餾步調，而且在梯次之間實施曝氣，讓銅壁恢復活性；再加上提高蟲桶冷凝溫度，讓傳統冷凝器也能具有良好的銅質催化作用。最終製得的烈酒，雖然不至於輕盈，但是硫味不多，而且帶有草味，顯得乾爽堅實，足以耐受雪莉桶陳培養。在桶陳培養12年的裝瓶裡，依然可以察覺新製烈酒乾爽堅實的青草氣息。

Dalwhinnie

高地區中部高海拔區域

新酒多硫 · 蜜味顯著

Dalwhinnie 蒸餾廠是業界海拔最高的廠區之一，廠牌名稱沿用當地地名。蓋爾語地名淵源可能來自 Dail Chuinnidh（戰士草原）或 Dail-Coinneachaidh（會師狹谷），不論如何都與早期的戰爭背景有關，廠區所在位置是早期高地軍隊聚集南下的會師之地。

桶陳培養 15 年的原廠裝瓶，外觀金黃，表層有蘋果、柑橘、檸檬、鳳梨氣味。底層花蜜香氣顯著。晃杯之後，飄出木屑、白胡椒與嫩薑氣息，與花蜜協調，點綴香草與椰子。靜置之後，硫質氣息鮮明可辨。晃杯之後，迅速轉變為果香主導，辛香豐富，偶爾飄出微弱的巧克力。

入口溫和柔軟，層次豐富，很快發展出蜜味與果味。中段漸以香草與木屑風味主導，足以遮掩頗為顯著的硫質，並發展出焚香、礦石與乾燥辛香。主導架構逐漸轉變為皂味般的蜜味與蘋果、檸檬、鳳梨果味。收尾乾燥，出現泥煤乾爽觸感與焚香風味。餘韻微澀，花蜜風味不散，杏桃乾、白葡萄乾也鮮明可辨，點綴甘草橄欖風味。

該廠新製烈酒多硫，與廠區環境、設備器材都有關係。酒廠所處環境涼冷，加上使用傳統冷凝器，銅質催化與淨化效果有限；因此基本裝瓶年數提高到 15 年，以便因應硫質起始濃度較高的限制，並彌補較為緩慢的熟成進度。然而，在裝瓶的威士忌裡，縱使桶味強勢、蜜味深沉、果酯繁複，廠區特性依然難以磨滅——雖然硫質表現不再像是高麗菜湯、蒸煮花椰菜，但是微弱的殘餘硫質依然足以辨識，接近酵母泥風味。

Glencadam

高地區東部臨近海岸一帶

花香芬芳·口感輕盈

Glencadam 蒸餾廠與著名的千年古城遺跡（Breichinn）位處同個谷地，廠名的蓋爾語原文為 gleann cadam（遺跡谷地），與此淵源有關。

桶陳培養 10 年的版本，成色淺金，香氣結構由波本桶主導。表層散發青檸、花草香氣，點綴乾燥辛香，包括茴香籽與月桂葉。底層甜熟果香豐富多變，包括蘋果、梨子、杏桃，也有水蜜桃罐頭、柑橘、檸檬果醬。晃杯之後，散發集中的青檸，伴隨酒精芬芳。靜置之後，波本桶的香草鮮奶油顯著，微弱的木屑與乾燥辛香彼此呼應。

入口純淨輕盈，觸感溫和，果味集中純粹，表現為水蜜桃與檸檬。收尾乾爽，逐漸浮現波本桶的新鮮木屑、雞蛋布丁、香草與牛奶巧克力風味，奶油風味隱約可辨，並與桶陳培養風味彼此協調。這股風味持續到餘韻，與肉豆蔻辛香融為一體。當餘韻風

味強度減弱時，花香逐漸浮現，伴隨含蓄的蘋果與白葡萄風味。

這款威士忌輕盈純淨，然而處處暗藏風味，其輕巧芬芳風格，可以從廠區蒸餾設備看出端倪——蒸餾器頂部與冷凝器之間的連接管，設計成上揚角度，部分蒸氣被涼冷的環境空氣提早冷凝，自然回流到蒸餾器裡，增加銅質接觸與風味淨化機會；該廠使用較為緩和的蒸餾火力，配合提高冷凝器溫度，都能更加提升銅質催化作用；適當的切取策略，也讓最終製得的烈酒擁有輕盈純淨、花果芬芳的體質特性。這股梨香、花香與麝香葡萄般的香氣，在經歷桶陳培養之後，在威士忌裡依舊鮮明可辨。

Fettercairn

高地區東部臨近海岸一帶

新酒慍烈・大器晚成

桶陳培養12年的原廠裝瓶版本，酒液呈淺琥珀色，表層散發鮮明集中的堅果、核桃、蜜餞、葡萄乾、巧克力香氣，隱約帶有青草植蔬氣味，表現為芥末般的氣息。底層逐漸發展出蜜棗，伴隨香草與椰子。氣味的第一印象頗有層次，不同元素之間頗為協調。此外，酒液入杯之後，隨即出現一股焦烤與煙燻氣息，點綴來自發酵殘餘的奶油氣味，雖然處於底景強度，但是依然鮮明可辨。晃杯之後，浮現集中的花蜜與焦糖香氣，襯托底層的香草與椰子，並點綴脂肪酸酯帶來的皂味，以及肉汁般的硫化物氣息。靜置之後，回到堅果、巧克力與焦烤。

入口觸感乾爽，伴隨烏梅與棗子，點綴堅果，比較接近燒烤杏仁與核桃，而比較不像榛果。中段漸趨乾澀，發展出木屑與茴香等乾燥辛香，香草鮮奶油與椰子風味顯著，但是很快被木屑辛香取代。中等強度的香草鮮奶油與椰子幾乎處於主導，卻也彷彿被木屑風味遮掩。收尾觸感粗獷，澀感顯著，風味微苦。香草與椰子風味幾乎被遮掩到只有微弱可感的強度。然而椰子風味依然持續到餘韻，伴隨顯著的蜜香，共構悠長的餘韻。餘韻依然微苦，帶有苦杏仁與土壤風味印象。

該廠新製烈酒即已出現的穀物、堅果與焦烤般的辛香，在桶陳培養12年的裝瓶裡依然可以察覺，這樣的風味特徵可以追溯到糖化與發酵程序——該廠使用混濁麥汁，配合相對短時間發酵。此外，來自橡木桶賦予的單寧，也加強了粗獷慍烈的勁道。一般麥芽威士忌的最佳熟成年數約莫落在10-12-15年，Fettercairn 的最佳熟成年數稍高；相較於12年的常態裝瓶，晚近推出的無年數標示版本 Fior，雖然依舊生澀，卻也忠實呈現該廠富有堅果辛香的性格。

Glen Garioch

高地區東部臨近海岸一帶

豐厚深沉・喧鬧強勁

Glen Garioch 或許是最不容易正確發音的品牌名稱之一。蓋爾語原文是由 gleann（谷地）、garbh（蕪雜的）與 ach（原野）三個詞根構成。然而，蓋爾語需要根據相鄰音節特性改變拼寫與發音，三個詞根放在一起就變成了 Gleann Ghairbhich，意思是「荒野」或「雜草叢生的谷地」。根據英語習慣改寫，並把不發音的 bh 去掉，便成了 Glen Garioch。字尾 ch 被保留下來，但是並不發音；字母 a 與最後一個音節的 o，發音都是 [i]。

桶陳培養 12 年的原廠裝瓶版本，成色深金，表層有肉豆蔻般的香料與椰子，點綴土壤、焦烤氣息，接著出現類似花生醬的香氣。硫質很快浮現，表現為肉汁與肉乾，這股氣息與主導香氣裡的燒烤堅果、花生醬，以及肉豆蔻、胡椒構成繁複的混香。底層有燒烤麵包與穀物，最後發展出花蜜。晃杯之後，酒精芬芳提升花卉與蜜香，靜置數秒，又再次出現辛香、穀物與燒烤，並且伴隨乾燥香料，隱約飄出肉桂香氣。

入口乾爽，頗有勁道。首先出現白胡椒與乾燥辛香，包括月桂葉、丁香與肉桂。中段發展出花生醬、夏威夷堅果與核桃風味層次，點綴烏梅、李子。收尾乾爽，帶有燻烤氣息，很快出現焦糖與奶油巧克力。新製烈酒的多硫性格，在桶陳 12 年的裝瓶版本裡依然顯著，幾乎表現為肉汁與肉乾風味。燻烤風味持續到微甜溫和的餘韻，並且帶有苦杏仁、薄荷般的草本、甘草辛香、葡萄乾與巧克力風味，背景是深沉的蜜味。餘韻悠長，層次繁複，份量飽和。

Glen Garioch 風格粗獷，香氣奔騰，風味繁複，觸感深沉。雖然最早期的高地泥煤傳統在這款威士忌裡已不復見，但卻依然展現老式風格，並保留雪莉桶陳培養的傳統。喧鬧激盪的繁複風味，恰似蒸餾廠名稱暗示的那片原野景致。

Ardmore

高地區東部北段過渡地帶

炭火果香 · 彼此映襯

Ardmore 蒸餾廠創於十九世紀末，位於蘇格蘭高地東部。相較於高地中部，東部的海拔顯然較低，但是蓋爾語原文 an Àird Mhòr 卻有地勢高聳的意思。這是由於最初創廠者來自山區，為了緬懷故鄉而取的名字。

無年數標示的 Traditional Cask 版本，酒液成色金黃。表層以炭火主導，煙燻氣息明快、清澈而純淨，像是火堆的煙灰與焚香，並且點綴土壤氣息，而比較不像是瀝青。底層以蘋果主導，像是削皮的蘋果。背景帶有乾草、檸檬芬芳，以及香草氣息。晃杯之後飄出烏梅氣味。靜置之後，可以嗅得微弱的硫質，表現為奶油香氣，點綴火柴與硝石。

入口輕柔，觸感細膩。煙燻主導，伴隨胡椒與肉桂辛香。中段出現香草與蘋果，與煙燻風味搭在一起，帶來肉桂蘋果派的印象。這股糕點風味，隨著酒液與唾液的混合時間拉長，逐漸發展出堅果、穀物風味，並且持續到收尾，蘋果風味綿延不絕，奶油風味鮮明。胡椒風味再次浮現，成為收尾的主導元素。餘韻是悠長不絕的煙燻，背景依然有蘋果風味。

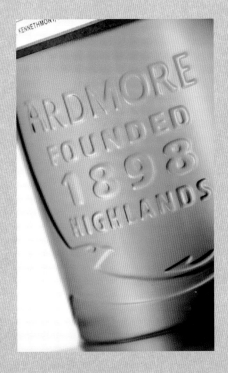

Ardmore 擁有顯著的炭火風味，這股炭火風味源於蒸餾鍋底部加熱時產生的結焦，而且與泥煤煙燻風味產生同質呼應效果，相當宜人。尤其可貴的是，隨著交通發達與時代演進，位於蘇格蘭高地區的蒸餾廠幾乎不再使用泥煤，然而該廠卻保留這項幾乎失落的傳統。此外，這款高地泥煤威士忌也展現非常巧妙的均衡——煙燻風味鮮明，然而觸感油潤柔軟，並不顯澀；蘋果與煙燻風味構成鮮明對比，彼此協調；整體風味架構雖然簡單，但是極富個性，並不顯得貧乏薄弱。

GlenDronach

高地區東部北段過渡地帶

酒體健壯・筋肉紮實

GlenDronach 的蓋爾語原文是 Gleann Droighneach，意為黑莓谷地。字中的 gh 與第二個字裡的兩個母音 i 與 e，都是由於拼寫規則才存在的字母，皆不發音。以英語改寫之後，便成了 GlenDronach，而且兩個字要連在一起。為了容易辨認，第二個字的字首 D 維持大寫；不過，這也是一種視覺設計──目前業主旗下的其他蒸餾廠產品，也以這樣的方式打印品牌名稱，酒標字體的辨識度頗高。

桶陳培養 12 年的裝瓶，酒液呈琥珀色，表層以輕巧的烏梅與李子主導，點綴焦糖、巧克力。底層則為鮮明的雪莉桶氣味，表現為硝石、火柴與礦物。偶爾出現微弱的穀物與堅果氣味，表現為糕點烘焙香氣。晃杯之後，烏梅與李子果香更為集中，伴隨木屑辛香；靜置之後，漸漸飄出紅色果香，表現為糖漬紅櫻桃與草莓果醬。整體強度稍弱，然而結構細膩、層次清楚。

入口柔軟，觸感細膩。中段以蜜餞果乾主導，表現為蜜棗、烏梅與小紅莓，另外也發展出礦石與青草薄荷風味，處於背景強度的煙燻鮮明可辨。觸感飽滿紮實，但漸趨乾爽；收尾柔軟甜潤，奶油焦糖與牛奶巧克力含蓄卻清晰，並持續到餘韻。餘韻悠長，再度趨於乾爽，來自煙燻的微弱煙灰氣息呼應辛香。餘韻依然以蜜棗與李子主導，陪襯礦石與乾燥辛香風味。

該廠新製烈酒果味飽和、結構緊密，經過雪莉桶陳培養之後，與木桶賦予的堅果、果乾與木質澀感彼此均衡，微弱的泥煤煙燻辛香處於風味底景，構成協調而細膩的風味層次，觸感紮實飽滿卻相當乾爽。桶陳 15 年的版本，在類似的風格基礎上，擁有更寬廣的格局架構，足以看出這座蒸餾廠烈酒的耐陳性格。

（Knockdhu 蒸餾廠）

anCnoc

高地區東部北段過渡地帶

多硫風格 · 蘊涵深厚

雖然酒標説明 anCnoc 唸作「阿那克」，但是按照蓋爾語發音規則，應該唸成 [ən kʀɒxk]。蒸餾廠本名 Knockdhu，意為「黑色丘陵」，anCnoc 則是品牌名稱，字面意思是「丘陵」，與廠名原意相去不遠。品牌另起新名，是為了避免與他廠產生混淆（Knockando）。品牌名稱與廠名脱鉤，這並非唯一的例子。

桶陳培養 16 年的版本，酒液呈淺金黃，表層蜜香集中，微弱可辨的硫味隱約加強蜜香，表現為柑橘果醬與甜熟柿子。酒精帶出底層香氣，表現為梨子般的花果香氣與薄荷般的草本植物氣息，發展出有點嗆鼻卻很好聞的茴香、丁香等乾燥香料與木屑氣味。晃杯之後，飄出綠胡椒辛香、草香與硫質氣息，表現為蕃茄罐頭、高麗菜與蒸煮花椰菜。稍微靜置之後，依然以頗為集中的蜜香主導，點綴蘋果與檸檬。硫質氣味表現為火柴與硝石，但是相當微弱，幾乎像是混合乾燥香料的礦石氣味。

入口甜潤，出現微弱皂香與蜜味，接著演變成乾燥辛香與燒烤堅果。這股香料風味表現為肉桂與胡椒，與花蜜共同成為中段主導。偶爾出現柿子乾、杏桃與白葡萄風味，點綴薄荷與鼠尾草。收尾乾爽，略帶澀感。餘韻以微甜而富有燒烤風味的堅果主導。始終處於背景強度的木質風味鮮明可辨，表現為香草鮮奶油與木屑。

該廠的蒸餾器不矮，而且配有滾沸球促進銅質作用，然而蒸餾器頂端與冷凝器之間的連接管並未明顯上揚，再加上配合傳統冷凝，便足以在油潤滑順的質地之外，保留些許硫質。桶陳培養 16 年的版本，依然能夠察覺菜湯般的微弱硫味，造就風味複雜度。在頗為純淨輕盈的背景下，含蓄的硫質個性不但加強蜜味層次，也讓清爽的風味架構得到堅實的觸感，整體表現活潑明亮卻沉穩協調。

Glen Deveron

高地區東部北段過渡地帶

觸感輕盈乾燥・辛香富有深度

蒸餾廠名為 Macduff，在蓋爾語裡的意思是「烏髮人之子」，同時也被當作姓氏使用；但是麥芽威士忌品牌名稱卻是 Glen Deveron，直接以蒸餾廠所在的河谷名稱命名。品牌名稱與廠名脫鉤，這並非唯一的例子。

桶陳培養 10 年的版本，成色中等金黃。甫入杯即散發清晰的穀物香氣，伴隨松木般的木屑氣息。靜置之後，很快發展出胡椒辛香，酒精芬芳加強穀物與堅果氣味層次，表現為燒烤杏仁與花生。稍微晃杯，酒精氣息顯著，並帶出花香與辛香，但是很快回到穀物基調。氣味架構由穀物、堅果與辛香主導，除了微弱的梨子與蘋果香氣，幾乎無法察覺其他果酯。

入口溫和輕盈，些許硫質風味稍縱即逝，帶有模糊的蜜味。中段乾爽，依舊是辛香主導，表現為月桂葉、荳蔻、胡椒，並且持續到收尾，相當乾燥，純淨的酒精風味也加強此一印象。餘韻微澀，隱約浮現蘋果、檸檬與杏桃乾，但是主導風味仍為穀物、乾燥香料與草本植物。

整體表現細瘦乾瘦、看似單調，然而細心品嘗會發現風味跨度雖然不廣，但在穀物與辛香風味範疇方面，仍有不錯的複雜度。由於口感極為輕盈乾燥，整體架構相對骨感，因此容易讓人輕忽穀物與辛香風味層次。

該廠輕巧卻富辛香深度的風味個性，可以溯源至製程及設備。採用混濁麥汁發酵，避免大量產酯，奠定堅果與辛香主導基礎；蒸餾鍋以蒸氣管加熱，避免結焦，維持輕盈乾爽的體質；使用現代冷凝器，然而冷凝用水溫度偏低，而且兼採水平與垂直兩種不同配置，因此得到折衷效果——新製烈酒調性純淨但卻潛質寬廣，少許硫質表現為青綠刺鼻氣味，但是堅果、花生醬與穀物氣息豐沛紮實，觸感乾爽，這些特質在裝瓶威士忌裡依舊鮮明。

低地區
格拉斯哥
愛丁堡與南境

高地區南部
接近低地一帶

高地區中部
高海拔區域

高地區東部
臨近海岸一帶

高地區東部
北段過渡地帶

Glenglassaugh

高地區東部北段過渡地帶

重返舞台 · 草香顯著

廠名是由 gleann（河谷）、glas（綠色）與 ach（地方）三個蓋爾語單詞構成。蓋爾語單詞 glas 用來形容植物時，是指綠色；用來描述天氣、動物時，

卻是灰色的意思。這座「綠地河谷」蒸餾廠建於 1878 年，斷斷續續運作，直到 1986 年休廠，目前再度恢復營運，並陸續推出不同裝瓶，多半屬於無年數標示產品。Revival 即為一例，酒標上的照片展示這座濱海蒸餾廠附近綠油油的景致。其實，這款威士忌也予人青綠的風格印象。

酒液中等金黃，這個年輕的裝瓶，表層香氣依然多硫，表現為汆燙豬肉片、肉乾、煮蝦水，點綴昆布與海藻氣味。若是透過重複嗅聞，讓嗅覺產生疲勞，則可以嗅得其他豐富的氣味層次：汩汩流瀉而出的蜂蜜檸檬，以及鮮明的乾草氣息，讓人聯想到蜂蜜麵包、檸檬愛玉，以及燒烤堅果、青草地的氣味。晃杯之後，青檸般的果香顯著，但是隨即被青綠草香與生蠔般的氣味取代。靜置之後，則以硫質帶來的肉乾

氣息主導，蜂蜜香氣再次浮現。

入口之後，出現乾草、各式乾燥香料與中藥材風味，包括茴香、荳蔻、當歸、甘草、人參，類似草根、土壤與堅果般的風味。這股風味印象也混合了馬郁蘭，讓人聯想到中式藥粉。酒體觸感頗具份量，飽和但不至於黏稠。收尾轉趨乾爽，出現堅果風味，微弱的澀感持續到餘韻。餘韻乾爽，卻帶有一縷持久不散的甘甜風味，表現為中等熟度的香瓜，呼應青綠風味基調，點綴鮮明可辨的硫質。

這是一款相當年輕，以青綠風味主導的麥芽威士忌，硫質依然顯著，甚至表現為濃稠的肉汁氣息與風味。稍經桶陳培養之後的 Revival 版本，已經發展出足以辨識的果味基底作為風味平衡，然而青綠主導的風格基因依舊非常鮮明。

斯貝河（Spey）的蓋爾語原文為 Spè，在古蓋爾語裡拼作 Spiathan，是山楂的意思，因此不妨
理解為山楂小溪。Speyside 是蘇格蘭威士忌產區的劃分名稱，通常被音譯為斯貝塞，不妨稱
為斯貝河畔或斯貝河谷。然而，該區實際上是由數個河谷共同構成的廣闊區域。

廣義的斯貝河谷產區

　　斯貝河谷是蘇格蘭威士忌最具影響力的產區，約莫半數的蒸餾廠聚集於此，有的聲名大噪，有的幾被遺忘，有的固守傳統，有的大膽創新。此處的一舉一動，宛若威士忌產業的風向球。這裡地貌多樣，有丘陵、草原、沼地，也有濱海平原，北鄰蘇格蘭最重要的製酒用大麥種植區——黑島；南與高地中部接壤，地勢較高，環境涼冷。整個斯貝河谷就像是一盤大雜燴，成員繁多，風格多樣；不同的時代風格、技術與哲學觀，都在此兼容並蓄，和平共存。

　　若說高地威士忌充滿個性，筋肉飽滿、雄渾紮實，帶有較多傳統元素的痕跡，那麼斯貝河谷一帶，則常見現代流行的輕巧純淨風格——有些輕巧而爽口，有些輕巧而油潤，然而風格元素不一而足也不乏例外。譬如 Balmenach、Glenfarclas、Mortlach、Benromach、Dailuaine 與 Benrinnes 幾座蒸餾廠，呈現厚實飽滿的傳統風格，屬於較不尋常的異數。

　　斯貝河谷可以根據空間邏輯，由東而西劃分出幾個區域。從東北隅的艾拉河谷與榭鎮一帶出發，會經過斯貝河谷核心地帶，包括達夫鎮一帶、凌尼斯峰北麓與洛赫斯鎮一帶。由此南行，則進入地勢較高的凌尼斯峰南麓與利威河谷；朝向西北隅前進，則為洛希河谷與艾津鎮一帶。

　　東北隅榭鎮一帶的蒸餾廠，如今多為調和式威士忌麥芽基酒供應商：Strathisla 是 Chivas Regal 的重要基酒；Strathmill、Aultmore 與 Glentauchers 也多半用來調配，都算是較為少見的單廠麥芽威士忌。

核心地帶的達夫鎮雖然只是一個小鎮，但卻幾乎涵蓋所有威士忌風格形態，有「威士忌之都」的美譽。洛赫斯鎮規模也非常迷你，早期是由於製酒水源充足、鐵路交通便利、穀物不虞匱乏，同時又可取得泥煤而興起。稍往南行，進入凌尼斯峰北麓，這裡宛若蘇格蘭威士忌的歷史縮影，既有現代輕巧風格，也有傳統濃郁風格形態，彷彿一座威士忌博物館。地勢較高的凌尼斯峰南麓亦然，各廠風格也不一致，既有濃郁的傳統老式風格，也有現代的輕盈芬芳風格，有些以花果香氣主導，有些則屬於辛香形態，甚至也有泥煤煙燻威士忌。

西北隅重要城鎮艾津鎮以西的蒸餾廠，多半作為調和式威士忌的麥芽基酒，因此鮮為人知。換言之，這些蒸餾廠並非因為缺乏個性而不知名，而是由於風格獨具，廣受調配師青睞，因此難得有機會單獨裝瓶。此區較知名的蒸餾廠，大概只有 BenRiach、Glen Moray、Glen Elgin、Longmorn 與 Benromach 而已。

斯貝河谷局部詳圖

Tormore蒸餾廠是斯貝河畔「麥芽威士忌之路」（Malt Whisky Trail）沿途上最引人駐足的風景之一，翻過一座小丘，宏偉建築立即映入眼簾。

Strathisla

斯貝河谷東北隅：艾拉河谷與榭鎮一帶

純淨輕巧・風味多元

Strathisla 是全蘇格蘭最古老的、公認最美麗的蒸餾廠，廠區建築前有漂亮的水車，廠區也被艾拉（Isla）這條潺潺小溪一分為二。這座蒸餾廠建於 1786 年，原本便以磨坊為名，後來改成現名，意為「艾拉流經的寬闊谷地」。

桶陳培養 12 年的原廠裝瓶，外觀呈琥珀色，入杯即展現土壤般的蕨類植物與穀物香氣，偶爾顯得青綠，介於白葡萄乾與薄荷之間。表層穀物氣味逐漸轉變為果味。底層蘊積非常濃郁集中的水蜜桃、蘋果、青檸與橙皮，隱約出現核桃與烤杏仁。波本桶的香草椰子氣息，襯托堅果風味。晃杯之後，檸檬香氣與香草、蜜桃氣味奔騰而出，點綴青草氣息。靜置之後，轉趨香草鮮奶油、木質芬芳主導，類似削鉛筆的氣味，蘋果果泥與水蜜桃罐頭般的果香不散。

入口柔軟，旋即發展出穀物與堅果，背景是蜜桃、青檸與接近青草氣味的蘋果。中段出現核桃與微弱的蜜味。風味架構似乎以果味主導，但其實擁有紮實的穀物風味核心，並且與堅果風味互揚。中段觸感油潤，收尾乾爽，燒烤風味漸多，發展出牛奶巧克力。餘韻則以波本桶的香草布丁主導，頗為持久。

Strathisla 雖然看似由蜜桃果味主導，然而，其風味特性卻以穀物風味為重要核心。這是由於發酵時間不長，果酯稍少，唯有經過桶陳培養，其風味表現才會逐漸從青綠、木質與穀物，轉為蜜桃與柑橘。來自桶陳的果酯，與來自不同桶型的香草、椰子、乾果與核桃，共構多層次的風味。

此外，該廠雖然歷史悠久，但是整體風味輕盈純淨，不太有傳統老式風格那種稠密厚實的口感與硫質風味，而且不論風味架構如何隨著桶陳培養而趨豐富飽滿，都不至於遮掩純淨輕巧的固有風格特性。

Strathmill

斯貝河谷東北隅：艾拉河谷與榭鎮一帶

質地油潤純淨・青檸風味不絕

　　廠名的字面意思是「磨坊所在的寬闊谷地」——英語的 strath 在蓋爾語裡寫成 srath，意為寬廣的河谷平原。在 Keith 城鎮一帶有 2 座蒸餾廠以「寬廣谷地」命名，鄰近廠區名稱也多半反映該地的自然景觀——有些影射艾拉河，有些提及草原，有些則用谷地的近義詞命名。

　　桶陳培養 12 年的原廠官方版本，酒液中等金黃，入杯即飄出青草香氣，伴隨青檸與酒精的花蜜氣息。氣味純淨無硫，含蓄的柑橘果香得以清晰展現，同時也類似芫荽籽香氣——如果你是比利時白啤酒的愛好者，你會很熟悉這股既是辛香又像果香的芫荽籽氣息。波本桶的香氣含蓄內

斂，幾乎算是隱微不彰。杯底出現類似麥片粥與麥芽糖香。

　　入口像是新鮮橄欖油般辛辣而帶草香，觸感綿密而油潤滑順。中段發展出辛香，很快回到青草與檸檬清爽基調。收尾微甜，引出波本桶的水果蛋糕甜潤，隨即又被木質風味取代。木屑風味持續到餘韻，並發展出類似可可的風味，餘韻依然點綴始終不散的青草、檸檬、芫荽籽風味。整體表現乾爽，風格明亮、架構輕盈、風味純淨。

　　這款威士忌的柔潤油質觸感，可以溯源至蒸餾器頸部加裝的純淨器——這個設備其實就是一個冷凝器，能夠讓部分蒸氣提前冷凝並回流至蒸餾鍋，提升銅質接觸機會，達到風味淨化效果，並讓觸感滑順，賦予油潤質地。含硫較少的烈酒在桶陳培養之後，花果蜜香較缺乏支撐，偶爾會成為草香顯著的風格形態，Strathmill 就是一例。

Aultmore

斯貝河谷東北隅：艾拉河谷與榭鎮一帶

輕巧滑順的風味 · 細膩含蓄的哲學

廠名的蓋爾語原文是 an t-Allt Mòr，意為「巨大溪流」，然而酒瓶裡的風味並不澎湃，而是芳香、輕巧、細膩。不過，輕巧細膩並不意謂空洞平板，Aultmore 的輕盈，不是沒有個性的平庸，也不是淡而無味的單薄，而是擁有具體性格與強度的鮮明存在。

桶陳培養 12 年的裝瓶，成色深金，表層由酒精芬芳主導，輕盈純淨，很快發展出花香與辛香。底層蘊積青綠的香瓜與薄荷氣息，點綴青檸層次。晃杯之後，酒精氣味與花香更趨集中。靜置之後，固有香氣基調更增添幾許木質香氣，緩緩飄出香草鮮奶油、堅果、穀物與烤麵包氣息。整體香氣架構彷彿是以伏特加般的中庸調性作為基礎，除了酒精芬芳之外，再添加含蓄的花蜜、青檸草香、鮮奶油、香草、燒烤堅果與蘇打餅乾。

入口輕盈純淨，逐漸浮現堅果風味，像是沒有烤過的核桃，並發展出圓潤柔軟的油潤觸感，呼應中等強度的香草風味與酒精溫熱甜潤。中段觸感油潤滑順，但是整體風味依舊清爽，架構小巧，收尾乾爽。餘韻乾淨淺短，溫和的香草鮮奶油水果蛋糕風味主導。

酒杯裡優雅鮮明的草香特性，是麥汁特性、設備形制與蒸餾步調，三者互動折衝的結果──採用相對澄澈的麥汁，避免短時間發酵，削減穀物風味，提升花果風味潛力；蒸餾器的尺寸稍小，不易自然形成回流達到風味淨化，然而放緩蒸餾速度卻仍足以形塑油潤純淨的特性，並帶有香瓜青綠香氣；但也因為銅質接觸不夠充分，因此暗藏複雜的風味潛質，雖然不帶硫質氣息，但是些許脂肪酸酯賦予草莓果醬與鳳梨香氣，口感堅實飽滿，輕盈純淨但性格鮮明。

斯貝河谷東北隅
艾拉河谷
與榭鎮一帶

斯貝河谷核心
威士忌第一重鎮
達夫鎮一帶

斯貝河谷核心
蒸餾廠星羅棋布的
凌尼斯峰北麓

斯貝河谷核心
威士忌第二重鎮
洛赫斯鎮一帶

斯貝河谷南區
凌尼斯峰南麓
與利威河谷

斯貝河谷西北隅
洛希河谷
與艾津鎮一帶

Glentauchers

斯貝河谷東北隅：艾拉河谷與榭鎮一帶

架構輕巧·花草主導

Glentauchers 蒸餾廠創於十九世紀末，酒廠現址原為 Tauchers 農場——前面的山丘、後面的小溪，乃至對街的站牌都是一樣的名字。廠名典故考據？山川河流都好，總之不會是公車站牌。該廠向來都是扮演調和式威士忌麥芽基酒供應商的角色，沒有麥芽威士忌形態裝瓶；酒商 Gordon & MacPhail 推出的版本是少見的裝瓶，但卻忠實傳遞原廠風格特性。

1994 年蒸餾，2012 年裝瓶的版本，成色淺金，入杯即散發柑橘果香，很快發展出肉桂、茴香與木質焚香。底層依然以柑橘主導，表現為佛手柑、橘皮與葡萄柚，而比較不接近柳橙或橘子，同時發展出花卉蜜香與皂味。晃杯之後，梨子香氣顯著，酒精氣味襯托柑橘並帶出辛香；氣味層次多變，最後回到花香與皂味，伴隨青綠草本植物氣息。靜置之後，皂味與燭油氣息演變為鳳梨、草莓與橙花，背景是繁複深沉的辛香。

入口油潤軟甜卻又輕盈，很快浮現波本桶的香草鮮奶油、椰子與木屑氣息，並且持續到收尾與餘韻。中段以茴香與肉桂溫暖辛香主導，皂味依然表現為燭油、橙花、鳳梨與野莓。收尾略顯甜潤，波本桶風味主導。餘韻浮現草本植物，讓人聯想到迷迭香，很快發展出巧克力、熱可可般的風味，含蓄卻持久不散。

該廠的新製烈酒輕盈純淨，散發草本植物與花卉香氣，這些風味特性可以追溯到發酵與蒸餾製程——該廠採用清澈麥汁，稍微延長發酵，放緩蒸餾步調，配合現代冷凝器增加銅質接觸機會。因此，即使蒸餾器形制並不特別高大，也沒有滾沸球設計，依然能夠製得純淨無硫的烈酒。此外，該廠烈酒帶有脂肪酸酯，表現為皂味、橙花與鳳梨氣味，在威士忌成酒裡依舊足以察覺。

【小試身手】
Ballantine's 最新推出的 Glentauchers 15 年裝瓶版本，跟這裡描述的風味特徵有多接近呢？試著比較品飲看看，這是個印證蒸餾廠風格特性的有趣練習！

Auchroisk

斯貝河谷東北隅：艾拉河谷與榭鎮一帶

穀物風味紮實‧甜潤卻又乾爽

Auchroisk 的蓋爾語原文作 ath ruaidh-uisge 或 àth an ruadh-uisge，語法結構不太一樣，拼寫方式也隨之改變，但意思都是「紅河淺灘」。廠名發音向來都是個行銷障礙，所屬集團 Diageo 在推出 Singleton of Auchroisk 之後，很快就放棄了這個產品線，如今由容易發音的 Glen Ord、Glendullan 與 Dufftown 組成系列商品。其實該廠名稱發音不難，難是難在若是沒有聽過，就不會知道應該唸成 [oxrəsk]。

桶陳培養 10 年的版本，酒液金黃，入杯即散發焦烤、堅果與穀物烘焙香氣，接近裸麥核桃麵包與酸麵包，也像糖蜜氣味。底層穀物焦香持久不散，並發展出葡萄、蘋果與蜜香，點綴香茅與薄荷草本植物氣息。晃杯之後，出現礦石與硫質，表現為肉汁與蒸煮蔬菜，稍微遮掩葡萄、蘋果與蜜香。若是刻意重複嗅聞，製造嗅覺疲勞，依然可以嗅得清晰的葡萄汁與蘋果香氣。靜置之後，回到穀物辛香主導基調，裸麥麵包般的氣息鮮明。

入口濃郁甜潤，風味紮實飽滿，穀物焦香、核桃與烏梅漸次出現，背景隱約出現焦糖。收尾乾燥微苦，煙燻氣息微弱，襯有橘皮、青檸風味。香草鮮奶油的甜韻、咖啡焦糖與燒烤般的苦韻，以及礦物鹹香彼此交融，持續到餘韻，發展出肉乾風味。當這些風味在餘韻尾端漸漸散去，蘋果、檸檬與香瓜再次浮現。蘋果與殘留的穀物、燒烤、焦糖風味印象，共同構成類似肉桂蘋果塔或核桃蘋果派的糕點風味。

在穀物主導之餘，兼有濃郁甜潤與乾爽辛香雙重風味面向。風味架構完整而富層次，均衡表現相當精彩。新製烈酒裡的堅果焦香與穀物氣味依舊鮮明，整體表現猶如液體核桃餅乾——而且烤得有點黑。這股風味源於蒸餾鍋旺盛的火力造成鍋底結焦，而這股焦烤堅果與穀物風味，儼然成為 Auchroisk 最顯著的風味標誌。

| 斯貝河谷東北隅 艾拉河谷 與榭鎮一帶 | 斯貝河谷核心 威士忌第一重鎮 達夫鎮一帶 | 斯貝河谷核心 蒸餾廠星羅棋布的 凌尼斯峰北麓 | 斯貝河谷核心 威士忌第二重鎮 洛赫斯鎮一帶 | 斯貝河谷南區 凌尼斯峰南麓 與利威河谷 | 斯貝河谷西北隅 洛希河谷 與艾津鎮一帶 |

Inchgower

斯貝河谷東北隅：艾拉河谷與榭鎮一帶

辛香濃郁溫暖·蠟質觸感柔軟

入口飽滿，出現乾燥辛香，中段風味繁複，但是水果風味一直藏在相對強勁許多的辛香風味後面，以月桂葉、茴香、咖哩主導，點綴穀物焦香。口感份量紮實，觸感猶如軟蠟。收尾轉趨乾爽，辛香強勁而富層次，出現烘焙餅乾、穀物焦香、鹽碘與番茄汁氣息，伴隨辛香持續到餘韻。餘韻發展出水果般的香甜蜜味，與辛香彼此襯托。

辛香主導的濃郁溫暖風格，可從糖化製程、麥汁濁度與發酵時程找到解釋。該廠藉由較高的洗糟溫度，從麥糟層萃取乾燥香料風味，富有辛香風味潛質；配合混濁麥汁與不到 50 小時的快速發酵，更壓抑花果風味潛質，提高穀物與堅果風味比例，襯托辛香風格基因。此外，槽具裡的蠟質沉積物，賦予焦香風味與蠟質觸感，更與辛香主導風味協調呼應。

Inchgower 在蓋爾語裡是「山羊草原」。字根 innis（草原）與 gabhar（山羊）都不簡單：innis 一詞多義，既是島嶼又是牧草地，根據廠區地理現實，應作草地解釋；gabhar 則是現代拼寫，原本拼作 gobhar。構成詞組時，根據「山羊」一詞的文法地位而有不同拼寫──Innis Ghobhar 或 Innis nan Gobhar。英語是根據前者改寫，可以斟酌唸成 [ɪnʃgovər]。

桶陳培養 14 年的原廠版本，酒液外觀深金，甫入杯即出現複雜氣味層次：有如乾燥茴香、月桂葉與荳蔻的辛香，點綴焚香氣息。表層也有鮮明的香蕉、檸檬、柑橘、杏桃果醬，然而辛香才是主導，伴隨清晰的麥殼與穀物，接近裸麥麵包與燒烤堅果。底層發展出礦石、燻烤，以及海藻、鹽碘、生蠔的氣味，偶爾聞起來也像罐頭番茄汁。晃杯之後，飄出柑橘果香，但是很快散逸，回到辛香主導形態。靜置之後，除了蘊積固有的微弱硫質，也出現脂肪酸酯氣味，表現為皂香與橙花，也像燭油氣味。

Glenfiddich

斯貝河谷核心：威士忌第一重鎮達夫鎮一帶

風格純淨・果味充沛

Glenfiddich 的蓋爾語原文是 gleann fhiodhaich，第二個單詞裡的 io 與 ai 兩個音節，都唸成 [ɪ]，因為 o 與 a 都只是為了滿足拼寫規則要求，並不發音。廠名的「菲迪」一詞有不同考據，一說來自 fiadh（鹿），也有人認為是源自 fiodh（樹林），另外也有人認為只是個單純的省區地名。字尾的 ch，根據蓋爾語發音規則，應該唸成 [ç]，但也有很多人偏好唸成 [x]。

酒液呈淺金黃，甫入杯就散發出鮮明的青草與青蘋果香氣，乾淨的酒精氣息帶出梨子、花香、柑橘與鳳梨，波本桶的氣味特性很快浮現——新鮮的木屑伴隨香草，點綴類似人參的香氣。靜置之後，香草鮮奶油氣息更為集中，伴隨鳳梨、柑橘，依舊可以察覺主導的青綠氣息。晃杯之後，蘋果、梨子、青草特別顯著。除了來自發酵的奶油風味殘留，硫質氣味不甚顯著。氣味整體表現輕盈、芬芳而純淨。

入口觸感銳利，由梨子主導，逐漸出現水果蛋糕風味。中段觸感滑順，除了蘋果、梨子之外，梅子風味尤其顯著。收尾乾爽，帶有清新的草香。餘韻浮現波本桶的香草鮮奶油與椰子香氣，飄出幽微淺短的巧克力氣息，並與來自雪莉桶的焦糖布丁結合。觸感輕巧，果酯豐沛。

這是一款由青綠風味與蘋果、梨子主導的麥芽威士忌，純淨芬芳，輕巧卻耐得住桶陳。在培養 12 年的原廠裝瓶裡，新製烈酒的蘋果、梨子、鳳梨與青草香氣都被保留下來；來自波本桶的香草鮮奶油、椰子與稍偏木屑與草根般的風味，表現鮮明卻不至於壓過烈酒本身的風味個性。在收尾時出現來自雪莉桶的巧克力，猶如畫龍點睛，發展出另一個風味面向，提升風味層次。然而，這股巧克力風味強度適中，不至於與青綠風味的基調衝突。

斯貝河谷東北隅	**斯貝河谷核心**	斯貝河谷核心	斯貝河谷核心	斯貝河谷南區	斯貝河谷西北隅
艾拉河谷	**威士忌第一重鎮**	慈鱸廠星羅棋布的	威士忌第二重鎮	凌尼斯峰南麓	洛希河谷
與榭嶺一帶	**達夫鎮一帶**	凌尼斯峰北麓	洛赫斯鎮一帶	與利威河谷	與艾津鎮一帶

The Balvenie

斯貝河谷核心：威士忌第一重鎮達夫鎮一帶

架構恢宏・核心紮實

廠名的蓋爾語原文是 baile Bhainidh，意思是「貝尼農莊」，然而「貝尼」（Bainidh）必須寫成「維尼」（Bhainidh），因為構成詞組時，單詞拼寫與發音要根據前面名詞屬性改變——農莊 baile 是陰性名詞，後接單詞的字首必須改變拼寫，發音也從 [b] 變成 [v]。貝尼農莊唸起來像是維尼農莊，英語也以實際發音為拼寫依據。

桶陳培養 12 年的 Double Wood 原廠裝瓶，酒液中等琥珀，入杯即出現雪莉桶的乾果香氣，類似葡萄乾與無花果乾，點綴火柴般的礦石氣味，很快飄出波本桶的香草水果蛋糕氣味與蜂蜜香氣。兩股同樣濃郁、集中、繁複的氣味，在香氣結構上相當均衡，彼此交替層疊出現。

入口軟甜，以波本桶的香草鮮奶油與椰子主導，並有豐沛的柑橘與蘋果支撐；中段之後，浮現雪莉桶的堅果、核桃，並點綴蜜味與奶油。收尾微甜有澀，餘韻帶有波本桶的香甜飽滿與雪莉桶的礦石風味。礦石與堅果風味綿延不絕，陪襯波本桶的香草布丁。從中段開始，也發展出處於底景強度的穀物與堅果風味。在整個風味變化過程當中，兩種桶型的風味不但彼此均衡，也形成平行結構。

使用「平行結構」一詞描述風味形象，通常寓含某種程度的貶義——意指風味元素之間缺乏對話與互動，沒有達到一加一大於二的效果。然而在這款威士忌裡，兩種桶型的風味特性各自獨立卻依然構成和諧整體，這個精準的協調比例，足以讓這個平行結構加分，而且不帶貶義。

另一項精彩之處，在於新製烈酒的穀物與堅果風味，在培養熟成之後依然得以保留，並與雪莉桶的乾果風味產生呼應與互揚——猶如淋上蜂蜜的無花果乾麵包。雖然波本桶鮮明的椰子、布丁、鮮奶油，讓第一印象特別討喜，但是風味架構更是耐人尋味。

Kininvie

斯貝河谷核心：威士忌第一重鎮達夫鎮一帶

輕巧滑順・細節繁複

　　Kininvie 蒸餾廠是 William Grant's 集團在達夫鎮的三座麥芽蒸餾廠之一，而且還是最年輕的。三個廠區彼此相接，Kininvie 就位於聯合廠區的一個小角落，背倚樹林緩坡——Kininvie 在蓋爾語裡寫成 Ceann Fhìnn Mhuighe，唸成 [kjaʊninvɪij]，就是「平原盡頭」的意思。

　　這座蒸餾廠創建於 1990 年，原是為了解決調配基酒供不應求的情況。然而，後來也推出單廠裝瓶，熟成培養年數高達 23 年。這款威士忌的香氣層次繁複細膩，酒精帶出花蜜、蘋果、梨子芬芳，來自雪莉桶的堅果氣味明顯可辨、強度適中，融合為協調的整體。氣味變化不絕，耐人尋味。微弱的乾草氣息，含蓄的杏桃乾、鳳梨乾、柑橘香氣，與蜜棗、燒烤綜合堅果的氣味，此起彼落，不斷激盪。

　　入口細膩油潤，甜熟李子般的風味持續到中段，並且接續發展出核桃與烤杏仁的沉穩風味。黑巧克力於接近收尾時浮現，並點綴荳蔻與肉桂。波本桶的香草甜韻與雪莉桶的微苦餘韻，共構良好的立體感與繁複的風味層次；可可與堅果風味襯托餘韻的柑橘與花蜜，香草奶油風味偶爾探出頭來，增添幾許變化。

　　Kininvie 的新製烈酒帶有芬芳的花果香氣，酒體純淨乾爽。即使最終裝瓶調配了雪莉桶陳基酒，然而依舊維繫明亮、清晰、芬芳的風格，輕巧滑順卻不乏風味細節。從語言的角度來聯想，這款威士忌可以說是酒如其名——香氣層次繁複細膩，宛如它的蓋爾語名字一樣，每個音節都要慢慢琢磨才能正確發音；然而，風味觸感卻相對簡單輕巧、乾爽明快，反而像它的英文名字，直接唸就對了，沒有什麼拐彎抹角的陷阱。

Mortlach

斯貝河谷核心：威士忌第一重鎮達夫鎮一帶

富有勁道・厚實稠密

Mortlach 的蓋爾語原文有兩種考據：一個是 mòr thulach，發音為 [mɔʀtuləx]，意為「大丘陵」；另一個是 mòr tolg，讀作 [mɔʀtʌlak]，意為「大窪地」。按照蒸餾廠的環境景觀，應該取前者的意思。

無年數標示的版本 Rare Old，酒液呈琥珀金，表層由雪莉主導，表現為核桃、棗子、無花果乾與含蓄的烏梅，可可與焦糖氣息源源不絕。底層出現柑橘、棉花糖與花蜜。晃杯之後，飄出鮮明的硫質氣息，表現為肉汁氣味，點綴火柴與硝石，帶有微弱的番茄汁、生蠔與奶油。靜置之後，回到表層香氣的基調，但是除了核桃、棗子之外，也出現乾草氣味，就像草蓆一樣。

入口立即感受到豐厚強勁的酒體，風味飽滿，不乏堅果與巧克力，也有核桃油氣息，偶爾像是咖哩辛香。觸感緊密紮實，蠟油般的觸感提升整體印象。蠟質風味結合鮮明的硫味，表現為肉汁與燭油，並點綴接近鹽碘的礦石風味。縱使中段口感有如軟蠟，收尾卻顯得乾爽微澀。餘韻發展出乾果風味與焦香，綿延不絕，點綴胡椒辛香與草本植物，接近白薄荷與芹菜風味。

Mortlach 的新製烈酒，表層帶有集中的硫質氣息，表現為肉汁與燭油氣味，久久不散，並點綴燻烤以及微弱的櫻桃果核、乾草氣味。由於這座蒸餾廠的新酒性格鮮明、風味強勁，其個性很不容易被桶陳培養所馴服，在 Rare Old 這個版本裡，依然富有硫質風味，觸感質地飽滿而豐厚強勁，彷彿可以在酒杯裡看到它尚未成為威士忌之前的模樣。

Glendullan

斯貝河谷核心：威士忌第一重鎮達夫鎮一帶

花卉果香芬芳・觸感輕盈銳利

椰子糖風味不至於遮掩烈酒個性。收尾帶有乾燥的木屑，伴隨明亮而淺短的檸檬皮屑與果味。波本桶的香草鮮奶油蛋糕風味綿延不絕，帶來微甜印象，並與香蕉、鳳梨、蘋果呼應。餘韻微澀，出現些許苦韻，隱約飄出土壤般的泥煤風味，相當悠長。

這個版本的外觀成色較淺，有鮮明的花香與果味，波本桶的風味居於陪襯，得以充分展現廠區性格特徵，彷彿嘗得到新製烈酒的杏桃、白葡萄乾與花草芬芳。相較之下，常見的同廠 Singleton 系列裝瓶，雪莉桶風味特性顯著，烈酒本身芬芳清爽的風味標誌，被木桶的堅果、葡萄乾、烏梅風味遮掩，收尾的清爽感也被甜潤的果味取代。Singleton 的版本同樣見證了這座蒸餾廠的芬芳特質，只不過是以幾乎快被桶味壓垮的樣貌，反襯該廠風味的細膩體質。

桶陳培養12年的 Flora & Fauna 官方裝瓶系列版本，酒液成色淺金，表層散發清晰的檸檬與梨子氣息，並發展出葡萄柚等柑橘果味層次，混有青草般的花香，背景是波本桶的香草與椰子。底層是更濃郁的梨子與白色花香，但是不至於像蜂蜜那樣濃重。

香氣結構均衡，橡木桶風味比例適中，然而表層與底層沒有明顯變化；在晃杯之後，雖然氣味強度改變，發展出木屑氣味，但是很快又回到原本的香氣結構，變化跨度不大。靜置之後，可以察覺微弱的奶油氣味。

入口輕盈，觸感銳利，風味清爽，發展出皂味，表現為橙花與鳳梨，但是還不到蜜味的程度。中段桶味顯著，但是木屑與

Dufftown

斯貝河谷核心：威士忌第一重鎮達夫鎮一帶

節奏簡單明快 · 草香性格鮮明

Dufftown 蒸餾廠的名字，與所在的村鎮同名，蓋爾語原文寫成 Baile nan Dubhach，意為杜夫農鎮，在十九世紀末曾經是一座磨坊。

Diageo 集團推出的 Singleton 系列，是 Dufftown 蒸餾廠麥芽威士忌當今最常見的市售產品線。桶陳培養12年的版本，酒液呈淺琥珀色澤，表層香氣為微弱的穀物、麵團與草本植物氣息，底層則有來自橡木桶的白胡椒辛香、木屑氣味、無花果乾、葡萄乾、奶油焦糖與牛奶巧克力。但是這些氣味強度都稍低，不易嗅得。晃杯之後，最容易聞到的香氣是麵團、白胡椒辛香與接近奶油焦糖氣味的蜜香。靜置之後，則以草香與堅果氣息主導。

入口極為甜潤，但是很快出現青草風味。入口的軟甜風味持續到中段，並發展出乾果與辛香，背景的蘋果風味依稀可辨，

表現為青蘋果與果肉，並與微弱的草香呼應。收尾時首先出現穀物風味，表現為餅乾，接著以草本植物風味主導，飄出類似核桃與乾草的氣息，並持續到餘韻。餘韻頗為淺短，但是微甜感持續，伴隨甜棗般的風味，以及非常微弱的香草鮮奶油。

該廠早期的風格以堅實的穀物與堅果風味主導，近年調整製程，採用清澈麥汁，並配合延長發酵，然而穀物與青綠風味仍在。新製烈酒除了少許麵團風味與青綠氣息之外，也有顯著的草莓、鳳梨與蘋果香氣，然而在威士忌成酒中，這些香氣退居背景強度，草香性格明顯主導。

這款威士忌屬於單線發展結構，從香氣到餘韻都是同一組風味元素，風味變化較不豐富。不過，濃甜的風味與柔軟的觸感，恰好均衡了草本植物的生青風味。線條簡單，風味淺短，但卻也能發現有趣的均衡。

Cragganmore

斯貝河谷核心：蒸餾廠星羅棋布的凌尼斯峰北麓

風味繁複深沉・架構精準細膩

蒸餾廠名的蓋爾語是 an creagan mòr，意為「巨大岩石」。然而，走進藏身小路盡頭的廠區，卻看不到任何巨大岩石。看來，取名靈感來源的那塊岩石，如今已經下落不明。酒廠的人倒是提醒了我，或許這塊巨大岩石就踩在我們腳下，因為蒸餾廠所處同名村鎮，就以此為名。

桶陳培養 12 年的原廠裝瓶，外觀深金，乍聞之下頗為含蓄——但是靜心嗅聞，很快就會對氣味結構改觀。從柑橘、蘋果、青檸、梅子果味，到茴香籽、胡椒、丁香等乾燥辛香，以及好聞的皮革，時隱時現的核桃與微弱燻烤，再到草本植物與花卉蜜香。波本桶的香草、水果塔與木質氣味，雖然藏身在應接不暇的香氣背後，然而卻鮮明可辨，富有層次。

雖然能夠察覺硫質氣息，但是成熟度相當高，而且層次繁複多變。見長於油潤細膩的質地，微澀乾燥的觸感，堅實完整的架構、變化多端的層次，以及綿延不絕的餘韻，並發展出核桃風味。就算不適合形容成暴風雨般的澎湃，至少也有孔雀開屏般的燦爛。

Cragganmore 繁複深沉的個性，可能與矛盾的蒸餾設備組合有關——初餾器尺寸頗大，頂部通往冷凝器的連接管陡峭上揚，藉此促進回流，增進銅質接觸；然而卻搭配相當矮小的再餾器，以下垂的連接管通往蟲桶冷凝。也就是說，既有足以增進銅質接觸、淨化風味的元素，卻也有減少催化作用機會，保留硫質風味的設計。

根據推測，早期為了得到風味豐富，但是無硫的烈酒，所以才會有如此矛盾的器材搭配；當時尚無桶陳培養觀念，所以並未考慮足齡桶陳培養即足以消除硫味，其實不需如此設計。如今，這套矛盾組合被沿用下來，能夠製得多硫而極富風味潛質的烈酒，據信這是該廠威士忌風味繁複的重要根源。

Knockando

斯貝河谷核心：蒸餾廠星羅棋布的凌尼斯峰北麓

口感極為乾爽・穀物風味主導

廠名的蓋爾語原文是 an cnocan dubh，讀作 [ən kʁɔxkən du]，意為「黑色小丘」。蓋爾語的 cn 被改寫成英語時，通常拼作 kn；但是依照英語慣例，kn 子音組合裡的 n 不發音，然而蓋爾語原文卻是發 [kʁ] 的音。

1997 年蒸餾，桶陳培養 12 年的原廠裝瓶版本，成色深金，入杯就散發濃郁集中的穀物與堅果氣息，既像是酸麵團、裸麥麵包，也像是燒烤堅果。很快發展出來自木桶的木屑氣味，以及無花果乾、乾棗般的蜜餞香氣，香草氣味較為微弱。底層出現辛香與泥煤，以及稍縱即逝的柑橘、檸檬果香──很顯然的，水果香氣並非主導氣味。晃杯之後，散發黑巧克力氣息，但是很快消散。靜置之後，回到穀物麥片、燒烤堅果與乾草的氣味基調。

入口乾爽，穀物與木質風味居於主導地位，帶有足以辨認的硫質，中段出現辛香，並持續

到收尾。收尾出現波本桶香草風味，但是觸感極為乾爽，木屑風味在餘韻綿延不斷，而且發展出巧克力。

該廠新製烈酒即展現出的榛果、麥片、乾燥辛香氣息，在威士忌成酒裡依然足以辨認。這樣的風味特性，可以追溯到麥汁特性與發酵程序──該廠壓縮麥汁製備時程，使用混濁麥汁迅速發酵（48 小時），產酯較少，風味架構以穀物、堅果為主，並伴隨辛香；雖然桶陳培養也會發展出果味，然而卻不足以改變穀物與堅果主導的基因體質。

Tamdhu

斯貝河谷核心：蒸餾廠星羅棋布的凌尼斯峰北麓

觸感柔軟・果味飽滿

廠名的蓋爾語原文為 an Tom Dubh，意為「黑色圓丘」，讀作 [tɔumdu(ʊ)]。字尾的 bh 應該要發 [ʊ] 的音，但因為緊跟在母音 [u] 之後，所以聽不太出來，往往也被當成不需發音。

桶陳培養 10 年的版本，酒液呈淺琥珀色，入杯就散發出細膩的雪莉桶氣味，較不接近硫質與火柴，而是鮮明的烏梅、棗子、葡萄乾、櫻桃、焦糖，恰與底層發展的果香輝映，包括香蕉、桃子與檸檬。晃杯之後，乾果與可可顯著，不時飄出微弱的奶油氣味。靜置之後，蘊積核桃、穀物與乾草香氣，像是烘焙麵包與餅乾，搭配烏梅、棗子，就像核桃吐司或果乾麵包。香氣大致以果味與雪莉桶香氣主導，然而穀物與草香亦鮮明可辨。

入口綿密溫和，雪莉桶的風味特性顯著，強度適中，包括葡萄乾、堅果與燒烤，隨即發展出小黃瓜的青綠風味與花香，隱約帶有青檸風味。中段逐漸浮現處於背景強度但鮮明可辨的香蕉風味。觸感溫和不甚油潤，但也不至乾澀。收尾漸趨乾燥，微澀微苦，類似烤杏仁與巧克力。這股乾爽的澀感與微苦風味持續到餘韻，依然有來自烈酒本身與木桶熟成培養的充足果味支撐。

Tamdhu 的新製烈酒果酯豐沛，純淨輕盈，同時具有顯著的草香性格。在這個裝瓶版本裡，烈酒固有的風味特性似乎被居於主導的雪莉桶陳培養風味遮掩，然而蒸餾廠的性格印記不至於磨滅，因為雪莉桶的風味元素與烈酒固有的草香，共構堅果、乾果、穀物與草本辛香的複雜層次；雪莉桶的乾果風味也與烈酒本身的香蕉、檸檬、桃子這些原本相當微弱的果味產生互揚效果。

這款威士忌的風味跨度雖然不大，主導風味看似簡單，但卻頗有玄機，而且雪莉桶賦予的質地觸感與風味層次皆有可觀。

斯貝河谷東北隅	斯貝河谷核心	**斯貝河谷核心**	斯貝河谷核心	斯貝河谷南區	斯貝河谷西北隅
艾拉河谷 與榭鎮一帶	威士忌第一重鎮 達夫鎮一帶	**蒸餾廠星羅棋布的 凌尼斯峰北麓**	威士忌第二重鎮 洛赫斯鎮一帶	凌尼斯峰南麓 與利威河谷	洛希河谷 與艾津鎮一帶

Cardhu

斯貝河谷核心：蒸餾廠星羅棋布的凌尼斯峰北麓

純淨芬芳・草香飄逸

Cardhu 的蓋爾語原文是由 Creag（岩石）與 dubh（黑色）兩個詞根構成，意為「黑色岩石」。這座蒸餾廠見證了調和式威士忌的誕生，早期屬於老式傳統濃郁風格，相當符合調配需要。然而，到了十九世紀末，隨著設備演進與市場品味改變，輕巧的風味個性，不但標誌了現代品味，也是進步的象徵——這座蒸餾廠便逐漸朝向輕巧的風味形態靠攏。

桶陳培養 12 年的版本，酒液呈中等金黃。表層以青草主導，也帶有類似薄荷與乾草的氣味。底層帶有巧克力與柑橘香氣，整體表現純淨。晃杯之後，出現相當集中的水蜜桃氣息。靜置之後，蘊積出檸檬氣味，接近底層香氣的柑橘，也呼應表層香氣的薄荷。

入口柔軟，發展迅速，隨即出現白胡椒與乾草風味，還有杏仁風味支撐。中段出現柑橘，並且發展出油潤口感，蜜味隨之浮現。風味輕盈純淨，而且有充足的果味支撐。收尾趨於乾爽，再次出現巧克力，並發展出木質與辛香，接近茴香、胡椒。餘韻雖然淺短，但是巧克力與白胡椒風味在鼻息中停留很久，甚至帶出微弱的煙燻氣味。

Cardhu 的純淨特質可以從廠區蒸餾設備找到解釋——採用大型蒸餾器，促進蒸餾器頸部與頂部的自然冷凝回流機會，並且配合現代冷凝器，讓蒸氣在冷凝柱裡得以與密布其中的銅管接觸，增進銅質催化，幫助消除硫質，淨化烈酒風味。該廠風格非常容易辨認，明快、純淨、均衡、芬芳，以草香主導，但也擁有充足的果味支撐，風味純淨卻不簡單，層次繁複而不衝突。

Glenfarclas

斯貝河谷核心：蒸餾廠星羅棋布的凌尼斯峰北麓

直火蒸餾．濃郁厚實

廠名的蓋爾語原意為「碧綠谷地」，是由 Gleann（谷地）、feur（草）、glas（綠）三個單詞構成。由於拼寫規則要求詞形變化，因此三個字放在一起時，要寫成 Gleann an Fheòir Ghlais，唸作 [glaʊn vjɔɪʀglas]，簡化發音變成 [glaʊn vɔʀglas]，很接近英文詞形的發音。

桶陳培養 12 年的原廠裝瓶，酒液呈深沉飽滿的琥珀色。表層是來自雪莉桶的礦石與火柴氣息，伴隨類似焦烤與鹽滷的穀物氣味。底層出現果乾、橘皮、葡萄乾與李子果醬。糖蜜香氣顯著，襯托炭火般的燻烤氣息。背景有水果蛋糕與香草鮮奶油。晃杯之後，硫質氣息鮮明。靜置之後，蘊積豐富的果乾與堅果香氣，包括蜜餞與核桃。

入口溫和，酒感隨即轉趨銳利，並出現強勁溫暖的乾燥辛香風味，以肉桂與丁香主導。緊接發展出核桃、乾果、焦糖與巧克力，最後回到乾燥的肉桂與丁香。這股辛香持續到乾爽的收尾，點綴硝石氣息。餘韻依然以辛香作為背景，充分襯托焦糖、牛奶巧克力，以及橘皮、杏桃果味。

Glenfarclas 風味底蘊的關鍵在於直火蒸餾。直火蒸餾容易造成初餾鍋底部結焦，內壁損耗快，能源成本高。然而，酒廠的人相信這才足以維持雄渾紮實的老式傳統風格，也才經得起長期桶陳培養。這樣的風格通常必須採用小型蒸餾器，縮短蒸餾液氣化與通過蒸餾器頂部的時間，減少銅質接觸機會；然而，Glenfarclas 採用大型蒸餾器配合直火蒸餾，卻也能夠得到風味厚實的烈酒。

該廠所處地勢較高，環境涼冷，適合緩慢熟成，足齡培養的威士忌，經常展現絕佳的均衡架構與風味層次。新製烈酒的勁道與鹽滷般的風味，在裝瓶的成酒當中依然足以辨認，而且與該廠慣用的雪莉桶風味特性相得益彰。

Dailuaine

斯貝河谷核心：蒸餾廠星羅棋布的凌尼斯峰北麓

強勁稠密・果味深藏

Dailuaine 的蓋爾語原文是 an dail uaine，意為碧綠草地，唸作 [daluanə]，字中的兩個 i 都不發音。

桶陳培養 16 年的 Flora & Fauna 系列官方裝瓶版本，酒液呈極深的琥珀色，酒心呈淺棕紅，邊緣泛橘黃光澤。剛入杯時，表層散發穀物氣息，也像是乾燥的泥土、樹叢、皮革、雪茄菸葉，微弱的硫質表現為肉乾氣味。很快發展出濃郁集中的柑橘果香，幾乎像是糖漬橘皮，在酒精陪襯之下，接近柚子與橙皮果醬香氣，並帶出蜜香。靜置之後，穀物與泥土氣息再次浮現。必須撥開、晃掉表層的蕨類、菌菇、泥土與菸絲，才聞得到底層果香。

入口之後，出現辛香、穀物與堅果風味，發展出丁香與甘草、人蔘草根風味，並且持續到收尾。果味在餘韻倏地出現，但是餘韻仍以辛香風味主導，表現

為微苦的月桂葉與可可，也像深色糖蜜。

該廠新製烈酒趨近厚實的老式風格，然而不到極為傳統的多硫厚重，不過依然稠密飽滿、富有深度。以雪莉桶陳培養的老式風格麥芽威士忌來說，這是強勁稠密卻又頗為輕快明朗的作品。

不乏果味潛力但卻多硫的性格，可以從該廠的發酵與蒸餾細節找到解釋——採用清澈麥汁延

長發酵，促進產酯，奠定果味潛質；然而縮短蒸餾梯次時間，並採用不鏽鋼材質的冷凝器，銅質接觸作用機會減少，因此雖然蒸餾器形制高大，但卻仍然造就多硫風格。新酒的肉汁風味幾乎完全壓過果香，唯有經過足齡桶陳培養，甚至得仰賴雪莉桶賦予的乾果與蜜餞風味，方能提高威士忌成酒裡果味比例。

Benrinnes

斯貝河谷核心：蒸餾廠星羅棋布的凌尼斯峰北麓

硫質顯著 · 蠟感厚實

Benrinnes 取名自附近山區凌尼斯峰，但是兩個字要連寫。在廠外向南眺望，這片高聳聳立的山區，宛若是搬到內陸的海邊懸崖——蓋爾語原文稱之 beinn rionn，意思即為「岬角般的山峰」。由於拼寫規則要求，廠名拼寫比實際發音還長：beinn 的 i 不發音，rionn 的 o 也不發音，這個字唸作 [bɛɲɾiɲ]。

桶陳培養 15 年的 Flora & Fauna 系列裝瓶，酒液呈深琥珀色，酒心略微泛紅。表層散發濃郁的蜜棗香氣，並隨著硫質與蠟質氣息漸次加強，酒精氣味時而類似白胡椒，時而接近花蜜，加強雪莉桶的蜜棗香氣，持久不散且富有線條層次。底層香氣亦繁複多變。稍微晃杯之後，出現可可、焦糖、皮革氣味，偶爾飄出柑橘、薑糖，並點綴奶油餅乾、烘焙氣息。靜置之後，硫質頗為顯著，表現為肉乾與奶油，並與蜜棗、蠟質氣味構成宜人的混香。

入口觸感油潤，份量感逐漸增加，以焙烤與堅果主導，發展出皮革、胡椒、丁香、杏仁、核桃，並點綴烏梅蜜餞與櫻桃果味。風味紮實渾厚，線條層次明晰，很快出現蠟油般的質地，收尾甜潤。中段出現肉乾、皮革風味與蠟質觸感，伴隨可可、焦糖、胡椒風味持續到餘韻。餘韻悠長，澀感優雅，伴隨焦烤，點綴辛香、菸絲與皮革。

本廠海拔稍高，環境涼冷，再加上使用蟲桶冷凝，烈酒散發肉湯般的濃厚硫味。經過桶陳之後，硫質逐漸減弱，焦香得以浮現，表現為皮革、菸絲與巧克力咖啡般的暖香。這些原本潛藏在硫質風味之下的特性，據信是來自蒸餾製程——該廠於 2007 年之前，採用部分 3 次蒸餾，富有脂肪酸的尾段酒獨立集中再餾，豐富的風味沉積物賦予獨特焦烤與乾燥辛香。如今，市面上可以購得的 15 年瓶裝，依然是部分 3 次蒸餾製成的產品。溫暖的香氣、濃厚的硫質風味與蠟質觸感，讓 Benrinnes 非常適合在涼冷的凌尼斯峰山腳下品嘗。

Allt-a-Bhainne

斯貝河谷核心：蒸餾廠星羅棋布的凌尼斯峰北麓

輕盈細膩 · 風味綿長

　　蓋爾語的 allt 意為小溪，讀作 [aʊt]；bainne 則是牛奶，讀作 [baɲ]。你可以選擇喝 cupa bainne（一杯牛奶），但是我現在要談的是 Allt-a-Bhainne（牛奶小溪），廠名讀作 [aʊtəva]。

　　該廠風格輕盈細膩，目前沒有原廠裝瓶；但是獨立裝瓶商 Gordon & MacPhail 推出 1996 年蒸餾、2013 年裝瓶的版本，充分表現該廠的基因體質，並且可以作為輕盈細膩的風味形態，如何與泥煤風味和諧結合的範本。

　　這款威士忌的外觀淺金，表層帶有硫質氣息，表現為肉汁氣味，隨即出現礦石與土壤般的泥煤煙燻，略帶橡皮氣味，混有百香果。底層以梨香主導，礦石與泥煤氣味不輟。晃杯之後，硫質氣味增強，逐漸接近百香果，並且襯托柑橘皮油芬芳，橡皮氣味幾乎消失。靜置之後，蘊積出奶油巧克力。

　　入口慨烈，第一風味印象相當純淨，很快出現微弱的硫質，並伴隨皂味與蜜味。中段以堅果、辛香與酒感主導──既有核桃、胡椒與乾草，也有鮮明的木質與椰子，酒感強勁但是不至於灼熱刺激。接近收尾時，觸感漸趨乾爽，發展出土壤與胡椒辛香。收尾出現微弱的甜韻，與橡木桶的香草鮮奶油與椰子氣息呼應，並出現馬郁蘭的草本氣息。

　　餘韻乾爽綿長，微弱卻鮮明可辨的硫質處於背景強度，伴隨皂味與蜜味，同時點綴泥煤。酒精在餘韻發揮雙重作用：時而乾燥溫熱，與泥煤的土壤風味與乾燥觸感互揚；時而柔軟微甜，與泥煤的乾爽觸感彼此平衡。

Aberlour

斯貝河谷核心：蒸餾廠星羅棋布的凌尼斯峰北麓

柔軟不失架構．糖香溫暖甜潤

Aberlour 位於同名村鎮上，蓋爾語原文寫成 Obar Labhair，意思是「喧囂的匯流沼地」。從蒸餾廠的大門算起，距離河邊只有 300 公尺，但是卻聽不到水聲喧囂；反而是蒸餾廠旁邊小學操場的聲音，還稍微吵鬧一些。

桶陳培養 10 年的原廠裝瓶，表層帶有薄荷草香，蜜糖香氣奔騰，點綴橙花香氣。試著晃杯激盪出其他層次，但徒勞無功——這或許是「徒勞無功」這個詞最令人愉悅的使用時機——整個杯子充滿溫暖的橙花蜜香，完全擺脫不了。靜置 10 秒鐘之後，才慢慢蘊積層層疊疊的辛香與果味，包括荳蔻、白胡椒、無花果乾、鳳梨乾、紅茶甜香、葡萄乾、蜜棗、橘子軟糖，點綴蘋果以及木質焚香、焦糖、巧克力。

入口溫暖甜潤，在豐沛的果味之外，荳蔻、肉桂辛香替甜潤的第一印象再往上增添幾許暖意。中段風味由辛香支撐，轉趨活潑明亮，發展出梅子、杏仁與核桃，乾草時隱時現。收尾圓潤柔軟，出現水果、花蜜與巧克力焦糖，太妃糖處於底景強度。餘韻漸趨乾爽，觸感微澀，以辛香主導，並陪襯香草與木屑，柑橘與鳳梨果味迴盪不已。

觸感柔軟到彷彿可以用舌頭自由翻摺，也擁有糖蜜般的甜潤風味，相當討喜。辛香風味更賦予風味層次，些許澀感讓收尾顯得立體，這是 Aberlour 柔軟卻不失架構，甜潤卻不至於濃膩的關鍵。

該廠汲引河水作為冷卻用水，由於太過低溫，足以降低銅質催化效果；不過，肩部寬扁的洋蔥形蒸餾鍋，配合蒸氣加熱，透過精準微調，足以提升銅質接觸機會，獲得輕巧純淨的烈酒——不但沒有肉汁般的硫質風味，反而帶有顯著的柑橘、橙花香氣，隱約飄出薄荷與葉子搓揉之後的青綠氣味。這些風味特性，在桶陳培養後依然嘗得出來。

The Macallan

斯貝河谷核心：蒸餾廠星羅棋布的凌尼斯峰北麓

風格厚實・觸感油潤

廠牌的蓋爾語原文有兩種不同的考據，其一為 Magh Fhaolain，意為「法倫沃原」，來自傳說中的聖徒法倫（Faolan）；由於拼寫規則，人名字首子音後多加一個 h，而且會改變發音，不過因為 fh 恰不發音，因此在與前詞字尾連音之後，就會唸成 [makalən]，與品牌譯名「麥卡倫」頗為接近；另一個考據結果是 Mac Ailein，意為「艾倫之子」，但是發音就會變成 [maxkalen]，比較接近「馬赫卡倫」。

桶陳培養 12 年的原廠裝瓶，中等琥珀色澤，以雪莉桶培養熟成，屬於該廠較為經典的風格設定。入杯之後，很快飄出雪莉桶的果乾、蜜餞與堅果氣味，表現為烏梅、糖漬櫻桃、烤杏仁與糖炒栗子。底層出現黑巧克力與礦石。氣味層次複雜，但強度適中。晃杯之後，乾果、焦糖、可可香氣顯著，並點綴蜜香與奶油；靜置之後，則蘊積清晰的花香。

入口溫和，輕巧明亮，出現棗子乾、烏梅與櫻桃風味，中段發展出甘草與黑橄欖，最後出現辛香，並延伸到餘韻。餘韻由多種乾燥香料組成，以茴香主導，點綴月桂葉、棗子與櫻桃白蘭地。整體口感滑順，收尾出現含蓄的乾燥澀感，與辛香共構和諧的整體感受，顯得柔軟而芬芳。蜜味處於底景強度，但卻足以提升整體風味的繁複表現。

該廠新製烈酒屬於老式風格，觸感厚實而富有勁道；雪莉桶賦予的辛香與果味，與烈酒本質相得益彰，層次繁複而不失純淨；烈酒的厚實油潤提供充分的單寧緩衝，撫平木桶紮實渾厚的單寧澀感。該廠也推出波本桶培養熟成系列，帶有香草鮮奶油與椰子香氣，但是依舊嘗得出基底烈酒的厚實與勁道。

Craigellachie

斯貝河谷核心：蒸餾廠星羅棋布的凌尼斯峰北麓

蠟質觸感溫和・風味相當純淨

　　Craigellachie 的蓋爾語原文是 Creag Ealeachaidh，意為「多石岩壁」，字尾的 dh 不發音，整個唸作 [krɛkeləxi]。該廠新製烈酒富有蠟質觸感而且果味豐沛，這種類型非常適合作為調配基酒，可以提升整體芬芳與風味，並賦予稠密的質地份量，因此多半作為調配之用，較少獨立裝瓶。

　　由酒商 Edward & Mackie 裝瓶的桶陳培養 13 年版本，剛入杯時，表層立即浮現蠟油氣味、橄欖油辛香與白桃、橘子混香。酒精芬芳接近蜜香與花香，並帶出橙皮或葡萄柚皮油氣味，隱約飄出草香。靜置數秒，很快發展出波本桶的香草氣息，木屑氣息顯著，伴隨杏仁糖霜。氣味表現與成色金黃的酒液的印象頗為吻合——彷彿是一杯調了柑橘果汁與波本威士忌的液體陽光。

　　然而，這款酒的入口第一印象，卻是涼冷的夜晚——不是酒的個性涼冷，而是適合涼冷的秋夜。入口充滿燭油般的滑潤觸感與風味，旋即出現溫暖的木屑，最後以木質與乾爽的觸感收尾。果味表現幽微，強度比杯中果香強度弱得多，只有隱約的白桃與花香，藏在木質風味底下。點綴胡椒、嫩薑、肉桂與菸絲氣息，平添溫暖的想像。餘韻乾爽微苦，伴隨淺淺的香瓜風味，仍以木質與辛香主導，花卉水果香氣與烘焙堅果香氣相對不太顯著。

　　雖然木質調性壓過果味，但是這瓶威士忌完全展現了 Craigellachie 蒸餾廠的風格——蠟油觸感不帶其他硫質風味，相當純粹，是一款觸感比風味更精彩的威士忌。能夠做到富有筋肉咬感卻不帶硫質肉汁氣味，是相當難得的。原本以為這是一杯液體陽光，終究卻是一杯可以喝的蠟油。

Glen Grant

斯貝河谷核心：威士忌第二重鎮洛赫斯鎮一帶

輕盈純淨・草香明顯

Glen Grant 以創廠者姓氏命名，父親於 1840 建廠之後，兒子於 1872 年接手，酒標上的兩個人物即為 James 與 John 這對父子檔。

桶陳培養 10 年的原廠裝瓶版本，色澤淺金，表層香氣以波本桶的香草、椰子糖風味主導，隨即散發青草、蘋果、白桃香氣，以及花蜜般的柑橘、杏桃、鳳梨果醬氣息。底層則是酒精帶出的梨子香氣與清新白花。晃杯之後，再次浮現波本桶的香草鮮奶油、木質與椰漿，蘋果香氣尤其清晰。靜置之後，蘊積出麵包屑與鮮明的茉莉花香。

入口甜潤，略帶皂味，很快出現水果與香草，並轉變為辛香與堅果，持續到尾韻。收尾乾爽卻柔軟，餘韻悠長而且熱鬧——核桃風味、木質焚香、白胡椒辛香此起彼落，橘皮果醬般的密實甜韻，呼應麝香葡萄般的清甜。這些繁複細膩的變化，在輕盈的酒體之下，彷彿以極低的音量交談——靜謐卻又喧囂，純淨而富滋味。

該廠的新製烈酒即已展現輕盈純淨的風格調性，散發青草、蘋果與花卉香氣，輕巧明亮。這樣的風格是出於有心的設計與調整——從蒸餾設備、加熱方式、麥芽原料與用桶策略的演變軌跡，可以看出該廠不斷朝向輕巧風格陣營靠攏。

首先淘汰小型蒸餾鍋，並加裝純淨器，預先冷凝蒸氣並導引回流到蒸餾鍋裡，以增加銅質接觸機會，提升風味純淨度。其次，停用煤炭直火加熱，改以天然氣直火加熱，藉此減少結焦；然而直火依然會在鍋底製造熱點，因此又全面改用蒸氣管加熱，搭配設有滾沸球的大型蒸餾器，可以製得輕巧純淨的烈酒。此外，停用泥煤煙燻麥芽，能夠確保觸感滑順；全面改採波本桶培養熟成，也能襯托輕盈純淨的風格。

Glenrothes

斯貝河谷核心：威士忌第二重鎮洛赫斯鎮一帶

內斂沉穩 · 豐厚柔軟

　　廠名的蓋爾語原文為 Gleann Rathais，讀作 [glaʊn ʀaxiʃ]，意思「環形碉堡谷地」，但是該地並非谷地地形，而且有人認為 ràthais 一詞是姓氏，而不是環形碉堡的意思。該廠產品不走常規年數標示，而是採取蒸餾及裝瓶年份標示；常態推出的基本品項 Select Reserve，則屬於無年數標示威士忌，雖然相對年輕，但是足以傳達內斂沉穩、豐厚柔軟的廠區風格。

　　常態裝瓶版本的外觀深金，表層以波本桶木屑氣味主導，伴隨堅果與穀物香氣，整體表現接近奶油餅乾。底層的堅果、蜜香、李子蜜餞果香濃郁集中，點綴礦物氣息。晃杯之後，鮮奶油水果蛋糕氣息更加集中，辛香與木質芬芳明顯。靜置之後，飄出烏梅蜜餞，陪襯燒烤堅果與可可，雪莉桶培養特性鮮明可辨，背景是類似酵母泥的奶油氣味。

　　入口柔軟，出現蜜李與棗子，很快轉趨乾燥，隱約出現蜜香，並伴隨多層次的辛香與木質，讓人聯想到月桂葉、茴香與木屑。中段水果風味提供良好支撐，但是穀物與堅果風味依然居於主導。收尾時的穀物與堅果更為顯著，就像液體核桃麵包。餘韻則再次轉變成水果蛋糕，充滿甜滋滋的水蜜桃與鮮奶油，堅果風味處於背景強度，持久不散。

　　雖然穀物與堅果風味相對主導，但是卻擁有充分的果味支撐，整體顯得協調。含蓄卻充足的果味特性，可以溯源到蒸餾設備與製程——使用配有滾沸球的大型蒸餾器，放緩蒸餾速度，增加回流機會，延長銅質接觸，得到純淨少硫、富有果味潛質的新製烈酒。此外，培養過程出現更多元的果味，強化了青檸、梨子、李子般的果味核心。

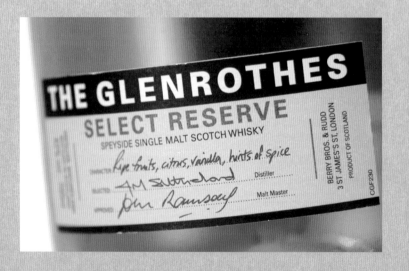

Speyburn

斯貝河谷核心：威士忌第二重鎮洛赫斯鎮一帶

花果濃郁芬芳 · 觸感沉穩飽滿

Speyburn 蒸餾廠的名稱直接取自斯貝河，然而，斯貝原本是一條河（river, uisge），借用之後卻成了小溪（burn, allt）。由於 Spè 一詞在蓋爾語裡的意指山楂，因此字面的意思是「山楂小溪」。

桶陳培養 10 年的原廠裝瓶版本，依然多硫，表層硫質氣味幾乎像是蔬菜湯與洋蔥湯。底層則接近花蜜、棉花糖與青檸果醬，以及梨子與蘋果氣味。酒精提升蘋果蜜般的香氣，仍然年輕生澀，但是不至於像新製烈酒那樣，飄出火柴、硝石、瓦斯般的硫質氣味。在嗅聞這款威士忌時，不妨運用嗅覺疲勞的技巧，尋找暗藏在底層的花蜜香氣。靜置之後，出現些許燭油與皂香。

由於硫質氣味鮮明，因此在酒液入口時，首先檢查硫質風味表現。入口之後很快發展出蜜味、果味與布丁般的香草，並延續成為中段主導風味。脂肪酸酯帶來的皂味，並不如在氣味裡暗示的那般強勁。收尾乾爽，帶有辛香氣息。餘韻的香草風味非常持久。微弱硫質與脂肪酸酯，非但沒有破壞最終成品的和諧與適飲，反而襯托花蜜與果味，整體觸感也更沉穩。稍高年數的裝瓶，依舊帶有這股硫質氣息，觸感也顯得稠密飽滿。

該廠新製烈酒不乏柑橘香氣，看似來自高大寬底蒸餾器的風味效果，然而卻同時充滿皮革、辛香、燒烤氣息，而且觸感濃稠紮實，帶有硫質帶來的肉汁風味。這是由於蒸餾器形制雖然不矮，但是頸部寬闊、線條平緩，沒有滾沸球設計，蒸餾速度也並未刻意放緩，因此硫質殘留的風味效果更為明顯。然而，多硫風格也部分歸因於傳統冷凝，銅質催化作用機會較少所導致，是整套反應群組共同形塑的廠區風格。

Glen Spey

斯貝河谷核心：威士忌第二重鎮洛赫斯鎮一帶

堅果鮮明乾爽 · 核心甜韻純淨

這座蒸餾廠的名字非常容易理解，蓋爾語原文是 Gleann Spè，意為「斯貝谷地」或「山楂谷地」。

官方裝瓶的 Flora & Fauna 系列，是桶陳培養 12 年的版本，酒液呈淺金黃色。表層帶有堅果香氣，類似核桃、杏仁與花生，以及穀殼、乾草、草席與月桂葉般的辛香。底層有微弱的波本桶甜熟香氣，僅達足以辨認的強度——隱微的香草冰淇淋、木屑氣味，都藏在厚實的堅果香氣後面，若隱若現。稍微靜置之後，出現些許土壤與乾燥的薰衣草氣息。

入口甜潤柔軟，穀物與堅果風味主導，表現為花生、核桃、麥片與杏仁，旋即變成辛香，並且持續到收尾。來自木桶的香草風味與不甚顯著的果味，被濃郁紮實的堅果風味壓在下面。風味幾乎由麥芽糖般的甜潤穀物風味主導，餘韻依然感受得到這股純

淨的核心甜韻，杏仁堅果風味富有層次。然而，在這股甜潤風味之外，這是一款架構輕巧，觸感明快的威士忌——即使甜韻悠長不絕，但是整體風格依然乾爽。

以穀物、辛香、堅果作為風格主導元素的麥芽威士忌，經常擁有乾爽的觸感質地。然而，Glen Spey 卻兼有乾爽明快的基調，以及甜潤的穀物堅果風味。這樣的特性可以從糖化與發酵階段，以及蒸餾設備的組合看出端

倪：一方面，麥汁濁度、洗糟溫度與發酵時間的設計，都稍微壓抑果味發展，穀物、辛香與堅果躍升成為主導架構；再方面，蒸餾鍋形制高大，並且配有純淨器——讓蒸氣進入冷凝之前，就先行凝結回流至蒸餾鍋，促進銅質接觸，消除雜味，賦予油潤觸感。純淨的風味底景，讓穀物堅果風味基調得以充分展現，油潤觸感也與之共構甜潤的風味印象。

Balmenach

斯貝河谷南區：凌尼斯峰南麓與利威河谷

性格多硫・口感厚實

這座蒸餾廠的名字，蓋爾語拼寫為 am baile meadhanach，意思是「中央農場」。蓋爾語裡的 am 是冠詞，而字中的 dh 不發音，以英文拼寫為 Balmenach，發音其實相當接近蓋爾語原文。

由 Douglas Laing 公司推出的桶陳培養 8 年裝瓶版本，表層香氣以柑橘主導，旋即發展出鮮明的皂香，硫質氣息頗為顯著，稍微遮掩果味。底層帶有木屑辛香，點綴蜜香。晃杯之後，柑橘果香轉變為接近果醬的濃郁香氣，橡木桶的香草鮮奶油與椰子氣味慢慢增強。靜置之後，蘊積豐富的硫質，但並不表現為番茄醬、肉汁氣息，而與蜜味呼應，點綴鮮明的皂香，並襯托紅茶、乾草與菸絲般的香氣層次。

入口觸感厚實，油潤柔軟，包覆感顯著，有如軟蠟一般。除了微弱的燭油風味，還帶有鮮明的蜜味；背景隱約出現蘋果與桃子，但幾乎被顯著的硫質遮掩。

中段發展出甘草辛香，與木質風味呼應，一直延續到收尾。含蓄的李子與辛香彼此襯托，辛香與蜜味則襯托皂香，風味層次豐富。從入口開始一直延續到中段與收尾的油潤蠟質口感，是這款麥芽威士忌最顯著的性格標誌。

這個非原廠裝瓶版本，縱使有相當甜潤的木質、椰子與香草鮮奶油氣息，卻也充分表現原廠豐厚多硫的性格，幾乎全以硫質風味主導，搭配脂肪酸酯的燭油觸感與皂味。硫質與蜜味彼此協調，而不至於像是肉汁、生蠔、蒸煮蔬菜或番茄罐頭。品嘗這款威士忌的重要關鍵，在於體驗濃稠的口腔觸感與包覆感，相對較無關風味層次變化。該廠多硫性格的烈酒，在經過較長時間桶陳培養之後，會逐漸往巧克力、奶油焦糖的方向發展；但是這一款桶陳 8 年的裝瓶尚未進入那個熟成階段。

Tormore

斯貝河谷南區：凌尼斯峰南麓與利威河谷

辛香溫和甘甜・口感乾爽輕巧

Tormore 的蓋爾語原文為 an Tòrr Mòr，意為「高大的圓錐形山丘」，這座圓形山丘就位於蒸餾廠正後方，形同一座靠山。斯貝河在不遠處靜靜流淌，恰似該廠風格寫照。

桶陳培養 12 年的原廠裝瓶，酒液呈深琥珀色。氣味以燒烤堅果主導，表層充滿葡萄乾吐司、核桃麵包，底層出現乾果與堅果，與淡淡的礦石與火柴氣味，表現節制，頗為宜人。晃杯之後，出現菸絲氣息，比較接近金黃菸草，而不是棕菸，伴隨青芒果氣味。靜置之後，回到堅果與辛香主導的氣味形態。

入口甜潤，前段以菸草與果香主導，隨即發展出蜜味，並持續到中段，逐漸出現微甜的穀物風味，以及波本桶的香草鮮奶油風味。含蓄的堅果核桃風味，點綴更為含蓄的水果風味，構成仍足辨識的風味層次。辛香與穀物般的綿密濃熟甜韻，與溫和觸感

一同持續到收尾。收尾微甜，隨即浮現乾燥明朗的青綠氣息，表現為乾草、青蘋果與草本植物。餘韻的甘草風味持久不散，伴隨橡木桶的辛香與木質風味。

雖然收尾與餘韻皆帶微甜，但是整體看來，依然屬於乾爽的風格形態。Tormore 乾爽輕盈的特性，可以歸因於發酵時間較短，因此果酯較少，再加上使用現代冷凝器，銅質接觸機會多，整體個性純淨清爽。在果味微弱以及酒體純淨的背景下，稍多的辛香便順勢成為主導風味。

這款威士忌見長於溫和的觸感與甘草般的持久甜韻，然而在平順滑潤的風味與觸感之餘，稍嫌欠缺層次架構。然而，Tormore 選擇成為一條靜靜流淌的河流，雖然在品嘗時少了奔騰澎湃的浪花，但是這個風格本身無關優劣對錯。喜歡這樣風格的飲者，會希望蒸餾廠繼續維持乾爽輕巧卻不失溫和甘甜風味的路線。

斯貝河谷東北隅
艾拉河谷
與榭鎮一帶

斯貝河谷核心
威士忌第一重鎮
達夫鎮一帶

斯貝河谷核心
蒸餾廠星羅棋布的
凌尼斯峰北麓

斯貝河谷核心
威士忌第二重鎮
洛赫斯鎮一帶

斯貝河谷南區
凌尼斯峰南麓
與利威河谷

斯貝河谷西北隅
洛希河谷
與艾津鎮一帶

Tomintoul

斯貝河谷南區：凌尼斯峰南麓與利威河谷

酒如其名 · 穀味鮮明

廠名的蓋爾語原意是「穀倉圓丘」，蒸餾廠即位於同名丘陵上，環境涼冷。原文是由 tom（圓丘）與 sabhal（穀倉）兩個字組成，由於 sabhal 構成詞組時要變格改作 sabhail，因此寫成 Tom an t-Sabhail。蓋爾語拼字看起來很長，但實際發音卻很短：字母 s 與字中的 bh 都不發音，整個唸作 [toʊməntail]。

桶陳培養 10 年的原廠裝瓶版本，表層以穀物與辛香主導，類似麥殼、穀倉、堅果、麥芽碎的氣味，伴隨月桂葉、荳蔻。底層出現蜂蜜與果香，接近削皮的蘋果與橙皮果醬。晃杯之後立即嗅聞，酒精帶出持久的果蜜香氣，但是依然很容易被穀物氣味遮掩。單從香氣表現看來，這是一款明顯以穀物、辛香主導的威士忌。

品嘗過程的風味變化，也符合嗅聞過程的印象。酒液入口顯得軟甜，富有柑橘風味與蜜味，

點綴燒烤堅果，酒感柔潤。中段之後變成乾爽辛香，幾乎像是乾草與草蓆。甜韻逐漸減弱，到了收尾出現強勁的穀物與辛香風味時，只剩微甜風味與之平衡。餘韻微澀，以荳蔻、甘草辛香主導，點綴葡萄乾、核桃與榛果，雪莉桶的風味元素鮮明可辨。

縱使這個裝瓶的風味表現依然相當年輕，但是整體卻均衡協調。這款威士忌的風味架構以

穀物主導，但是桶陳培養過程萃取與包括果酯在內的衍生風味，讓穀物增加了乾燥香料、堅果與果蜜風味層次，乾爽辛香，果味甜潤。桶陳培養風味雖然相對含蓄，卻恰足以提升烈酒的穀物風味基調。在同類型的麥芽威士忌當中，Tomintoul 顯得特別溫和甜熟、均衡協調，原因即在於來自桶陳培養的風味特性，與新製烈酒固有性格獲致良好的平衡。

Braeval

斯貝河谷南區：凌尼斯峰南麓與利威河谷

乾爽輕盈 · 不乏風味

Braeval 蒸餾廠沒有原廠裝瓶，只有裝瓶商的版本。有些裝瓶商將之命名為 Braes of Glenlivet，意思是「利威河谷的高地牧草原」。換句話說，Braeval 蒸餾廠位於海拔較高的斯貝河谷南區，環境較為涼冷。這樣的地理位置，對威士忌風味的影響，就是蒸餾設備提供的銅質接觸機會雖然不少，但是新製烈酒依然帶有可辨的硫質風味。

獨立裝瓶商品牌 Dun Bheagan 的桶陳培養 16 年版本，表層以鮮明的洋梨與青蘋果主導，點綴草本氣息。底層發展出麵包、穀物與堅果氣味，很接近裸麥麵包的辛香。晃杯之後，出現酒精芬芳與蜜香，梨子與麵包氣味始終鮮明可辨，整體氣味很快回到青綠蘋果主導的第一印象。稍微靜置之後，依然以洋梨、青綠蘋果氣息為主。這是一款香氣架構簡單的麥芽威士忌。

入口以青蘋果風味主導，硫質很快浮現，表現為蜜香，並出現脂肪酸酯帶來的皂味，搭配之下頗有橙花蜜香。殘留的硫質風味強度雖然不高，但是貫穿整個中段，直到收尾。中段風味架構立體富有變化，除了微弱的皂味與青蘋果之外，逐漸發展出辛香與木質氣息，持續到收尾。中段質地觸感飽滿，收尾轉趨乾爽微澀，風味依然表現為辛香、皂味與蜜味。餘韻再次出現青蘋果，波本桶的木質風味逐漸凌駕果味，並發展出水果鮮奶油蛋糕風味。

整體看來，縱使蒸餾製程的銅質接觸充足，但是涼冷的蒸餾環境卻依舊在威士忌裡留下鮮明可辨的硫質與脂肪酸酯，這股微弱卻極富個性的蜜味與皂味，儼然成為這座高海拔蒸餾廠的風味印記。

The Glenlivet

斯貝河谷南區：凌尼斯峰南麓與利威河谷

純淨輕巧・層次繁複

廠名取自所在同名谷地，這裡很早就盛行蒸餾，名聲之大，乃至借名現象屢見不鮮。因此本廠申請註冊，並且加上定冠詞，成為現今唯一可以合法以此作為廠名與產品名稱的蒸餾廠。這片谷地的蓋爾語原文為 Gleann Lìobhait，字中 bh 的發音為 [v]，唸作 [glaʊn lɪvɪt]。根據不同的考據，意為「洪汜谷地」或「靜水之地」。

桶陳培養 12 年的原廠裝瓶版本，中等金黃，表層由酒精帶出的白胡椒、梨子與茉莉香氣主導，伴隨波本桶的木質焚香與含蓄的鮮奶油。底層則有巧克力氣味，與鮮奶油香氣共構焦糖奶油般的氣息。晃杯之後，梨子與花香鮮明。靜置之後，鳳梨與蘋果香氣顯著。

風味純淨，從入口、中段到收尾皆然，波本桶的木屑氣味發展不輟。觸感柔軟，收尾乾燥，襯托辛香，並加強乾爽純淨的一貫印象。在相對較為鮮明的桶味之外，餘韻出現蘋果與鳳梨果醬般的甜熟果味，強度不高，但卻讓風味架構顯得均衡完整。奶油巧克力風味在純淨輕巧的背景映襯下，顯得格外清晰。

整體由乾爽辛香與花香主導，然而果味依然不可或缺，足以造就更富層次的風味架構。該廠乾爽輕盈、均衡協調的風格，可以追溯到麥汁濁度、發酵時間、銅質催化與桶陳培養等環節——採用澄澈麥汁發酵，降低穀物風味比例，提供果味豐厚的背景；然而並未延長發酵，因此果酯潛力中等，偶爾帶有辛香。整個蒸餾反應群組有充足的銅質接觸機會，烈酒純淨不乏果味，聞得出蘋果、香蕉、梨子、香瓜與花香。合適的用桶策略與桶陳培養，得以保留辛香花果豐沛的性格，不至於被桶味遮掩。

Glen Elgin

斯貝河谷西北隅：洛希河谷與艾津鎮一帶

果味豐沛柔軟・酒體輕盈純淨

這座蒸餾廠是以所在的谷地命名，蓋爾語原文為 Gleann Eilginn。在蓋爾語裡，字母 l 後面緊跟 b、g、m、p 等子音時，要多唸一個 [ə] 作為順勢連接的輔助音，所以這個蒸餾廠的名字唸作 [glaʊn eləgɪn]。

桶陳培養 12 年的原廠裝瓶版本，成色深金，入杯就散發濃郁集中的橘皮果醬與花蜜香氣，很快發展出梨子果香，點綴巧克力、木質與辛香氣息。在短暫出現荳蔻與丁香之後，很快又回到果香主導的架構。

入口柔軟溫和，首先出現顯著的果味與香草。接續出現微弱但可辨的硫質，帶出辛香與木質風味。這股辛香風味與硫質，讓甜潤的收尾擁有幾分乾爽的觸感。收尾相當精彩，水果與花蜜風味相伴，點綴白胡椒與嫩薑辛香。餘韻仍以果味主導，宛若豐盛的水果籃——杏桃、蘋果、橘子、梨子與香蕉。總的來看，非

常迎人討喜，刻劃細緻，輕巧純淨兼有繁複變化，果味多元不失層次條理。

該廠使用小型蒸餾器與傳統冷凝設備，理應製出多硫烈酒，但是新製烈酒卻果味豐沛、觸感柔軟、輕盈無硫。乍看之下，蒸餾設備與烈酒風格之間產生明顯的矛盾，然而，這樣的現象依然可以從廠區生產條件獲得解釋，只不過原因來自於製程，而不是

直接與硬體設備有關——延長發酵時間，賦予待餾酒汁豐沛的果酯潛力，配合鬆緩的蒸餾排程，讓蒸氣與銅壁有充分的接觸機會，足以消除多餘硫質。再加上傳統冷凝器使用得當，硫質殘留不多，非但不至於遮掩果味，反而能夠賦予更多風味層次，並強化果味表現。

Longmorn

斯貝河谷西北隅：洛希河谷與艾津鎮一帶

均衡協調・圓熟細膩

廠名的蓋爾語原文寫成 Lann Marnoch，唸作 [laʊnmarnox]，意思是「聖馬諾教堂」。市面常見桶陳培養 16 年的原廠裝瓶，打開精美的紙箱，赫見 "Longmorn, long no more." 諧音的文字遊戲，意思是「打開這個紙箱，不再朝思暮想」。酒瓶裝飾同樣精美，瓶頸有金屬套環，瓶底是皮質軟墊。精美的裝飾風格形同該廠基因——號稱蘇格蘭威士忌業界最美麗的烈酒控制箱就在這裡，不但擦得熠熠發亮，文字也採用哥德字體。現在，或許烈酒控制箱成了你下一個朝思暮想的對象。

這個裝瓶版本，酒液呈琥珀色，表層散發雪莉桶的乾果與蜜餞香氣，礦石氣味宜人，帶出烏梅與棗子，隨即出現接近穀物的荳蔻辛香與巧克力。底層果香豐沛，表現為香蕉、蘋果、青檸、柑橘、橘皮、葡萄柚、蜜桃、李子，點綴波本桶的香草與木屑氣味。隨著酒精蒸散而帶出花香，加強柑橘果香印象，並創造蜂蜜香氣。

入口柔軟油潤，果味豐富，堅果、巧克力、燒烤風味緊接浮現。中段微弱的硫質襯托蜜味，酒體架構渾厚飽滿而不甜膩，點綴幽微的穀物風味。收尾乾燥而不澀口，辛香風味紮實，帶有嫩薑風味。餘韻發展出堅果與奶油焦糖。

這款威士忌兼具勁道與優雅，風味圓熟、觸感細膩，所有風味元素彼此協調。新製烈酒的風味基底，與來自桶陳培養的風味完整結合——不但充分展現烈酒本身果酯豐沛的個性，而且硫質幾乎消失，由花蜜香氣取代；橡木桶壁萃取的多樣化風味，賦予成酒繁複的層次變化，從香草鮮奶油、水果蛋糕、木質氣息，到堅果、蜜餞、果乾不一而足，觸感豐潤卻不甜膩、乾爽而不澀口。

BenRiach

斯貝河谷西北隅：洛希河谷與艾津鎮一帶

風味層次多元・兼有果味穀香

廠名在蓋爾語裡寫成 Beinn Riabhach，意為「顏色斑駁的山」，唸作 [bɛnʀix]。寫起來很長，唸起來很短，這是由於字中的 bh 不發音，兩個母音 a 也都不發音——第二個 a 的存在，是為了標注字尾 ch 必須發 [x] 的音，而不是 [ç] 的音；第一個字母 a 則是出於拼寫規則而加上去的。

桶陳培養 12 年的原廠裝瓶，色澤深金，甫入杯即飄出酒精主導的強勁蜜香，點綴微弱的檸檬、梨子與李子，隨即被穀物、辛香與草香取代，成為表層主導。底層香氣是甜潤而溫和的焦糖與棉花糖，點綴櫻桃、棗子與柑橘餅乾。晃杯之後，酒精辛香，花香顯著，帶有梨子香氣。靜置之後，回到堅果、櫻桃與蜜香。整體香氣結構以果香主導，富有層次；氣味背景帶有微弱的硫質，接近蜜香。

入口溫和滑潤，帶有蠟油般的稠密觸感，隨即轉趨銳利明快，並帶出溫暖的肉桂辛香與礦石風味。中段出現雪莉桶乾果與堅果風味，浮現清晰的香蕉、香草鮮奶油，呼應處於背景的木屑、肉桂與丁香——來自不同桶型的桶味比例協調。收尾乾爽，以棗子乾主導。餘韻淺短，帶有微弱的焦糖、可可與杏桃乾風味。

這款威士忌富有風味層次，線條銳利，軌跡明快，餘韻淺短乾淨。這個版本頗能反映該廠切取策略對風格的影響，收集酒心範圍寬廣，以至於烈酒風味層次多元——既有高段酒的芬芳花香、中段酒的檸檬果香、茴香與烘焙氣息，也有低段酒的穀物與堅果，甚至也有接近礦石的微弱草香。該廠烈酒擁有寬廣的風味譜，經過桶陳培養之後，成酒依然表現寬廣的風味跨度，花果香氣飄逸，穀物辛香兼具。

Glenlossie

斯貝河谷西北隅：洛希河谷與艾津鎮一帶

草香輕盈・口感油潤

Glenlossie 的字面意思是「洛希小溪流經的谷地」，這條小溪就在酒廠門外不遠處。「洛希」的詞源眾說紛紜，蓋爾語拼成「lus」，唸作 [luʃ]，意思是草本植物或植株。這座蒸餾廠的風味特徵恰如其名，帶有鮮明的草香風格；這絕非自我暗示或憑空想像，而可以從製程環節找到線索。這些製程細節雖然躲在蒸餾廠的牆壁後，但只要懂得風味語言，在酒杯裡都能窺見。

桶陳培養 10 年的裝瓶，除了草本植物氣息之外，有白桃、鳳梨、杏桃乾、血橙與葡萄柚支撐。入口滑潤，酒體份量感十足，幾乎像是含著新鮮橄欖油，密實卻不黏稠，油潤而柔軟，好像可以用舌頭翻摺。收尾乾爽，帶有燒烤燻香，餘韻細膩悠長。花草香氣宜人，性格標誌鮮明。

青綠草香主要源於發酵風味副產物乙醛，其感知門檻頗低，濃度不需太高就足以嗅出。以草香作為風格基調的威士忌，觸感質地多半油潤、細膩、輕盈——而這與充足的銅質接觸與催化作用有關，因為烈酒在少硫的背景下，得以展現此般氣味、風味與觸感。本廠蒸餾設備配有純淨器，足以增加銅質接觸機會，是形塑草香風格與油潤質地的關鍵之一。

此外，果酯也屬於感知門檻不高的揮發性物質，若是濃度稍低，也可以幫助呈現清晰的草香風格。該廠採用清澈麥汁進行稍長時間發酵，然而待餾酒汁的果酯不足以成為主導。蒸餾所得烈酒帶有新鮮橄欖油般的草香，而由於果香起始濃度不高，桶陳培養過程雖然也會產生果酯，依然不足以改變草香主導的特徵。

Mannochmore

斯貝河谷西北隅：洛希河谷與艾津鎮一帶

花香細膩・架構輕巧

Mannochmore 與前述的 Glenlossie 是一對母子廠區，兩座蒸餾廠共用廠區，宛若一顆雙黃蛋，一旦進了圍牆，可以一次參觀兩間蒸餾廠；然而，這對酒廠或許更像老母雞肚子裡藏了一顆蛋——在歷史較久的母廠裡規劃了一個新廠區，這個附屬的子廠就是 Mannochmore。

桶陳培養 12 年的官方裝瓶，成色淺金，表層由新鮮的青草與蘋果、梨子、白桃主導，微弱的鼠尾草、薄荷與含蓄的蜜香緊接在後，偶爾浮現白花香氣，比較像山楂花，而比較不像茉莉。底層出現燒烤榛果與乾燥香料，旋即散逸，很快回歸草香主導的香氣調性。

入口柔軟，很快轉趨輕巧、明快、銳利，並且由辛香主導，持續到收尾，構成乾爽的尾韻。蘋果、梨子、白桃與柑橘等果味出現在中段的風味底景，被辛香巧妙襯托出來，特別令人驚喜。

餘韻乾爽不甜，甘草般的風味與殘餘的酒精甜潤感，陪襯檸檬愛玉、無花果乾與鳳梨蜜餞風味。

雖然「廠區條件難以複製」，威士忌風味必然不同，但是身為附屬廠區的 Mannochmore 與母廠 Glenlossie 依然展現類似的細膩輕巧，只不過本廠不帶油潤質地，取而代之的是明亮透澈的流動感；而且新製烈酒沒有太多草本植物氣息，而是由芬芳到有些嗆鼻的花香主導。總的來說，這對母子雙廠替輕巧風格下

了不同的註解。

該廠非但不使用雪莉桶熟成培養，就連波本桶的風味也都不甚顯著，以免讓桶風味凌駕其上，外觀色澤淺金恰如風味明亮的寫照。然而，1990 年代在市場上短暫出現的「黑色威士忌」Loch Dhu，便是以本廠威士忌作為基酒，似乎是為了挑戰市場觀感、顛覆既定形象。然而，外觀黝黑－風味空靈，這樣的違和組合，難有品味知音，很快就在市場上消失了。

Linkwood

斯貝河谷西北隅：洛希河谷與艾津鎮一帶

細膩純淨 · 溫和集中

本廠風格純淨細膩，然而「純淨」並不意謂缺乏風味與個性。桶陳培養 12 年的官方裝瓶版本，外觀淺金，氣味架構簡單輕巧，帶有蘋果、桃子、鳳梨、新鮮的青草香氣。底層出現含蓄的波本桶香草氣味。晃杯之後，酒精帶出雛菊花蜜香氣。靜置之後，處於背景的鳳梨與杯中蘊積的微弱燻烤辛香，共組一股混香，讓人聯想到山竹果、椴花蜜與杏仁粉。

入口柔軟，溫暖甜潤，以草本植物與花香主導。中段很快被乾燥辛香取代，稍帶甜韻。收尾乾爽，燻烤風味與乾燥觸感持續到餘韻，讓纖細架構顯得立體集中，並發展出乾果、木質、茴香層次。整體風味純淨輕巧卻頗富變化，點綴花草與青蘋風味。前段微甜，中後段卻又乾爽，極富線條變化；在輕巧細膩的架構之下，擁有良好的風味完整性。

這款威士忌的性格根源，可以從兩個角度觀察：一是發酵與蒸餾製程，賦予烈酒純淨輕盈、果香芬芳的特性；二是恰當的用桶策略，讓新製烈酒的風格得以保留到最終的威士忌裡。

該廠採用清澈的低糖度麥汁緩慢發酵，幫助產酯，賦予待餾酒汁純淨多果味的潛質；蒸餾程序則採取鬆緩工法，降低單次進料量並放慢蒸餾速度，讓蒸氣自然產生凝結回流，提升銅質作用機會，達到風味淨化效果。此外，再餾器尺寸稍大，除了更便於鬆緩操作，更強化銅質作用。該廠新酒純淨無硫，散發蜜桃、蘋果花香，芬芳而不刺鼻，觸感緊密卻又輕盈，配合使用活性較差的橡木桶培養，得以保存、襯托細膩的體質個性。

Glen Moray

斯貝河谷西北隅：洛希河谷與艾津鎮一帶

果味寬廣充足・桶味甜潤辛香

　　廠名來自鄰近的莫瑞海灣（Moray Firth），蓋爾語拼寫為 Linne Mhoireibh，海灣名稱可以追溯到中古時期，意為「大海」。由於拼寫規則，地名的字首子音之後必須多加一個 h，變成 mh，發音為 [v]，字尾的 bh 則不發音。以英文習慣拼寫時捨棄 [v] 的音，拼回大海這個字的原形。也就是說，Glen Moray 蒸餾廠的蓋爾語原文應作 Gleann Mhoireibh，唸作 [glaʊn vɒrɪ]，但是不妨按照英語習慣唸成 [glɛn mʌrɪ]，意思是「濱海平原」。

　　桶陳培養 8 年的原廠裝瓶，成色極淺，酒緣甚至泛有青綠光澤。表層散發輕巧的柑橘、青蘋果香氣，偶爾浮現薄荷般的微弱草香，波本桶的香草鮮奶油取代成為主導，但是桶味強度頗為含蓄。

　　入口輕盈，中段出現辛香與木質風味，收尾溫和乾爽，並持續到餘韻。雖然輕巧，但是質地觸感依然綿柔而富份量；不過由於相當年輕，木質風味相對稍多，整體架構趨於辛香、乾爽、活潑。縱使頗為年輕，但卻不顯生澀，果味已經發展充足，與波本桶的香草鮮奶油融合協調。

　　在蘇格蘭威士忌版圖裡，Glen Moray 屬於快熟風格，透過低年數的裝瓶就能清楚看出這項特性。相對於 12 年標準裝瓶，8 年裝瓶版本雖然風味架構較小、層次較少，果酯強度與木桶影響也都較為含蓄，但是已經有不錯的風味整合度。該廠的快熟性格，據信與酒廠地理位置以及用桶策略有關——廠區位處沿海地帶，海拔較低，環境稍暖，傳統酒庫保留原始泥土地面，環境潮溼，再加上該廠提高極富活力的波本桶使用比例，因此桶陳效果顯著，熟成步調稍快。

Miltonduff

斯貝河谷西北隅：洛希河谷與艾津鎮一帶

芬芳輕巧・風格明確

廠名來自所處小鎮，原文拼寫為 Baile a'Mhuileann Dhuibh，唸作 [balə vulʌn guv]。根據不同考據，廠牌名稱可以理解為「黑色磨坊農鎮」、「杜夫中央農鎮」。也有人認為，蓋爾語裡的「黑色」一詞，其實是指蒸餾廠的供水來源，位於附近的「黑溪」(The Black Burn)，因此也可以理解為「黑溪磨坊農鎮」。

該廠的原廠裝瓶很罕見，所屬集團 Chivas Brothers 的展售中心可以購得桶陳 18 年，酒精濃度超過 50% 的原桶濃度裝瓶，整體風格細膩，芬芳濃郁，但是木質氣息也更多。由裝瓶商 Gordon & MacPhail 推出的桶陳培養 10 年版本，是重要常規裝瓶，整體風格芬芳輕巧，更能展現本廠烈酒固有的花香與青綠氣息基因體質。更重要的是，也比較適合作為認識該廠個性的品飲素材。

這個版本的成色中等金黃，表層有集中的柑橘與檸檬果香，蜜香微弱。底層出現蜜味，伴隨

熟透蘋果與核桃油氣息。靜置之後，橡木桶的香草鮮奶油、椰子與木屑風味鮮明，但不至於遮掩其他細節。晃杯之後，飄出檸檬與柑橘果香，接近葡萄柚，而比較不像橘子，點綴微弱的草香，表現為草蓆氣味。

入口溫和卻乾爽，觸感微澀，質地油潤，辛香持續到收尾。中段由花果與蜜味主導，辛香鮮明可辨，處於背景強度。餘韻微澀，來自波本桶的椰子、香

草風味卻賦予微甜印象。餘韻悠長，花香多變，層層交疊，有接近辛香藥粉般的馬郁蘭，濃郁深沉的玫瑰，以及乾燥花束般的洋甘菊。餘韻尾段出現較多果味，依然伴隨辛香。

這款威士忌由芬芳花香主導，但是不乏其他風味元素點綴，包括持續不散的辛香、果味與來自橡木桶的風味，富有層次卻不失焦，整體架構雖然輕巧，卻顯得完整。

【小試身手】
Ballantine's 最新推出的 Glentauchers 15 年裝瓶版本，跟這裡描述的風味特徵有多接近呢？試著比較品飲看看，這是個印證蒸餾廠風格特性的有趣練習！

Glenburgie

斯貝河谷西北隅：洛希河谷與艾津鎮一帶

輕盈油潤·層次豐富

廠名由蓋爾語音譯而來，原文拼寫為 gleann bhorghaidh，發音 [glaʊn vɒrgɪj]，意為「堡壘谷地」，與鄰廠 Miltonduff 同屬 Chivas Brothers 集團，而且在輕盈的風格方面也頗相似，只不過本廠比較甜潤，草本氣息也多。原廠裝瓶亦是罕見，裝瓶商 Gordon & MacPhail 推出的桶陳培養 10 年版本，常被視為該廠重要常規裝瓶。

這個版本的成色淺金，表層有集中而鮮明的蘋果與蜂蜜香氣，很快飄出混有焦烤的蠟質與杏仁堅果氣息。蜂蜜香氣發展出花香，波本桶的木屑與鮮奶油氣味隨之而來。焦烤氣味衍生辛香，包括月桂葉與白胡椒。晃杯之後，出現柑橘與梨子，並緩緩回到以花蜜、木質、辛香主導的結構。

入口觸感溫和油潤，很快浮現焦烤肉乾風味。蠟質皂味、硫質蜜味與溫和觸感彼此協調。背景果味含蓄，幾乎完全被辛香與木質遮掩。收尾以乾燥辛香主導，類似甘草，並伴隨中藥粉般的澀感。皂味不散，持續到餘韻。風味之間彼此協調。觸感質地輕巧，但在同類型裡顯得飽滿厚實，然而不至於強勁銳利。

芬芳輕盈的花卉果味是該廠固有基因，但是這個版本特別豐潤富有層次，氣味結構紮實，風味豐富多元，著重木質與辛香表現，來自蠟質的花卉蜜香次之，果酯風味再次之。縱使波本桶的木質與辛香調性顯著，卻依然嘗得出蒸餾廠芬芳輕盈的一貫風格。

相對看來，官方推出的桶陳培養 15 年版本，是酒精濃度超過 58% 的原桶濃度裝瓶。整體風格依舊芬芳，也帶有草香特質，原廠風格清晰，但是桶陳培養所賦予的堅果與奶油焦糖風味也更為突出。這兩個版本，比較不像是一段樂曲的不同變奏，而比較像是一篇樂章的不同演奏風格。

【小試身手】
Ballantine's 最新推出的 Glentauchers 15 年裝瓶版本，跟這裡描述的風味特徵有多接近呢？試著比較品飲看看，這是個印證蒸餾廠風格特性的有趣練習！

Benromach

斯貝河谷西北隅：洛希河谷與艾津鎮一帶

柔軟微甜・簡單淺短

廠名的蓋爾語原文是 beinn ròmach，唸作 [bɛn ʀɔmʌx]，意為「雜草叢生的山丘」。廠區規模很小、命運多舛，過去數十年多次易主，也數度關廠。最近一次重新開張營運，有賴當地知名的威士忌業者收購，並且大興土木整頓，除了水源沒變，絕大多數的生產設備都是新的。有趣的是，雖然幾乎全部翻新，但是固有風格印記仍在。該廠牌富有創新精神，不乏特殊品項，晚近推出桶陳培養 12 年的裝瓶，足以反映廠牌風格基調。

桶陳培養 12 年的原廠裝瓶，酒液呈淺琥珀色，酒緣泛深金光澤。表層煙燻氣息表現為煙灰，帶有雪莉桶的乾果與燒烤堅果氣味。底層蘊積木質氣息，類似木屑、樹脂與焚香。晃杯之後，酒精帶出淺淺的櫻桃與烏梅果味，以及白胡椒辛香。靜置之後出現香草鮮奶油氣息，點綴香蕉與糖漬鳳梨，以及風信子的花香。

入口觸感柔軟，但是風味不多。第一印象溫暖甜潤，中段漸趨辛香乾爽，帶有乾棗、蜜餞、烏梅風味，發展出土壤、蕨類植物與菌菇風味，最後以巧克力收尾。煙燻風味與微澀觸感延續到餘韻，點綴乾燥辛香，但出現微甜印象。餘韻風味強度不高，顯得簡單淺短。

廠區風格不僅與環境設備有關，其實也大幅取決於業主如何設計風格路線，本廠就是實例。這座蒸餾廠雖然擁有全新的現代化生產設備，但是風格卻設定在重現 1960 年代之前的老式風味。該廠大致處於斯貝河谷諸廠風格光譜的中段——既非全然的現代新式輕盈風格，也不及老式傳統風格那般筋肉紮實、風味濃郁。

前往北高地的路途上，會經過黑島（Black Isle），這裡是蘇格蘭最重要的大麥種植區之一。

3-4 高地北部與西部

　　高地北部與西部的蒸餾廠，在風格上並沒有太多相似之處，然而對於威士忌旅人來說，卻有個共通之處，那就是路途遙遠。

　　蘇格蘭高地北部，南起芬德霍恩河谷、北至維克鎮，數座蒸餾廠並不群聚在一起，而是沿著海濱一線排開；至於高地西部，占地廣袤，但卻只有兩座蒸餾廠，Ben Nevis 在深山裡，Oban 恰在海港邊，上山下海，同樣必須花費很多時間在交通上。

　　若是說高地西部與北部有什麼風格上的分別，那應該就是區域內的差異性——高地西部的兩間蒸餾廠，風格較為一致，都屬於傳統風格；然而高地北部的蒸餾廠之間風格迥異—— Tomatin 線條細膩、Royal Brackla 輕巧乾爽、Glen Ord 仰賴桶味支撐、Teaninich 輕巧芬芳、Dalmore 勁道厚實、Glenmorangie 明亮純淨、Balblair 飽滿豐厚、Clynelish 蠟質觸感獨特，Old Pulteney 則芬芳滑潤。

高地與低地的界線劃分，是早期稅制遺跡；劃歸高地的蒸餾廠，未必處於山林之中，北高地與西高地尤其如此，多數蒸餾廠皆臨近海灣。西部的Oban蒸餾廠背山面海，北部的Old Pulteney，站在門口也看得到海灣，Dalmore與Glenmorangie蒸餾廠直接毗鄰水岸——酒庫裡的生命之水，就是聽著生命同樣旺盛的海水波濤聲，逐漸變成威士忌。

高地區北部
南起芬德霍恩河谷
北至維克鎮

高地區西部
海角天邊的
兩座蒸餾廠

Tomatin

高地區北部：南起芬德霍恩河谷北至維克鎮

花果辛香俱足·豐厚不失細膩

這座蒸餾廠有個美麗的名字，叫做「杜松子丘陵」，蓋爾語寫成 An Tom Aiteann，唸作 [ən tɔumʌdʒjən]。這是蘇格蘭規模最大的蒸餾廠之一，由於產量大，因此曾是許多調和式威士忌的重要基酒來源。在經歷 1970 年代末期的威士忌產業大蕭條之後，被日籍公司併購，成為蘇格蘭威士忌蒸餾廠被日商併購的首例。

桶陳培養 12 年的原廠裝瓶，成色金黃，入杯即飄出硫質氣味，表層帶有豐厚的柑橘、香蕉、杏桃乾與蜜李香氣。底層花蜜鮮明，伴隨含蓄的辛香、甘草與薄荷。晃杯之後，梨子與蘋果香氣尤其集中；靜置之後，隱約發展出核桃氣息，雪莉桶的風味標誌清晰可辨，處於背景強度，恰足以陪襯花果香氣。

入口溫和甜潤，隨即出現硫質與脂肪酸酯風味，皂味與蜜味彼此呼應，協調而富層次。鮮明的皂味很快被中段出現的辛香取代，主導風味為丁香、茴香、荳蔻、甘草、中藥粉，而比較不像胡椒。收尾乾燥，依然以辛香主導，點綴薄荷香氣。餘韻微甜，帶有甘草與杏仁風味，偶爾出現乾燥橘皮風味。

風味強度不高，但是層次刻劃細緻，風味比例恰如其分。雪莉桶陳培養賦予的核桃風味鮮明可辨，但不至於壓過烈酒本身果味豐沛的性格特徵；成酒依然可以察覺新製烈酒那股蘋果、梨子與花香。

該廠烈酒富有花果酯與辛香，可以從發酵製程與蒸餾設備找到解釋——延長發酵時間，可以得到果酯豐富的待餾酒汁；小型蒸餾器的頸部挑高細長，配合適當的火力強度與蒸餾速度，可以造就略帶辛香的個性；少量硫質殘留與脂肪酸，可以造就豐厚多樣、比例協調的風味印象，但卻不至於影響整體的純淨與均衡。

Royal Brackla

高地區北部：南起芬德霍恩河谷北至維克鎮

質地輕巧細膩‧辛香花卉主導

Royal Brackla 蒸餾廠附近是獾的棲息地，廠名的蓋爾語原文拼寫為 a'Bhraclaich，意思即為「獾穴」，同時也是附近的地名。英語名稱按照蓋爾語發音 [vrʌxklax] 轉譯而來；冠上 Royal 一字，是由於曾受皇室授權批准，這是全蘇格蘭獲得皇家授權的蒸餾廠首例，時間是 1835 年。

桶陳培養 12 年的原廠裝瓶版本，成色金黃，表層帶有乾草、茴香籽、肉桂與黑胡椒辛香，背景有草本與山楂花蜜香，隱約飄出白葡萄汁香氣。底層發展出蘋果、穀物、杏仁與核桃香氣。晃杯之後，花蜜香氣浮現，但是很快被辛香取代。香氣結構由辛香與花香主導，果香相對隱而不彰。

入口第一印象與嗅得的風味次序相反：入口之後，首先出現穀物、堅果與微弱的蘋果風味，隨後出現居於主導的辛香與花香。中段果味稍多，但是仍然含蓄。觸感乾爽純淨，收尾幾乎全是茴香、月桂葉與甘草風味。餘韻由辛香主導，偶爾點綴花香。

這款威士忌的質地乾爽細膩，風味由辛香花卉主導，值得注意雪莉桶的微弱硫質能夠呼應辛香並帶出蜜味，但是由於強度不高，因此整體表現依舊純淨明亮。這些風味特點可以追溯到發酵、蒸餾製程與用桶策略——該廠使用澄澈麥汁，稍微延長發酵促進產酯；蒸餾器形制高大，頂部通往冷凝器的連接管角度上揚，足以增加自然冷凝回流，提升銅質接觸，得到果味充足、純淨明亮、略帶酸韻的新製烈酒；配合採用雪莉桶培養熟成，足以加強辛香，但是烈酒本身芬芳細膩的特性依舊鮮明，不至於被桶味遮掩。

高地區北部
南起芬德霍恩河谷
北至維克鎮

高地區西部
海角天邊的
兩座蒸餾廠

Glen Ord

高地區北部：南起芬德霍恩河谷北至維克鎮

桶味軟甜滑順・草味本質依舊

該廠以所在地命名，意思是「圓丘平原」，蓋爾語原文作 Gleann an t-Òrd，唸成 [glaʊn əntɔːʀd]；有些地區習慣在字尾前加嘶音，所以也可以唸成 [glaʊn əntɔːʀsd]。本廠所在的黑島（The Black Isle）是大麥種植區，在早期擁有設廠優勢，因為靠近原料產地。該廠從 1960 年代淘汰勞力密集的地板式製麥，改以箱式製麥與鼓式製麥，接著又在 1980 年代淘汰箱式製麥，僅保留效率最佳的鼓式製麥。如今，Glen Ord 生產的製酒用大麥麥芽，不僅完全自足，尚可銷售給同集團的其他廠區使用。

桶陳培養 15 年的 Singleton 系列版本，成色深金，表層帶有青草氣息，隨即出現雪莉桶賦予的風味，包括乾果、果乾與堅果。底層發展出花蜜與果醬氣味，類似枯萎的玫瑰花瓣，並出現來自雪莉桶的葡萄乾與烏梅氣味。晃杯之後，礦石氣味增強。

雪莉桶與青草氣味是這款酒的主導香氣，花蜜與水果香氣皆只有背景強度，但是仔細尋找並不難嗅得。

入口溫潤，中段發展平板，幾乎察覺不到中段變化，隨即進入微甜的收尾。雪莉桶的元素不算強勁，但是處於主導，青草風味則是風味基調。收尾乾爽，帶有核桃風味。餘韻發展出皮革以及幾乎難以辨認的辛香。

這款威士忌風味濃甜，看得出嘗試以雪莉桶修飾固有草味的企圖。桶陳培養 15 年的版本見長於柔軟滑順、圓熟易飲，而不在於立體層次架構；另外也很常見的 12 年版本，甚至更為軟甜滑膩，花香豐沛。Glen Ord 的麥芽威士忌，在很長一段時間都用來作為調配基酒，幾次嘗試以單廠麥芽威士忌形式推出，都不如最後一次刻意提高雪莉桶風味強度，以 Singleton 系列名義推出的嘗試來得成功。

Teaninich

高地區北部：南起芬德霍恩河谷北至維克鎮

輕巧卻富層次 · 青檸茶香飄逸

這座蒸餾廠名稱的蓋爾語原文為 Taigh an Aonaich，唸作 [taɪ ʃən œnɪç]，意為「市集之屋」或「小丘之屋」。

桶陳培養 10 年的官方裝瓶版本，酒液外觀呈中等金黃色，一入杯即散發綠茶與檸檬香，隨即蘊積青草與乾草氣息，構成主導氣味。酒精加強這股青綠氣味，並且帶出含蓄的柑橘與梨子。底層出現乾燥的礦石與辛香，既像是乾熱的石灰，又像是茴香籽，帶來微弱的煙燻想像。整體氣味表現輕巧簡單，彷彿呼應明亮的成色外觀。

入口銳利，帶有青草與辛香混合氣息，像是搓揉樹葉的氣味，也像是鼠尾草、馬郁蘭等香草植物氣味。中段發展出木屑與焚香等木質風味。收尾乾爽，再次出現清新的青草氣息，並隱約帶有綠茶般的微澀感與淡淡的烘烤風味，浮現微弱可辨的酸韻。

該廠新製烈酒即已表現青綠芬芳的特質，風味純淨明亮，質地輕巧細膩，富有果酯，隱含酸韻。這些特性可以追溯到麥汁與發酵製程——該廠分離麥汁的方式特殊，不是利用麥糟層與自然重力分離，而是採用業界罕見的加壓過濾，取得非常澄澈的麥汁搭配延長發酵，促進產酯；寬頸蒸餾器配有滾沸球，提供充足的銅質作用機會，風味純淨無硫，而且帶來綠茶、檸檬草般的青綠氣息，以及油潤滑順的質地觸感。經過桶陳培養之後，烈酒固有的個性依然鮮明，不至於被桶味壓過。

高地區北部
南起芬德霍恩河谷
北至維克鎮

高地區西部
海角天邊的
兩座蒸餾廠

Dalmore

高地區北部：南起芬德霍恩河谷北至維克鎮

風味層次多元・勁道厚實耐陳

廠名的蓋爾語原文為 an Dail Mòr，意思是「大草原」，但其實位於海灣邊。該廠擁有罕見的器材配置——每個蒸餾鍋的規格不同，因此初餾的風味特性與強度不盡相同，再餾程序的待餾液組成比例也不固定。這是本廠威士忌風味繁複的重要原因。

桶陳培養 12 年的版本，呈琥珀色，表層帶有土壤與草根氣息，混合燒烤堅果與烏梅，逐漸演變出焦糖。底層則帶有穀物與皮革氣味。晃杯之後，雪莉桶的礦石與乾果蜜餞氣味集中。靜置之後，以核桃主導，伴隨芹菜、咖哩氣息，這些都是來自雪莉桶陳培養的風味特徵。

入口柔軟甜潤，隨即發展出焦糖、烏梅與巧克力。中段出現乾燥辛香與甘草根、礦石風味，襯托慍烈的酒精勁道。接近尾韻時，發展出紅櫻桃果味，收尾乾爽而淺短，以乾棗、櫻桃與桑葚主導。酒精灼熱感加強餘韻乾燥

的丁香與辛香，並烘托微弱的檸檬草與橘皮風味。餘韻以核桃風味主導，點綴可可與烏梅。

該廠的新製烈酒擁有非常耐陳的體質，低年數的裝瓶頗富勁道，但較缺乏優雅細膩的結構，整體而言，15 年是 Dalmore 臻於完熟的年數。表層香氣更為集中，而且礦石與乾果等雪莉桶元素更加鮮明而富變化，與草根般的辛香與堅果、果乾香氣彼此協調。沒有低年數裝瓶的穀物香氣，但並不因此顯得貧乏。入口之後的風味變化與發展軌跡，也有更好的協調感與複雜度，擺脫了生澀觸感與酒精慍烈。溫暖柔軟的焦糖、堅果與礦石風味，接續出現綿延不絕的果味，柑橘、巧克力，並與辛香風味均衡。收尾溫和明快，發展出繁複的果乾風味。

Glenmorangie

高地區北部：南起芬德霍恩河谷北至維克鎮

明亮純淨・均衡協調

廠名的蓋爾語原文有不同考證，可以拼作 glean mòr innse 或 Gleann mòr na sìth，前者意為「草原谷地」，後者則是「寧靜谷地」；分別唸作 [glaʊn moriʃ] 與 [glaʊn mɔrnəʃi]，發音相似，而且直接從英語拼寫的字面發音也很接近。

桶陳培養 10 年的版本，酒液呈淺金黃，表層以波本桶的香草、椰子主導，乾燥木屑表現含蓄，點綴蘋果汁、水蜜桃、香蕉、芒果皮與橘皮，略帶草本植物氣味，接近薄荷與鼠尾草。底層由更多果香構成，柑橘與蘋果源源不絕，酒精本身的氣味增強蘋果香氣，並帶來梨子與花蜜氣息。晃杯之後，烈酒本身的花香與蜂蜜氣息顯著。靜置之後，香氣結構逐漸由波本桶的椰子與香草主導。稍微摻水，釋放出橘子、芒果氣息，來自橡木桶的溫暖辛香不減。

入口溫和，旋即出現波本桶的椰子與香草風味，口感頗為柔軟甜潤。風味純淨，花香輕盈，來自木桶的辛香強度稍低，但是茴香、肉桂等乾燥香料風味依然足以辨認。收尾乾爽，以香草布丁主導，產生甜味想像，伴隨酒精支撐的花香與柑橘果醬、百香果，延伸到餘韻，檸檬薄荷若隱若現。

該廠的 Dr. Bill Lumsden 是著名的桶陳培養研究先鋒，其用桶策略的核心精神在於追求酒廠特性與桶陳效果之間的均衡協調。桶陳培養 10 年的常態裝瓶，配合使用活性較高的美洲橡木桶，讓香草椰子風味襯托烈酒本身的風味特性，展現草本植物、花蜜、柑橘、香蕉、辛香、堅果氣息；活性稍低的木桶則用以延長培養，賦予蜂蠟、核桃與薄荷等氧化風味。該廠桶陳培養 18 年的裝瓶，即帶有鮮明的長期培養特性，而潮溼泥土地面的傳統酒庫，據信也能促進威士忌在桶中培養期間的氧化反應。

高地區北部
南起芬德霍恩河谷
北至維克鎮

高地區西部
海角天邊的
兩座蒸餾廠

Balblair

高地區北部：南起芬德霍恩河谷北至維克鎮

飽滿豐厚・變化多端

Balblair 的蓋爾語原意是「平地農莊」，拼為 Baile a'Bhlàir，唸作 [baləvlaʀ]。該廠當前的裝瓶特點，在於標示蒸餾與裝瓶年份，而不以桶陳培養年數作為產品區隔依據。同樣是 1997 年蒸餾的烈酒，可以有 2007 年與 2012 年裝瓶的不同版本，卻不以 10 年與 15 年為名裝瓶；而年數同為 10 年，蒸餾與裝瓶年份可以是 1997 / 2007、2000 / 2010，或 2002 / 2012。面對變化多端的裝瓶版本，不妨以歸納廠區風格為起點，並據此作為比較參照基準，避免在年份或年數的比較當中迷失。

2002 / 2012 版本，外觀淺金，表層帶有礦石與海水氣味，混有辛香與堅果，略帶麵包氣息。含蓄的硫質表現為奶油，也接近肉汁。底層頗有鳳梨、李子、蜜桃、檸檬、蘋果，並出現蜜香與略帶橙花般的皂味。晃杯之後，飄出燒烤與焦糖風味。靜置之後，奶油氣味顯著，柑橘與梨子鮮明可辨，芹菜般的青綠氣息處於底景強度。摻水之後，出現白胡椒與堅果氣味。

入口乾燥，帶出燒烤堅果風味，酵母風味帶來的奶油餅乾與辛香漸漸出現，接近丁香與茴香。整體觸感生硬，口感嚴肅。收尾乾爽，澀感顯著。餘韻以果味主導，同時帶有鮮明的穀物，來自酵母的硫化物帶賦予麵包烘焙風味。

這款威士忌頗有深度，風味飽滿豐厚，略顯堅硬嚴肅。果味豐厚的體質，可以溯源至麥汁製程——利用較厚的麥糟層分離麥汁，取得澄澈的麥汁發酵，產生較多酯類，賦予玫瑰、風信子花香，與蘋果、李子果香。使用矮胖的蒸餾器，則促進酵母沉澱物遇熱釋出硫化物，烈酒因而出現橡皮與肉汁風味，需要藉由長期桶陳磨圓青澀風味。足齡培養通常足以發展出奶油焦糖與布丁風味，但不至於遮掩果味；高年數裝瓶則經常帶有鮮明的溫暖辛香，包括荳蔻、肉桂與嫩薑氣息。

Clynelish

高地區北部：南起芬德霍恩河谷北至維克鎮

保留蠟質沉積・賦予個性印記

廠名的蓋爾語原文是 claon lios，唸作 [klœnlɪʃ]，意思是「緩坡花園」——這座蒸餾廠旁邊確實有個緩坡，只不過，如今養了羊，已經不算是個花園。

桶陳培養 14 年的原廠裝瓶版本，酒液入杯即飄出柑橘香氣，接近佛手柑、柳丁、柚子與葡萄柚的皮油氣味，而較不像是橘子。很快發展出乾燥辛香與鹽滷般的礦物鹹香，與柑橘彼此協調，逐漸演變出花蜜。底層以燭油氣味為背景，襯托蜜桃、杏桃果香，並且出現橡木桶的香草、甘草與嫩薑氣味。晃杯之後，梨子與花蜜香氣特別顯著。靜置之後，回到果香、燭油與礦物主導的基調，橡木桶的香草與椰子氣息含蓄可辨，甘草與嫩薑的氣味尤其顯著。

酒液入口，觸感稠密，旋即出現接近皂味的燭油風味，並伴隨鹽滷、礦石、烘焙堅果，以及微弱的焦烤。這股風味持續到中

段，與花蜜呼應，並且與逐漸蘊積的梨子、桃子等果味協調。收尾微澀，桶味漸趨顯著，表現為木屑、鮮奶油與甘草根。嫩薑般的溫暖辛香，持續到餘韻。

這款威士忌的重要風味特點，在於質地稠密的蠟質口感與接近皂味的燭油風味彼此協調。該項風味特徵來自刻意保留蒸餾

液暫存槽內壁的脂肪酸酯與蠟質沉積，蒸餾液與之接觸便會吸附風味。許多蒸餾廠都會使用專用清潔劑悉數清除殘蠟，然而 Clynelish 廠區每年的例行清潔工作，卻要刻意保留一些蠟質沉積，以免復工之後的前幾批烈酒風味產生明顯落差。

高地區北部
南起芬德霍恩河谷
北至維克鎮

高地區西部
海角天邊的
兩座蒸餾廠

Old Pulteney

高地區北部：南起芬德霍恩河谷北至維克鎮

果香多元・芬芳滑潤

本廠位於北高地沿海的維克鎮，該地在十九世紀初曾為北大西洋最大的鯡魚捕撈業中心，並以推動當地漁業發展的主事者命名為 Pulteneytown。蒸餾廠現址就位於當時的城鎮中心，站在蒸餾廠門口，就看得見巷口的海港。

桶陳培養 12 年的原廠裝瓶版本，酒液呈中等金黃。表層以濃郁純淨的柑橘、水蜜桃、百香果、梨子果香主導，並帶有白花與蜂蠟般的香氣，以及類似新鮮橄欖油與青綠瓜果般的氣味，鹽碘與礦物氣味鮮明，猶如海風與生蠔，也像是剛割完的草地。底層的柑橘果醬與橘皮香氣集中，出現白葡萄汁的氣味。晃杯之後，花卉與果香集中。靜置之後，蘊積皮革氣味，與鹽碘呼應，讓人聯想到金黃菸絲的氣味。摻水之後，果香集中，發展出硫質氣息，出現巧克力氣味。

入口溫和油潤，立即發展出辛香而乾燥的礦石，嘗得出棗子般的青綠風味。中段發展出堅果、核桃，蜜味處於底景強度。收尾乾淨微帶澀感，出現燒烤風味，香草集中濃郁。餘韻以輕巧的花草瓜果主導，並帶有燒烤核桃，點綴波本桶的香草布丁與椰子風味。

這是一款風味輕巧純淨、質地觸感稠密的威士忌。以花草瓜果風味為主，木質辛香為輔，帶有性格鮮明的海風氣味。其芬芳花果風格與蒸餾器形制設計有關──初餾器的肩頸相接處，配有極碩大的滾沸球，頂部則採平頂設計，提高蒸氣冷凝回流的機會；再餾器頂端則以曲折的連接管阻撓蒸氣衝向冷凝，並搭配純淨器，強制冷凝回流，兩項設計都能提升銅質催化，達到消除硫質雜味的效果，突顯酯類所帶來的豐沛花果香氣，並且賦予油潤的口感質地。

Oban

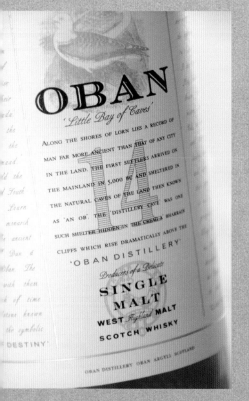

高地區西部：海角天邊的兩座蒸餾廠

果味純淨紮實·辛香輕巧爽朗

Oban 的蓋爾語原文拼寫為 An t-Òban，意思是「偏遠小灣」或「小海港」，讀作 [əntobən]；英語拼寫直接省略冠詞，也因此直接唸成 [obən] 即可。

桶陳培養 14 年的原廠裝瓶版本，酒液呈琥珀色，剛入杯時，表層出現鮮明集中的燒烤堅果，偶爾表現為牛奶巧克力，並且帶有微弱的礦石與煙燻氣息，以及接近茴香與肉桂的乾燥辛香。底層的柑橘果醬、橙皮、桃子、黑醋栗、櫻桃、蘋果與蜜棗氣味相當鮮明，偶爾浮現薄荷青綠氣息。晃杯之後，果香主導，並點綴礦石與草香。靜置之後，果香依舊顯著，香草鮮明可辨；乾燥辛香與礦石氣味共構鹽滷與皮革氣息，與燒烤堅果風味構成混香，處於背景強度。

入口觸感柔軟，帶有乾燥辛香風味，漸漸轉變為堅果。整體口感純淨明快，收尾乾爽微澀，伴隨豐沛的柑橘、橙皮與礦石，微弱的海藻與鹽碘風味，襯托豐厚紮實的辛香與果味核心。餘韻悠長，果香與辛香風味綿延不斷。

柑橘與辛香是 Oban 的重要主導風味，果味豐沛的體質特徵直接承襲自純淨明亮、橘皮芬芳濃郁的新製烈酒。這項特徵可以從發酵與蒸餾兩個方面解釋——該廠藉由放緩麥汁分離速度，得到特別清澈的麥汁，並配合最長可達 110 小時的發酵，待餾酒汁的果酯潛質特別豐富；在蒸餾梯次之間，讓蒸餾鍋充分曝氣休息，恢復銅質活性，並且搭配稍高溫的蟲桶冷凝，足以提高銅質催化作用機會，讓硫質風味消失並加強果味表現。這些都是 Oban 果味豐沛、輕巧爽朗的風格根源。

高地區北部
南起芬德霍恩河谷
北至維克鎮

高地區西部
海角天邊的
兩座蒸餾廠

Ben Nevis

高地區西部：海角天邊的兩座蒸餾廠

濃郁厚重・風格傳統

Ben Nevis 蒸餾廠背倚同名山脈，根據考證，其詞源來自 beinn nibheis 或 beinn nèamh-bhathais，大致可以理解為「雲霄峻嶺」──前者意為「險惡的山」，後者字面則為「天堂山巔」。兩者分別讀成 [bɛn nivɛʃ] 與 [bɛn njɛv-vahɪʃ]。

桶陳培養 10 年的原廠裝瓶版本，呈現飽滿的金黃色，酒心為深琥珀色澤。表層為堅果、燒烤與蜜餞氣味，包括椰子、焦糖、烏梅與核桃，伴隨鼠尾草與薄荷草本青綠氣息。底層發展出菸絲氣味，比較接近棕菸，而不像是金黃菸草。晃杯之後，香氣更為集中，並且發展出牛奶巧克力與太妃糖。靜置之後，蘊積奶油香氣，襯托焦糖氣息。

入口紮實，散發皮革與茴香風味，接著發展出巧克力，皆以椰子糖風味為背景。中段發展出接近酵母泥的奶油風味，提升豐潤的整體印象，但是依然微澀，

不至於黏膩。微澀觸感持續到收尾，並與皮革、辛香彼此映襯。餘韻風味富有層次，以堅果主導，也發展出葡萄乾、棗子、奶油焦糖、烏梅與巧克力。

這款威士忌的果味表現含蓄──這是由於雖然使用清澈麥汁發酵，但是發酵時間約莫只有 50 小時，不足以大量產酯；然而，蒸餾鍋的設計中規中矩，沒有特別容易造成多硫的條件，並且搭配銅質接觸機會較多的現代冷凝器，諸項因素彼此平衡的結果，造就相當純淨卻不太有果味的新製烈酒。

總的來看，Ben Nevis 的風格強勁豐厚，皮革、辛香、焦糖與巧克力風味源源不絕，餘韻深長而耐人尋味，屬於傳統的耐陳風格，質地觸感密實，硫質氣味足以辨認，表現為肉汁與烤肉氣味，果味相對微弱，但是不至於被完全遮蔽，架構堅實而層次繁複。

蘇格蘭西海岸島嶼區，交通特別不便，除了威士忌蒸餾業之外，捕撈業也是常見的經濟活動。

3-5 外島產區與坎培爾鎮

　　島嶼區北起歐克尼群島，南至艾倫島，形同一條島鏈，地處偏遠，各島分散，早期主政者鞭長莫及，因此曾是私酒猖獗的地區。在掃蕩私酒之後，替大型蒸餾業帶來有利經營環境條件，譬如斯開島的 Talisker 蒸餾廠與穆勒島的 Tobermory 蒸餾廠都是實例。

　　這片遠離塵囂的角落，最引人注目的就是威士忌製造業。人們相信，這裡獨特的環境條件，賦予威士忌一股海風氣息，他處無法複製；然而，這樣的現象很難透過科學證實，替威士忌飲者保留了一塊神馳與想像的空間。島嶼區交通不便、資源匱乏，對於業者來說都是考驗，然而在這些地方幾乎也只適合經營蒸餾業。

　　島嶼區以泥煤威士忌著名，但是泥煤強度不一，有些蒸餾廠也同時生產無泥煤威士忌。此外，各島各廠的泥煤煙燻風味不盡相同，值得悉心比較。

　　艾雷島的蒸餾廠數量多、歷史也久，蒸餾廠幾乎都位在海岸線上，這是早期為了充分利用海運之便的歷史遺跡。根據廠區分布，可以大致分成三個群組。南岸三廠，皆屬泥煤強勁風格，但都暗含果味與甜韻，發揮均衡作用—— Ardbeg 的泥煤表現接近煙囪積炭，充分的銅質接觸帶來純淨甜潤的果味；Lagavulin 的泥煤比較接近炭烤，各式果味豐厚紮實；Laphroaig 的泥煤接近瀝青、草根，來自橡木桶的香草鮮奶油風味相當突出。艾雷島東岸兩廠 Bunnahabhain 與 Caol Ila，泥煤表現頗為含蓄。艾雷島中央以西，除了 Bowmore 蒸餾廠之外，Bruichladdich 與 Kilchoman 的風格特別自由。

　　蘇格蘭西南隅半島上的坎培爾鎮，也屬於廣義島嶼產區，是個盛極一時的威士忌港都，曾經擁有 30 餘座蒸餾廠，鄰近的製麥工廠多達 20 座。坎培爾鎮當初由於擁有極佳的地理條件，因而迅速發展。除了深水灣適合建港，煤礦蘊藏豐富，穀物供應也不虞匱乏——除了本地大麥之外，地近愛爾蘭與蘇格蘭西南隅的大麥種植區。然而，

外島示意圖

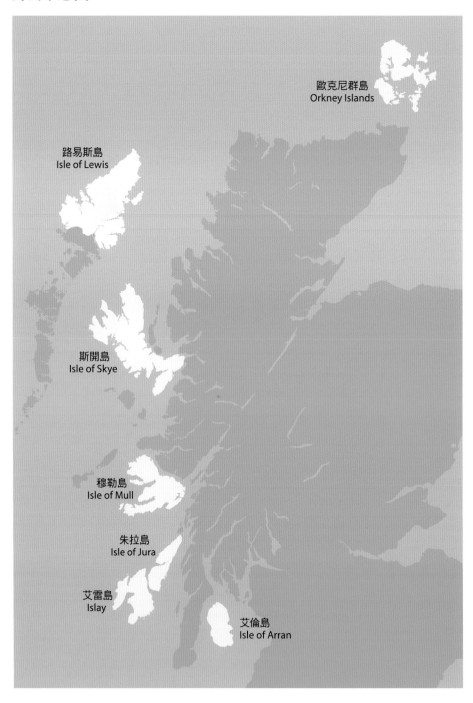

歐克尼群島
Orkney Islands

路易斯島
Isle of Lewis

斯開島
Isle of Skye

穆勒島
Isle of Mull

朱拉島
Isle of Jura

艾雷島
Islay

艾倫島
Isle of Arran

二十世紀初的經濟大蕭條，坎培爾鎮首當其衝，再加上全球品味改變、市場萎縮、酒稅調漲、生產過剩、品質低落、水源汙染、煤礦告罄等種種因素，坎培爾鎮的威士忌產業迅速沒落。

坎培爾鎮蒸餾業歷史悠久，雖然如今只擁有 3 座蒸餾廠，遠不及往日榮光，但是已經自成一區。目前看來，坎培爾鎮的風格走向雖然不盡然屬於舊式油潤飽滿風格，但大致仍屬觸感柔軟、果味豐富的泥煤威士忌。

艾雷島簡圖

大西洋
Atlantic Ocean

艾雷海灣
Sound of Islay

朱拉島
Isle of Jura

艾雷島
Islay

坎達爾灣
Loch Indaal

奇達頓灣 Kildalton Bay

信步坎培爾鎮，可以看到約莫30座蒸餾廠的廠區與庫房舊址。有些建築依舊完好，移作他用；有些則只留下牆面外觀，雜草叢生。雖是不少斷垣殘壁，卻不難看出這座威士忌港都昔日盛極一時的風采。

Ardbeg

艾雷島南岸：奇達頓灣沿岸三廠

層次繁複・輕巧均衡

Ardbeg 蒸餾廠位於海灣邊，正與一個凸出的岬角對望，廠名的蓋爾語原文作 an Àird Bheag，唸作 [ən aɾʃdʒ vek]，就是「小岬角」的意思。

桶陳培養 10 年的原廠裝瓶，成色淺金，剛入杯即散發鮮明的波本桶風味特徵，包括香草鮮奶油、水果布丁、椰子蛋糕等，很快發展出泥煤氣味，比較像是海藻、鹽滷、消毒水與牙醫診所的綜合氣味，而比較不接近柏油與瀝青。待適應這股泥煤氣味之後，底層出現柑橘果香，接近葡萄柚、橘皮與檸檬，而比較不像甜熟的果醬。晃杯之後，飄出李子與杏桃香氣，伴隨燒烤堅果，偶爾像是麥片。泥煤氣味頗富變化，靜置之後聞起來像是積炭與菸灰。

入口即迸發乾燥而集中的泥煤，人參、胡椒、藥水。但隨即出現一股甜韻，均衡了乾燥的第一印象，並且發展出梨子、蘋果與葡萄柚。中段浮現來自發酵的微弱奶油氣息，呼應來自橡木桶的香草鮮奶油風味。收尾乾爽，餘韻香甜，波本桶風味與泥煤風味彼此平衡，整體印象和緩，並襯托水果風味。

該廠蒸餾鍋配有導引回流的設計，能夠營造輕盈純淨的酒體，也能藉由提升果味層次，均衡強勁的泥煤；在艾雷島南岸三廠當中，Ardbeg 的酒心切出點稍高，能夠保留更多果味，辛香則稍少；在用桶策略方面，稍微提高活性較佳的波本桶使用比例，也能讓原本貌似堅硬嚴肅、乾燥細瘦的新製烈酒，在木質辛香與香草鮮奶油風味襯托之下，展現討喜的果味，整體架構顯得完滿平衡、繁複輕巧。

艾雷島南岸
奇達頓灣
沿岸三廠

艾雷島東岸
艾雷峽灣
沿岸兩廠

艾雷島中央
英達爾灣
以西

其他島嶼區
北起歐克尼群島
南至艾倫島

坎培爾鎮
重返舞台的
威士忌港都

Lagavulin

艾雷島南岸：奇達頓灣沿岸三廠

甜潤純淨 · 厚實協調

Lagavulin 蒸餾廠是艾雷島南岸三廠之一，雖然也位於海岸線上，但卻特別隱秘，藏身在一個小海灣內，這個內窪海灣曾為艾雷島威士忌的產業中樞，廠名的蓋爾語原文為 Lag a'Mhuilinn，唸作 [lakəvulɪjən]，意為「磨坊內窪」。

桶陳培養 16 年的原廠裝瓶，呈現琥珀色澤，表層散發堅果、焦糖、果乾、礦石，底層則出現柑橘果醬與濃郁果香。泥煤煙燻風味疏密有致，雪莉桶的風味比例恰如其分，不至於與泥煤背景衝突，又恰能與底層的柑橘共構豐富和諧的果香。整體表現有如剛填進菸斗的丹麥調味菸絲——既有斗缽裡的乾燥焦炭氣息，也有來自新鮮菸絲的葡萄乾、烏梅、櫻桃香氣。

入口柔軟油潤，礦石風味襯托果味，帶有鹽滷、海藻、炭火與正露丸氣息的泥煤風味，也提升果味表現，而不至於遮掩果

味。收尾隱約出現肉桂，讓原有的果味再次被辛香烘托出來，餘韻果味不絕。泥煤風味層次多元的 Lagavulin，其實蘊藏一個同樣堅實而豐富的水果風味核心。

Lagavulin 的泥煤風味接近炭烤，各式果味豐厚紮實，這組風味特性與蒸餾切取有密切的關係。該廠的初餾器體型高大，但卻配有陡峭向下的林恩臂，直接通往冷凝器；再餾器明顯較矮，但是容積不小，配合降低熱力輸入，進行緩慢蒸餾，便足以移除

硫味，提升果味表現。在艾雷島南岸三廠當中，Lagavulin 的酒心切出點偏低，藉此選取並保留更豐富的酚類物質。

該廠烈酒搭配活力較弱的木桶延長培養，厚實的泥煤風味最終可與甜潤果味達到比例協調。在與年數較低的 12 年相較之下，桶陳培養 16 年的裝瓶顯得柔軟甜潤、繁複細膩、果味飽滿、辛香多元，風味架構大一號，熟成韻味也多一些。

Laphroaig

艾雷島南岸：奇達頓灣沿岸三廠

勁道紮實‧酒感沉穩

收尾乾爽芬芳，帶有白胡椒風味。餘韻帶有草根般的辛香氣息，酒精本身的甜韻均衡了辛香與泥煤，波本桶的香甜滋味也加強此一風味印象。

該廠豐沛強勁的泥煤特性，可以從麥芽泥煤度與蒸餾切取策略兩個角度解釋——使用少許自製麥芽，提高麥芽原料本身的泥煤度，並藉由蒸餾切取，賦予獨特的瀝青風味。在艾雷島南部三廠當中，Laphroaig 的果酯並不特別豐富，這也是由於酒心的切入點與切出點皆稍低；果酯豐富的前段酒沒有全部收進酒心，而泥煤風味特別多的後段酒則被收進酒心——其效果就是泥煤比例相對提升。然而，該廠威士忌依然擁有足夠的甜潤風味均衡泥煤，這是由於採用高活性的波本桶培養，賦予明顯的香草與甜潤風味，足以均衡並襯托該廠獨樹一格的泥煤風味。

Laphroaig 蒸餾廠位於艾雷島南岸其中一個內灣深處，廠名的詞源考證不止一個，而且牽涉斯堪地那維亞古語，語義解讀的結果不乏「大灣內窪」、「岩石裂隙」、「灣邊緩坡」，都符合該廠的地理現實。

桶陳培養10年的原廠裝瓶，成色深金，表層是強勁而富層次的泥煤，帶有海水般的鹽碘、肉桂辛香氣息，偶爾表現為割草氣味。底層果香濃郁集中，波本桶的木屑、茶樹精油、迷迭香、馬郁蘭、尤加利、薄荷氣息，以及香草與水果蛋糕香氣鮮明易辨。晃杯加強泥煤的瀝青氣息，但隨即消散，很快回到層次多元的辛香，不時飄出核桃與甘草氣味。靜置之後，蘊積嫩薑辛香。

入口溫和，立即浮現多層次的泥煤，辛香而芬芳，表現為人參、甘草風味。中段有果味與香草鮮奶油支撐架構。

Bunnahabhain

艾雷島東岸：艾雷峽灣沿岸兩廠

泥煤似有若無·果味豐厚紮實

廠名的蓋爾語原文為 Bun na h-Abhainne，意思是「河流海口」，在艾雷島唸作 [bunəhaviɲ]，較接近英語拼寫；但由於各地發音習慣不同，這個名字也可能唸作 [bunəaɪn]。

桶陳培養 12 年的原廠裝瓶版本，酒液呈深金黃色，表層帶有海水鹽碘與海藻氣息，隱約出現燧石礦物氣味，很快轉變為花蜜與果香主導的結構。底層蘊積香蕉、梨子、檸檬，並且出現波本桶的香草、榛果與木屑氣味。晃杯之後出現含蓄的硫質，但是隨即消散。偶有棉花糖、焦糖香，隱約出現櫻桃。靜置之後，蘊積堅果與辛香，發展出嫩薑氣味。

入口觸感凝縮，風味集中。第一印象是複雜的礦石、鹽滷、辛香與果味綜合體，然而線條層次趨於明晰，中段發展出鮮明的果味層次，以柑橘、杏桃與葡萄

為主，最後出現繁複的辛香，以甘草、丁香與茴香主導。收尾乾爽微澀，餘韻果味悠長豐沛，幾乎像是檸檬與杏桃蜜餞，並伴隨礦石、甘草與嫩薑風味。

本廠主要特徵是果味豐厚紮實，擁有細膩繁複的辛香層次變化；另一項特點則是似有若無的泥煤，在艾雷島特別引人側目。在艾雷島的風格常態下，本廠無顯著泥煤感受的威士忌固然堪稱「無泥煤威士忌」；然而，製酒麥芽的泥煤度不等於零，而是極淡（低於 2 ppm）。縱使難以在新製烈酒或威士忌裡嗅出泥煤煙燻氣味，通常透過品嘗便足以察覺泥煤的存在，表現為乾爽微澀的收尾與餘韻。

Caol Ila

艾雷島東岸：艾雷峽灣沿岸兩廠

煙燻風味細膩・瓜果草香飄逸

Caol Ila 的蓋爾語原文為 Caol Ile，唸作 [kølilə]，意思是「艾雷海峽」，這座蒸餾廠就位於海岸線上，與東邊 1 公里外的朱拉島對望。

桶陳培養 12 年的原廠裝瓶版本，顏色淺金，表層煙燻氣味含蓄，帶有昆布與割草氣味；果香微弱，表現為梨子與香瓜，伴隨花蜜氣息。底層則有清晰的木屑、香草，以及胡椒辛香。晃杯之後，昆布、草香與樹脂氣味集中，果香含蓄。靜置之後，蘊積微弱的焦糖氣味與糖香。

入口溫和，相當平順。甘草與辛香主導，隨即出現杏桃、蘋果、梨子、檸檬般的果味，尾隨微弱的肉乾硫質氣息，含蓄的泥煤煙燻與之共構煙燻培根風味。收尾以辛香芬芳的泥煤主導，帶有胡椒氣息，頗為乾爽。餘韻發展出微弱的蜜香，並浮現鮮明集中的香瓜風味，有時接近割草氣息，並伴隨甲殼類海鮮與

生蠔風味。

Caol Ila 與艾雷島南岸的泥煤煙燻風味不同，除了比較接近割草、生蠔與培根氣味，泥煤風味強度也明顯較弱；此外，青綠瓜果滋味也是該廠與眾不同的風味特點。該廠的這些風味特點，可以從蒸餾器形制與切取策略解釋——形制高跳的蒸餾器配合偏

高的切入與切出，不但能夠得到更為純淨的烈酒，而且酚類物質的組成分子相對較為輕盈，因此泥煤風味在艾雷島獨樹一幟，與南岸三廠相較之下，差異尤大。至於隱約含蓄的胡椒辛香氣息，則可能是兼採混濁麥汁製酒，並且在收取酒心時，切入與切出的濃度皆略偏高之故。

艾雷島南岸	艾雷島東岸	艾雷島中央	其他島嶼區	坎培爾鎮
奇達頓灣	艾雷峽灣	英達爾灣	北起歐克尼群島	重返舞台的
沿岸三廠	沿岸兩廠	以西	南至艾倫島	威士忌港都

Bowmore

艾雷島中央：英達爾灣以西

果香層層疊疊・鹹味隱隱約約

Bowmore 蒸餾廠的蓋爾語原文為 Bogh Mòr，唸作 [bomoʀ]，意思是「大海灣」或「大峭壁」。

桶陳培養 12 年的原廠裝瓶，酒液深金，在波本桶的香草鮮奶油背景下，煙燻與果香變化頗有層次。表層飄出帶有海水氣息的含蓄泥煤氣味，比較接近焦炭與鹽滷，而比較不像藥水與碘酒。底層很快出現蜜桃、芒果、鳳梨、愛玉檸檬，偶爾點綴微弱的穀物氣息。晃杯之後，芒果、鳳梨與檸檬果香尤其集中。靜置之後，逐漸以香草鮮奶油主導，並點綴焚香木質氣息。

入口柔軟，出現乾燥草根與辛香，甜熟水果風味逐漸增強，辛香風味從參鬚轉變為甘草風味。這股蜂蜜檸檬、水蜜桃罐頭、柳橙、鳳梨般的甜熟風味延伸到中段，成為僅次於煙燻的核心風味。收尾回到辛香，浮現少許焦糖與堅果，伴隨微弱的奶油，偶爾出現黑巧克力。微弱的礦石風味與乾燥的泥煤煙燻彼此協調，出現鹹味的想像。餘韻甜潤，果味再次成為重要核心，背景是綿延不絕的煙燻風味。

在風味發展過程中，煙燻底景細膩，強度恰如其分，而甜熟的水果風味，從鼻息到口感與餘韻幾乎片刻不離，足以與泥煤煙燻彼此均衡。此外，可以注意穀物氣息與堅果辛香，這些風味皆可以溯源至麥汁與發酵特點——該廠採用相對混濁的麥汁製酒，具有堅果與穀物風味潛質，再加上並不特別放緩發酵程序，因此更進一步帶來辛香。這類風味在與泥煤煙燻產生互動時，便可能造成鹹味的感官效果，但卻不是真正的鹹味。這便足以解釋，為何 Bowmore 蒸餾廠的麥芽威士忌，經常帶有海風般的鹹味，但是化學分析並沒有鹽。

Bruichladdich

艾雷島中央：英達爾灣以西

硫質頗為顯著・襯托果味蜜香

Bruichladdich 的蓋爾語原文是 Brudhach a'Chladaich，唸作 [bruəx əxladɪç]，可以解釋為「海岸緩坡」或「岩岸峭壁」——但是後者比較符合廠區的實際環境。

桶陳培養 10 年的原廠裝瓶版本，酒液金黃，表層帶有鮮明的硫質，表現為氽燙豬肉與黑橄欖，而不是番茄罐頭或煮蝦水。很快發展出花蜜與淺色果乾，類似糖漬鳳梨與風乾蘋果。底層以濃縮集中的柑橘果醬主導，並點綴波本桶的椰子與鮮奶油氣息。晃杯之後，飄出集中的花蜜與柑橘香氣。靜置之後，堅果氣味明顯，點綴微弱的胡椒。摻水之後，散發青草氣息。

入口溫和，觸感稠密。很快發展出柑橘、蘋果與杏桃果味，波本桶香草鮮奶油風味處於背景強度，共構水果蛋糕般的氣味。中段出現乾燥辛香，花香與果味發展出愛玉檸檬風味。收尾乾爽，餘韻依然富有果味。餘韻浮現酒精稀釋帶來的微弱甜味與芬芳。

本廠是當今蘇格蘭威士忌業界最富創新精神的代表之一，在本世紀初復興以來，產品線就以多元著稱——新業主接手之初，許多威士忌必須換桶移注，產品線順勢拉長。如今裝瓶版本更是繁多，除了不同桶型規格與泥煤煙燻風味強度，還以不同蒸餾製程與麥芽來源或品種區隔產品，實驗性質濃厚。

該廠最顯著的風格標誌，是擁有充足果味支撐的多硫風格。Laddie Ten 是該廠泥煤度最低的裝瓶，可以作為認識廠區風格的起點；就算是泥煤度極高的 Octomore，富含果味的多硫風味架構也很清晰，不至於被泥煤遮掩。這樣的特性可以溯源至發酵製程與蒸餾切取策略——發酵時間稍長，所以富含果味潛力；酒心的切入與切出點皆不低，新製烈酒富含柑橘、蘋果、檸檬、梨子果味，而且能夠被保留到威士忌裡。

Kilchoman

艾雷島中央：英達爾灣以西

歲數不高・熟成迅速

廠名取自蓋爾語的 Cill Chomain，意思是「柯曼教堂」，唸作 [kɪlxomɛn]。該廠使用自有農場的大麥製麥，一部分在廠內催芽，一部分送往麥芽廠加工，泥煤煙燻程度不一。

Machir Bay 是該廠的旗艦酒款，2013 年裝瓶的版本，以 4-5 年的威士忌作為基酒調配而成。外觀色澤淺金，表層煙燻氣息細膩多元，像是積炭、藥水、醫院、鹽碘、甲殼類海鮮與煙燻火腿的綜合體，隱約出現青綠氣息。底層花果香氣豐富，包括椰子、檸檬、柑橘、杏桃、蘋果、花蜜。晃杯之後，出現香草奶油，茉莉與風信子花香更趨顯著。靜置之後，出現含蓄的焦糖與燒烤堅果氣息。

入口觸感輕盈甜潤，出現煙囪積炭與煙灰般的乾爽氣息，也像海藻與鹽碘。中段由豐盛的果味支撐，但是泥煤煙燻風味依然主導；波本桶的香草風味逐漸增強，與柑橘檸檬相遇，就像撒上檸檬皮屑的鮮奶油，但是依然處於背景強度。收尾微甜，點綴烏梅、焦糖與蜜餞，隨即趨於乾燥，以泥煤主導，表現為海藻、鹽碘。餘韻澀感顯著，伴隨椰子、堅果與焦糖氣息。

Kilchoman 是個年輕的蒸餾廠，這個裝瓶版本細瘦嚴肅，年輕卻已展現良好的成熟度，特別值得注意的是堅實的果味支撐。這項特徵可以追溯到發酵製程與用桶策略——延長麥汁發酵時間，促進產酯，賦予檸檬與蘋果氣息；採用活性良好的波本桶與雪莉桶，加速熟成步調，並帶來椰子、烏梅、無花果與蜜餞般的香氣。不妨繼續觀察該廠陸續推出的其他裝瓶，隨著桶陳培養拉長，桶壁萃取風味物與作用產酯濃度都會逐漸提高，泥煤風味則會逐漸下降，達到新的均衡，可以預期的是，接下來的裝瓶會更趨圓熟，逐漸擺脫這個年輕裝瓶細瘦嚴肅的風味架構。

Highland Park

其他島嶼區：歐克尼群島

泥煤來源獨特‧散發松脂花香

蘇格蘭西側外海的島鏈南北串聯，Highland Park 蒸餾廠位於該島鏈北端的歐克尼群島，但卻自稱「高地公園」。這些外島在地質結構上確實屬於蘇格蘭高地；然而位處島嶼的蒸餾廠風格若是接近高地，那是出於模仿與設計，而不是地質與水質因素使然。本廠的命名由來，恰是島嶼蒸餾廠自況高地風格的一個實例。

桶陳培養 12 年的原廠裝瓶，酒液成色金黃，表層泥煤表現為松脂，伴隨甘草、青橄欖與胡椒辛香，隨即出現鮮明的香草氣息。底層以果香與蜜香主導，類似金桔果醬與梨子果泥，隱約飄出穀物與焦糖，豐富多樣。晃杯之後，柑橘果香特別集中，並發展出漿果與白葡萄乾氣味。靜置之後，回到花蜜、木質與辛香共構的基調。

入口輕盈，雖然略帶甜潤，但是觸感輕巧，泥煤乾爽觸感浮現，風味層次細膩。中段發展出甘草、糕點、奶油、蜜餞、堅果與果味，帶有一絲青綠氣息。烏梅、焦糖、堅果與甘草持續到收尾，並混有辛香與木質風味。泥煤層次豐富卻含蓄，表現為金黃菸草、樹脂、花蜜與炭火，並與胡椒辛香呼應。餘韻風味和緩，甜韻依舊，柑橘、香草、辛香、木屑氣息源源不絕。比較像是配上燻烤風味的金桔果醬，而比較不像是藥水與瀝青。

這個裝瓶版本見長於細膩的複雜度，泥煤煙燻風味含蓄芬芳，花果蜜味集中而主導，甜韻持久卻依舊輕盈乾爽。這樣的性格基調可以從該廠的製麥、發酵與蒸餾看出端倪——採用該島特有的泥煤製麥，煙燻性格含蓄，表現為乾草、菸草與花蜜氣息；配合緩慢發酵，促進產酯，梨子與柑橘香氣豐富；酒心切取保留芬芳的中高段酒，不以收集豐厚的煙燻酚為目的，新製烈酒的果味反而比煙燻風味更多。

Scapa

其他島嶼區：歐克尼群島

果香桶味主導 · 風格香甜討喜

Scapa 蒸餾廠的名字不是源於蓋爾語，而是來自斯堪地納維亞古語 skalp 一詞，意思是「船舶」，在玻璃酒瓶上也有一艘小舟的浮雕圖樣。

桶陳培養 16 年的原廠裝瓶版本，表層帶有木屑、香草布丁、椰子與蛋黃奶油香氣，很快發展出果香，包括香蕉、梨子、蘋果。底層香氣與晃杯之後的表現，也依然是類似的整團香氣結構，不出波本桶味與果味框架。靜置之後，發展出鹽碘與生蠔氣味，也像是番茄罐頭與割草氣味，但是不足以拓寬香氣跨度。總的來說，氣味純淨討喜，也有一定程度的變化，然而層次距離非常接近。

酒液入口之後，隨即出現香草鮮奶油、果醬般的蜜味與蛋糕風味。從入口到餘韻，皆由波本桶風味主導，但不至於凌駕烈酒風味之上。觸感柔軟，收尾甜潤，餘韻出現椰子糖香。這款麥芽威士忌的整體架構，在 20-26℃ 較為簡單淺短；建議藉由稍微低溫侍酒修正，14-16℃ 足以恢復立體感與層次刻劃，嗅覺-味覺均衡架構以及味覺-觸覺協調性都會有較好的表現。

Scapa 雖然位於島嶼產區，但卻不帶絲毫泥煤煙燻風味與觸感，柔軟滑順，甜熟討喜；新製烈酒純淨無硫，果香奔放，帶有香蕉、李子與梨子香氣。該廠曾經透過延長發酵促進產酯，如今已經從 5 天縮短為 3 天。不過，在依然使用澄澈麥汁，並維持至少 52 小時發酵的前提下，待餾酒汁的果味潛質依然充分。只不過，其甜熟討喜的特性，便主要歸因於蒸餾設備——該廠的壺式蒸餾器頸部改裝為柱式，寬頸能夠大幅促進回流，配合純淨器預先冷凝部分蒸氣並採用現代冷凝器，便得到可觀的風味淨化效果。該廠新酒風味純淨，質地觸感油潤綿密，全面採用波本桶的策略，也間接襯托純淨多果味的風格特性。

Talisker

其他島嶼區：斯開島

風味繁複·椒香鮮明

Talisker 的蓋爾語原文為 Talasgar，斯堪地那維亞古語則拼為 t-hallr skjaer，意思是「岩石」或「岩坡」。

桶陳培養 10 年的原廠裝瓶，成色中等金黃，表層散發白胡椒與甘草混香，波本桶的木質與香草顯著，點綴茶樹與樹脂氣息。底層出現橘皮果醬、微弱的薄荷，不時飄出焦糖與櫻桃香氣。泥煤底景接近煙灰、土壤，帶有海藻氣息，果香集中，花蜜幽微。硫質肉乾香氣隱約可辨，脂肪酸酯的皂香微弱。香氣刻畫細膩，層次複雜，但是整體強度稍弱，需耐心嗅聞。

入口柔軟芬芳，浮現清晰的花蜜與白胡椒，很快轉變為柑橘、梨子、蘋果，並且延伸到中段。這股甜潤的果味與胡椒、草根般的辛香泥煤共同成為主導，展現豐富的茴香、丁香、甘草層次，並點綴堅果。果蜜風味豐盛飽滿，鹽碘氣味與硫質處於背景

強度。收尾乾爽微澀，出現煙灰般的泥煤與胡椒氣息。餘韻再次浮現甜潤的水果花蜜，甘草風味綿延不絕。

白胡椒風味是該廠的重要風味標誌，不同年份裝瓶，都延續了這股在新製烈酒即已出現的椒香。桶陳培養過程中，花果酯愈來愈多，烈酒既有的硫質逐漸讓位給蜜味，結構愈趨均衡。桶陳培養 10 年已有良好的均衡度，看似不相容的風味元素協調共存，廠區標誌鮮明。

該廠擁有蘇格蘭威士忌業界，外觀最有趣的初餾器──蒸餾器頂端的蒸氣連通管配有曲折設計，部分蒸氣與自然冷凝液通過純淨器之後，回流到蒸餾器；未被冷凝的蒸氣則進入銅質失活的蟲桶冷凝，催化效果微弱。這套設備組合，一方面足以加強風味純淨效果，並賦予油潤質地，另一方面卻又淨化得不太徹底，少許硫質殘留，據信就是該廠威士忌胡椒風味的根源。

Tobermory

其他島嶼區：穆勒島

果味層次豐富·櫻桃葡萄皆有

這座蒸餾廠與所在城鎮同名，蓋爾語原文是由 tobar（水井）與 Moire（瑪麗）兩個單字組成，典故源自當地紀念聖母的一口水井。由於詞組語法規則要求，必須拼寫為 Tobar Mhoire，雙子音 mh 發 [v] 的音，唸成 [tobər vɔrjə]，變成了「弗麗水井」。但是英語拼寫保留名字的詞形，而且 Mory 其實就是英語的 Mary。

桶陳培養 15 年的原廠裝瓶版本，酒液呈琥珀色澤，表層以海藻、昆布與鹽碘氣息主導，接著發展出強勁的礦石、堅果與果乾，雪莉桶元素鮮明。底層出現巧克力與焦糖，並點綴鼠尾草與薄荷氣息。背景果香微弱，以果醬型的柑橘為主。晃杯之後，櫻桃、橄欖與堅果氣味鮮明。靜置之後，蘊積穀物、甘草、棗李等蜜餞氣味。

入口之後很快出現辛香，並且持續主導中段與收尾。中段風味溫和卻顯得乾燥，收尾非常乾爽，呼應辛香。雪莉酒桶釋放出來的前酒風味，賦予微弱的蘋果果泥、咖哩辛香、青綠風味與土壤氣息。餘韻出現糖蜜般的果乾，略顯甜潤。葡萄乾、紅櫻桃與酒精風味，共構類似水果白蘭地的印象，並與雪莉桶的烏梅、果乾、焦糖，形成繁複的風味層次。

這是一款果味集中而澎湃的威士忌，以繁複的風味見長，這個版本的水果風味表現為櫻桃、烏梅、堅果、蘋果，皆可以溯源至雪莉桶陳培養。相對來說，10 年裝瓶則以波本桶陳風味主導，果味表現接近檸檬、柑橘，並點綴類似玫瑰的花香與蜜味。該廠蒸餾器的肩頸交會處設有滾沸球，頂部蒸氣連通管也有足以增進回流的彎折設計，然而新製烈酒的風格依然壯碩，相當適合長期培養熟成，桶陳 32 年的版本尤其能夠充分表現其陳年潛力。

Ledaig

其他島嶼區：穆勒島

果味豐沛多樣・泥煤乾淨輕巧

這是 Tobermory 蒸餾廠推出的泥煤版本；Ledaig 一名起自蒸餾廠同名城鎮的別名 An Leadaig，唸作 [ən lɛdʒɪk]，源自 Leathad Beag，唸作 [ljɛhatbɛk]，意思是「和緩小坡」，其實就是避風港的意思。

桶陳培養 10 年的裝瓶，成色淺金，表層是硫質、果香與泥煤的混合，帶有柑橘蜜香，也有微弱的皮革與海藻氣味，鹽碘氣息接近割草氣味。泥煤鮮明而不至於遮掩果味，底層帶有杏桃、柑橘，並點綴青綠薄荷香氣，海藻氣味依然顯著。晃杯之後，果香集中濃郁，點綴波本桶的木質與花卉香氣，表現為焚香與微弱的風信子、山楂花，而比較不接近玫瑰或紫羅蘭。靜置之後，回到硫質與泥煤煙燻主導的架構，並點綴果香。

入口滑順溫和，泥煤乾爽感緩緩鋪開，不至於緊澀。泥煤表現為海水鹽碘、積炭、海藻與微弱的藥水氣味，但不至於像消毒水。中段發展出豐沛的柑橘、青檸、杏桃與蜜桃。波本桶的香草與胡椒木質辛香彼此均衡。收尾辛香微甜，浮現焦糖、燒烤、巧克力風味，與泥煤煙燻風味協調，並有充足的果味支撐。

這款威士忌乾淨輕巧、果味豐沛，足以察覺新製烈酒的辛香氣息、海藻氣味與微弱的積炭氣味都被保留下來。桶陳培養 10 年的版本，著重表現泥煤煙燻風味在波本桶風味底景下的經典均衡；晚近推出桶陳培養 18 年的版本，成色較深，表現鮮明的雪莉桶風味個性，包括巧克力、焦糖、葡萄乾、烏梅與菸草，餘韻悠長帶澀，風味均衡架構截然不同，但是柑橘、鹽碘與辛香氣息依然顯著。

Isle of Jura

其他島嶼區：朱拉島

口感溫和細膩 · 草木香氣顯著

朱拉島上的同名蒸餾廠，名稱源自蓋爾語的 Diùra，讀作 [dʒuʁa]，語義不詳；但有考證認為，島名來自斯堪地那維亞古語，意為「野鹿」。早期製酒產業從農耕到製麥，每個程序都遵循固定時節週期；譬如必須等到五月天氣回暖，才開始採挖泥煤，以俾泥煤塊充分曝曬風乾。人們相信，若是提早採挖就會招來厄運——島上的這個「迷信」，就是原廠裝瓶 Superstition 的典故緣由。

這個裝瓶版本成色深金，表層以蕨類、土壤與乾草主導，並浮現薄荷、百里香與尤加利青綠氣味與樹脂氣息。底層出現燒烤堅果、煙燻與核桃，並點綴胡椒辛香，逐漸浮現香草、木屑與蜜香。晃杯加強焦烤與礦石氣味，並襯托烏梅、棗子、蜜餞。靜置之後，堅果、焦糖與核桃香氣特別顯著。

入口甜潤，旋即演變出茴香籽辛香與土壤氣息，讓人聯想到蕈菇。中段以煙燻、焦糖為主，混合巧克力與杏仁，並發展出杏桃與檸檬果味。收尾乾爽，純淨淺短，表現鮮明的乾草、穀物調性，煙燻風味次之，水果與堅果再次之。

該廠的新製烈酒緊密嚴肅，果味不多，除了微弱的檸檬香氣，主要以草香、穀物，與土壤蕨類氣味的泥煤煙燻風味主導。這些特性可以部分歸因於相對較短的發酵製程，以及使用高大的蒸餾器。該廠的新酒素以極富桶陳潛力著稱，最佳年數落在桶陳培養 16 年，熟成高原大致落在 21 年以上。這個裝瓶版本沒有年數標示，其中調配了少許稍高年數的威士忌，賦予糖蜜、葡萄乾、核桃與嫩薑風味；較年輕的基酒成分，則帶來檸檬、杏仁、榛果與青綠風味。

Arran

其他島嶼區：艾倫島

柑橘風味充沛 · 架構輕巧勻稱

Arran 蒸餾廠與所在島嶼同名，蓋爾語拼寫為 Arainn，讀作 [aʀɪn]，意思是「尖頂丘陵」，然而真正的詞源不詳。

桶陳培養 10 年的原廠裝瓶，酒液呈金黃色，表層帶有穀物、奶油餅乾與堅果氣息。硫質氣味強度不高，但足以辨認，表現為汆燙豬肉與酵母泥氣味。這股硫質氣息很快帶出濃郁的柑橘香氣，接近橘子或橘皮，而比較不像葡萄柚。底層以穀物主導，香草奶油作為背景，逐漸發展出巧克力與丁香，泥煤煙燻氣味不多。晃杯之後，飄出香蕉、鳳梨、檸檬、李子氣味。靜置之後，穀物與焦糖香氣顯著，甘草與泥煤煙燻的丁香氣息呼應。

入口觸感柔軟輕盈，緊接出現花蜜般的皂味，點綴酵母泥般的微弱硫味，但是很快消散，泥煤微澀觸感與之協調。中段風味由辛香主導，但是果味逐漸增強，包括香蕉與橘子，直到尾韻出現杏桃蜜餞風味。餘韻平順不澀，酒精帶來微甜。

這是一款果味豐沛、風格甜美、架構輕巧的威士忌，柑橘風味鮮明，擁有良好的穀物與堅果風味支撐。這樣的風格特性可以從發酵與蒸餾程序看出端倪——採用清澈麥汁發酵，但不刻意延長發酵時間，因此能夠擁有充足的果味與少許辛香堅果體質；初餾鍋底部寬淺，特別容易從酒汁的酵母懸浮物裡萃取出風味物質，與堅果、焦糖風味共構穀物、烤麵包氣息；然而，該廠蒸餾器頸部以上的形制高大細窄，配合放緩蒸餾速度，足以促進回流，增進銅質接觸與風味淨化作用，並加強果味表現。

艾雷島南岸
奇達頓灣
沿岸三廠

艾雷島東岸
艾雷峽灣
沿岸兩廠

艾雷島中央
英達爾灣
以西

其他島嶼區
北起歐克尼群島
南至艾倫島

坎培爾鎮
重返舞台的
威士忌港都

Springbank

坎培爾鎮：重返舞台的威士忌港都

果酯豐富 · 風味深長

Springbank 應該理解為「岸上湧泉」，不是春天銀行。自 1828 年創廠以來，廠區未曾遷址，名稱也沿用至今，是坎培爾鎮在經歷產業低潮之後，當今碩果僅存的蒸餾廠之一。該廠的同名威士忌是旗艦酒款，而出自同廠之手的非同名威士忌 Longrow 與 Hazelburn，只是借用其他不再營運的蒸餾廠名號銷售，在類型上也算是單廠麥芽威士忌。

桶陳培養 10 年的原廠裝瓶，成色金黃，甫入杯即散發泥煤煙燻氣息。表層柑橘香氣鮮明集中，些許硫質支撐良好。底層逐漸發展出鳳梨、青檸、白葡萄果味，並混合煙燻與波本桶木屑辛香，共構微弱的焦烤氣味，以及人參、乾草、草根與青橄欖氣息。晃杯之後，濃郁的柑橘香氣再次浮現，來自木桶的果味逐漸演變成棗乾、李子、蜜桃、花香。靜置之後，逐漸蘊積穀物與辛香。

入口觸感溫和，風味變化迅速——在入口柔軟油潤的第一印象之後，旋即浮現硫質，賦予份量感，並帶來蜜味，點綴帶有鹽滷氣息的煙燻風味。中段由豐沛的柑橘果味主導。收尾乾爽，餘韻除了柑橘之外，也有杏桃、百香果、鳳梨，酒精風味加強果味印象。

該廠芬芳多果味的性格與豐厚飽滿的層次表現，可以從麥汁製備、發酵程序與蒸餾切取找到根源——採用低糖度麥汁，配合長時間緩慢發酵，得到果酯潛力豐沛的低酒精濃度待餾酒汁；酒心的收集濃度範圍特別寬廣，切入點稍高，足以收集特別芬芳的花香與果酯，切出點稍低，則能保留更多泥煤煙燻風味與穀物、堅果、焦糖風味層次。

（Springbank 蒸餾廠）

Longrow

坎培爾鎮：重返舞台的威士忌港都

泥煤縱使強勁 · 果味依舊奔放

Longrow 是 Springbank 蒸餾廠採用兩道蒸餾工法生產的重泥煤威士忌，其名稱借自早期坎培爾鎮的另一座蒸餾廠，其舊廠房建築保存完整，與 Springbank 蒸餾廠區毗鄰，如今被利用作為裝瓶廠房。

桶陳培養 14 年的版本，外觀金黃，入杯即散發柑橘與青檸果香，泥煤表現為煤炭般的礦石與土壤氣味，不至於遮掩豐富的果香；偶爾出現草根、苔蘚、蕨類植物與乾草氣息，也不至於遮蔽底層的哈密瓜與香蕉。晃杯之後，泥煤煙燻氣味增強，然而很快回到果香基調，展現蘋果、檸檬、木瓜氣息，並出現濃郁飽和的花蜜與杏桃乾。

入口乾爽，波本桶的香草風味稍縱即逝，旋即以泥煤煙燻主導，陪襯果味與辛香，白胡椒與荳蔻風味鮮明。中段發展出李子與桃子，點綴堅果、燒烤杏仁與可可，微弱的鮮奶油風味與巧克力互襯。收尾轉趨乾燥，以辛香、草根與苔蘚為主。收尾乾爽平衡，煙燻與果蜜風味俱足。餘韻果味綿延不絕，發展出薄荷草本植物氣息。泥煤煙燻風味逐漸變弱，從土壤、苔蘚風味，逐漸轉變為煤炭、礦石與煙灰調性。

Longrow 的泥煤風味強勁，伴隨乾草、堅果與穀物風味。除了採用重度泥煤煙燻麥芽製酒，其風格成因也可追溯到初餾鍋加熱方式與酒心切取——初餾鍋在蒸氣加熱以外，也配合外部直火加熱，賦予辛香與焦烤氣味；酒心切取範圍下探至 58%，偏低的切出點有利於收集更多酚類物質，然而不至於遮掩果味。桶陳培養 14 年的版本，果味表現尤其奔放；至於無年數裝瓶，由於調配基酒年數較淺，累積果酯少，泥煤保留多，因此泥煤整體表現較為赤裸。

〈Springbank 蒸餾廠〉

Hazelburn

坎培爾鎮：重返舞台的威士忌港都

細膩均衡・果味豐沛

Hazelburn 是 Springbank 蒸餾廠旗下的產品線，採用 3 道蒸餾工法，並設定為無泥煤威士忌；品牌名稱借自坎培爾鎮早期規模最大的蒸餾廠，該廠生產規模與蒸餾器容積在當時皆數一數二。原廠舊址建築保存完整，但是內部已經改裝成為辦公空間。Hazelburn 這個名字所對應的威士忌，雖然不同於以往，生產規模也小，但是在產品風格設計上，卻與當時該廠風格遙相呼應——縱使當時使用大型蒸餾器製酒的風格，也未必如同今日這般細膩均衡。

桶陳培養 12 年的裝瓶版本，酒液呈現深沉飽滿的金色，表層是集中濃郁的果香，富有蘋果、梨子、杏桃、柑橘層次，並點綴燒烤杏仁堅果風味。來自脂肪酸酯的燭油、皂香與鳳梨香氣支撐花果蜜香。底層以果乾為主，雪莉桶的烏梅與糖蜜香氣表現含蓄，伴隨礦物氣息。

入口柔軟，果味豐沛，旋即帶出乾燥辛香料。中段由深沉集中的杏桃乾、蘋果、柑橘與葡萄汁主導，豐厚的果味持續到收尾。尾韻富有果味，乾燥清爽，即使屬於無泥煤威士忌，但是依舊嘗得到淡淡的澀感，來自雪莉桶的礦石風味，也提升了這股乾爽觸感。餘韻果味豐沛，悠長深遠。

桶陳培養 10 年與 12 年的版本皆純淨芬芳，果味紮實，豐沛甜潤，觸感油滑；這樣的性格可以歸因於 3 道蒸餾工法與烈酒切取策略——這個產品線的酒心平均濃度 78%，保留了芬芳豐沛的檸檬與青蘋果香氣；於 63% 切出，賦予辛香、焦香與堅果風味。3 道蒸餾結束之後，酒精濃度高達 71-75%，純淨芬芳，兌水稀釋到入桶濃度之後，觸感油潤柔軟。烈酒本身固有的特性，在桶陳培養之後依然足以察覺。

〈Glengyle 蒸餾廠〉
Kilkerran

坎培爾鎮：重返舞台的威士忌港都

架構協調・辛香鮮明

Kilkerran 是品牌名稱，其蒸餾製程是在 Glengyle 蒸餾廠完成；不以酒廠名稱命名，是由於廠名使用權不在現任業主 J&A Mitchell 公司手中。由於經營團隊與 Springbank 蒸餾廠有親緣關係，風格走向也彼此接近；本廠的烈酒裝桶之後，甚至也是移往該廠的酒庫培養。

Glengyle 蒸餾廠休停了 80 年，恢復營運之後，近年陸續推出年輕裝瓶。「工程進行中」（Work in Progress），就是平均年齡較輕的無年數標示威士忌。年輕但卻相當適飲，作品完成度良好，性格也頗鮮明。

這個版本的成色中等金黃，表層散發集中的水果香氣，表現為柑橘、梨子、桃子與蘋果。泥煤表現類似煙灰與積炭，蕨類植物、土壤氣味與偶爾飄出的乾燥辛香及草本植物氣味呼應。底層李子果醬香氣濃郁，層次多元。晃杯之後，果香加強，泥煤氣味依舊。

入口溫和，出現中等強度的泥煤風味與乾燥觸感，表現為辛香料、藥粉、草本植物與甘草，並帶出乾草與微弱的鹽碘風味。中段出現隱微的硫質，襯托花蜜與果味。橡木桶的香草風味處於背景強度，接近收尾時帶出奶油焦糖。收尾乾燥，以泥煤主導。餘韻漸漸浮現柑橘與李子果醬，藥粉般的辛香依然鮮明可辨，泥煤風味與觸感悠長含蓄，元素之間彼此協調。

Kilkerran 的整體風格傾向果味與辛香，伴隨中等的泥煤強度。Glengyle 蒸餾廠在籌備時，從他廠拆裝蒸餾設備，重塑鍋身線條，將蒸餾器頂部連接至冷凝器的角度設為向上傾斜，以促進回流，並採用現代冷凝設備，增加銅質接觸的風味淨化效果，這些設計都足以加強澄澈麥汁延長發酵本身固有的果味潛質。

艾雷島南岸	艾雷島東岸	艾雷島中央	其他島嶼區	**坎培爾鎮**
奇達鎮灣	艾雷峽灣	英達爾灣	北起歐克尼群島	**重返舞台的**
沿岸三廠	沿岸兩廠	以西	南至艾倫島	**威士忌港都**

Glen Scotia

坎培爾鎮：重返舞台的威士忌港都

輕盈明快‧柔軟平順

Glen Scotia 蒸餾廠是坎培爾鎮現存的 3 座蒸餾廠之一。Springbank 以及 Glengyle 2 座蒸餾廠都位於坎培爾鎮的主要街區，Glen Scotia 卻藏身在稍遠的小路。其規模頗小，廠區設備簡樸，恰似其簡單明快的風格反映。

桶陳培養 12 年的原廠裝瓶版本，酒液呈飽滿的金黃色，表層有相當鮮明的杏桃、柑橘與梨子果香，伴隨頗為含蓄的泥煤氣息。泥煤煙燻風味的表現比較不像藥水，而較接近煙囪積炭、煙灰，以及些許石灰或紙黏土般的礦物氣息。底層出現微弱的奶油香氣。晃杯之後，散發集中的花蜜與橘子果醬氣味。靜置之後，蘊積微弱的昆布、鹽碘氣味。

入口溫和輕盈，立即發展出柑橘果醬風味，點綴一些泥煤煙燻的燒烤氣息，接近煤炭般的礦石風味。中段觸感柔軟，並且有相當多元的辛香與水果風味。來

自橡木桶的風味始終含蓄，但卻足以提升整體風味表現，讓泥煤與果味的感受更富層次。收尾非常乾爽，以水果風味主導，漸漸出現胡椒與嫩薑風味，偶爾飄出當歸般的藥材氣息以及燒烤堅果風味。

這是一款整體表現以均衡見長的麥芽威士忌，泥煤煙燻與木桶風味含蓄，風格輕盈明快，觸感柔軟溫和，果味成熟豐富，架構比例協調。煙灰般的泥煤、柔軟平順的觸感質地，以及潛藏的果味深度，都是 Glen Scotia 的重要性格標誌。

若是稍微加水品嘗，果味強度會大幅下降，風味架構改以辛香與堅果主導——喜好是見仁見智，然而這款威士忌純飲的表現，明顯比摻水品嘗更有線條層次感，整體均衡協調表現也比較好。

Genesis of Your Dram:
Ingredients,
Process & Quality

各種酒類品評的相通之處，在於把無形感受轉為有形語言，在於藉由酒杯裡的風味，探索酒杯外的世界。我要帶各位走一趟威士忌的紙上尋根之旅，從大麥田到麥芽廠，從橡木林到製桶廠，從泥煤地到烘焙間，從發酵槽到蒸餾鍋，從無色烈酒到威士忌成酒……且讓我們一睹威士忌性格的諸多構成要素，如何形塑威士忌的風味。

每座蒸餾廠都獨一無二，特有的反應群組構成難以複製的廠區個性。站在當今的研究高度上，足以找出設備、程序與風味品質的關係，然而相對於未知，所知依舊太少。蒸餾工藝的奧妙精微，或許還在看不見的地方。正因如此，威士忌依舊藏著只能揣測，難以具體驗證或解釋的謎團。這套知識體系也方能多些浪漫想像，而不只是冰冷的生產技術。且讓我們近距離端詳製酒工藝，或許就在這凝視接觸當中，得以體悟參透那些科學掌握之外的因素與製酒人投入的情感，如何替威士忌保留一份奧秘。

Part III

酒廠裡的複雜機制

蒸餾之前：
從麥芽到啤酒

From Grain to Wash

大麥與麥芽製作

徜徉大麥田：農作背後的秘密

大麥麥芽的製酒優勢

　　大麥麥芽的釀造性能無可取代——比小麥或玉米更富風味潛質，且含可分解澱粉的酵素與酵母生長所需養分，其皮殼可構成麥糟層幫助麥汁澄清與分離。由於生產法規禁止添加酵素，所以穀物威士忌的配方必須使用約莫 3 成的大麥麥芽，以利用其酵素分解澱粉。

製酒麥芽的規格要求

　　啤酒釀造業與威士忌蒸餾業都是麥酒產業，然而對麥芽規格的要求不太一樣。威士忌產業更注重每公噸麥芽可以製得多少烈酒，稱為「預估烈酒產量」（PSY, predicted spirit yield）或「換酒率」。不同形態威士忌生產商，對麥芽換酒率的重視程度與要求不盡相同。

　　穀物蒸餾廠特重麥芽原料的酵素分解力，最適合採用含氮量稍高的大麥品種所製成的麥芽。然而由於麥芽用量相對很少，所以沒有足夠的籌碼與麥農談判。目前的作法是與麥芽蒸餾廠共用相同大麥品種製成的麥芽，但在種植與製麥環節進行調整，包括施用氮肥、延長催芽、低溫烘焙等，如此便足以得到更適合規格的麥芽，而沒有必要培育高氮品系的大麥品種。

　　至於完全採用大麥麥芽的麥芽蒸餾廠，在麥芽酵素充足與風味穩定的前提下，更重視換酒率，且常以此作為採購依據。隨著時代進步，如今每公噸麥芽的換酒率最高可達 460 公升純酒精，反觀 1950 年代只有 370 公升。發跡於 1960 年代中期，盛行於 1970-80 年代的黃金諾言大麥（Golden Promise），當初也是培育而來，製酒性能良

好，單位換酒率高，因此取代當時既有的製酒大麥品種。但是後浪推前浪，每個品種不斷被效能更佳的品種取代。

　　不同大麥品種可製成規格相仿的麥芽，對生產製程與產品風味沒有顯著影響；差異往往來自於飲者的依戀不捨，進而產生不同的感受。懷舊不是壞事，但或許不應讓這種情緒變成一種對過往事物的盲目追求。威士忌產業很難重回過去，但古早的製酒工藝與大麥品種未必會立即消失。只要人們仍然懷抱嚮往與尊重，這些傳統就能繼續存活，直到終於被人們完全遺忘，或者被殘酷淘汰的那一天。

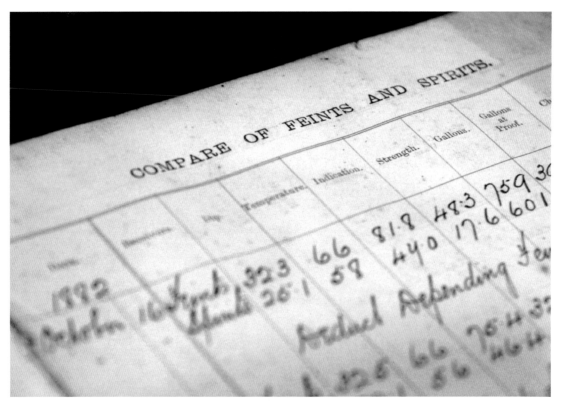

十九世紀留下來的蒸餾廠工作日誌，顯示每公噸大麥麥芽能夠製得的烈酒，遠不如當今品種大麥麥芽的換酒效率。

使用本地原料，不只為了支持在地農民

　　大麥與許多植物一樣，會自然發生變種。蘇格蘭農人很早就觀察到這個現象，並選出特別適合當地環境的株種。不符合製酒條件的品種，或採收後遭到淘汰的麥粒只能當作飼料，因為製酒用的大麥，必須同時符合製麥與製酒兩項品質要求。

　　蘇格蘭威士忌生產法規並未限制穀物原料來源，境內麥芽與進口麥芽都允許使用，但是採用本地農產是常態作法。有些年份可能由於歉收而漲價，這時進口麥芽縱使加上高昂運費，但售價卻可能更為廉宜，因此採用進口麥芽製酒不無可能。

　　麥芽來源並不構成品質差異，但選擇本地麥芽更為有利，因為此舉能夠促進種植、加工到製酒的產業供需鏈健全發展。麥芽蒸餾廠參與市場生態，發展合作關係，能夠確保優質原料供應無虞與合理的資源分配，達到互助互惠。穀物蒸餾廠也面臨類似課題，因為適合製酒的小麥屬於相對廉宜的品種，新興能源產業以它作為提煉燃料的原料，成為原料競購者。總而言之，蒸餾廠無法自外於蘇格蘭穀物原料供應鏈，主要不是風味品質考量，而是產業經濟生態使然。

春天播種的大麥特別適合製酒？

　　不同大麥品種的環境敏感度與生長條件不同，按適合播種的季節，可將品種概分為春麥與冬麥兩大類。春麥適合春天播種，因為這類品種不適合在田裡過冬；冬麥則適合秋天播種，讓種子在土裡過冬，這類品種若拖到春天播種，就會來不及結穗，甚至根本無法開花。蘇格蘭環境普遍涼冷，在近年農技發展下，才漸允許在較溫暖的南部選種冬麥。

蘇格蘭北高地東岸的黑島依舊是
製酒用春麥的重要產地，附近有
大型麥芽工廠形成產業群聚。時值
六月，金黃麥田青綠間雜。

位於愛丁堡近郊的Glenkinchie蒸餾廠採購現
成麥芽製酒，當麥芽運抵時，即以此活動式
輸送管將麥芽送至麥芽倉儲存。

近年盛行的春麥品種是 Optic 與 Concerto，過去流行半個世紀的其他品種也並未消失，譬如 Chalice、Chariot 與 Prisma。其他包括黃金諾言在內的春麥品種仍有生產，但主要不是為了製酒效能、經濟效益或風味特性，而是保留特定品種，可以維持物種多樣性，也可以滿足選育配種工程的需要。

不同大麥品種，不同烈酒風味？

一般認為大麥品種對威士忌風味沒有顯著影響，多數觀察也都指向此一結果，這可以從產業現況找到解釋。製麥所需的大麥僅限適合加工的幾個品種，種植商供應的大麥穀粒，品種組成比例不見得每次相同，製麥程序以得到規格相仿的麥芽成品為目標，不同批次最終也會混合以求質地一致。麥芽成品的規格要求是針對釀造性能，而非大麥品種。多數蒸餾廠採用市售麥芽，而其品種比例不得而知，因此威士忌業界形成了「大麥品種不影響威士忌風味」的主流觀點，而且事實上，人的感官不見得能夠察覺其中差異。

特定大麥品種會影響直飲型啤酒風味，在蒸餾史上也曾採用不同品種製酒，因此便出現使用不同品種製酒的嘗試，而某些新酒確實也有風味差異，甚至經過數年桶陳培養後，依然嘗得出來。然而不同桶次必然存在差異，因此，依然無法有效證明成酒足以嘗出大麥品種的影響。若要驗證其間關係，必須設計相符的實驗程序與準則，然而目前相關研究不足。多數生產者相信，大麥品種對威士忌的影響可以忽略。

採用不同來源或品種大麥製酒的案例，包括 Glenmorangie 蒸餾廠採用 Maris Otter 品種製酒的 Tùsail 酒款，產品以蒸餾與桶陳培養賦予的性格主導。相對來說，有些特殊大麥品種可能帶來更明顯的風味效果；Arran 與 Bruichladdich 兩廠皆曾推出以古老品種 Bere 為訴求的限量商品。這種六稜大麥的蛋白質含量高，麥粒尺寸不均，從碾麥到糖

Springbank蒸餾廠除了固定採用Optic與Concerto大麥品種，也曾與當地
農民合作，取得古老大麥品種，用於同名酒款配方當中。

"Distillery cat" 是最輕鬆易記的蒸餾廠術語吧！許多廠區都有貓，而且還有名字，陪員工上班，陪訪客蹓躂，或許也會看守麥倉，但通常都在睡覺。

化都相當棘手，但卻可以帶來高級醇酯的刺激香氣與較為凝縮稠密的質地觸感。另外，Springbank 蒸餾廠也與當地麥農合作，偶以 Bere 品種製麥與製酒，最近一次生產是為了準備推出週年紀念酒款。

其他穀物選項

　　蘇格蘭穀物蒸餾如今大多採用特定的冬小麥作為配方，因為麥汁不至於太過黏稠，比較有利製程處理。玉米也是早期穀物蒸餾的主流原料，而且擁有許多製酒優勢──換酒率比小麥高，所含的聚糖成分較少，糖化時較不黏稠，處理便利。然而，由於生玉米粒外層的澱粉有如玻璃質地般堅硬，需要高溫處理，所以能源成本高昂，再加上製得的烈酒風味較為厚重，如今已經幾乎捨棄不用。

走進麥芽廠：認識製酒的關鍵原料

浸泡與準備催芽

　　大麥麥粒必須經過催芽才能滿足製酒需求，為了取得完整的酵素群，並盡量保留糖分，必須在最適當的時機送往烘乾，阻斷發芽。

　　催芽之前必須提高麥粒含水量。多數品種直接浸泡即可，然而有些品種不宜浸泡，只能灑水。在溼冷環境下結穗的大麥，通常不易催芽，所以時間成本較高，但釀造性能與品質影響差異不大。古代品種的大麥催芽特別不易，所以成本較高，若是採用的話，通常不免宣揚一番。

　　麥粒採收時的含水量大約是 15-25%，含水量必須降至 12% 以便貯存。催芽前則必須浸麥，提高含水量至 46-48%。浸麥必須顧及水溫與換氣，現代化的浸麥池配有空氣壓縮機，打氣翻攪以提高溶氧量，就像按摩浴缸。舊型浸麥池外觀瘦長，沒有溫控與打氣設備，藉由換水維持溶氧量。

遺落在某個角落的麥粒，最後也沒有被送去烘乾。固然逃過一劫，悠然繼續生長，卻也註定無法成為威士忌。

Springbank 蒸餾廠的舊型浸麥池。鋪平麥粒，打開引水閥門，引流臨近丘陵的湖水需時數分鐘，水管深處的咕嚕咕嚕聲由遠而近，池底入水之後，麥粒緩緩浮起，以木鏟拍打撥弄漂浮的麥粒使之下沉，氣氛特別寧靜詩意。傳統浸麥全程手動操作，整個過程約需2天：第一道浸泡約需12小時，排乾之後靜置12小時，接著再引水續泡14小時，最後放乾靜置4小時，就可以移往催芽。

浸泡之後的「甦活麥粒」，傳統工序將之平鋪地面、等待發芽，因此稱為「地板式製麥」（floor malting）。

鋪麥的時候，如何得知腳底下的麥床多厚？用工具輕壓一下，就可以憑經驗判斷是否需要調整。

伸出鬚根的青綠麥芽

麥粒伸出鬚根後就稱為青綠麥芽。由於發芽過程會呼吸並釋放熱能，二氧化碳下沉，而且表層與底層照光程度不一，因此必須經常翻動麥床，讓發芽進度一致。此舉也能避免鬚根纏結，變成一整片「麥毯」（matted malt）。麥床厚度與翻動頻率有最適當比例，厚一些，就要翻得更勤。

早期穀物蒸餾直接採用青綠麥芽，酵素群完整，雖然糖分損失較多，不過可藉成本低廉的穀物彌補。當代麥芽生產商發展特殊規格產品，採用特定品種配合延長催芽與低溫烘焙，用量甚至可以低於 1 成。如今，除非有特殊條件或合作關係才會採用青綠麥芽，否則運輸成本高昂，保存期限也太短，不符經濟效益。

麥芽蒸餾廠對於麥芽品質的要求標準不同，除了基本酵素力，每公噸能夠製得的烈酒量更是關鍵。生產者必須精準判斷青綠麥芽的最佳送烘時機。錯過，等於白白損失糖分，換酒率變差；過早，酵素群不夠完整，徒增製程困擾。催芽平均需時 1 週，但有進度表而無時間表；特別溫暖時，發芽加速，就要提早送烘。

　　現代大型麥芽工廠，可以直接取樣切片觀察麥芽細胞壁崩解程度，得知酵素群是否完整，判斷送烘時機。然而，自製地板麥芽的蒸餾廠，通常直接從麥床取樣進行感官審檢——放在手心上，看一看、捏一捏、嘗一嘗，也可以準確拿捏送烘時機。這項操作看來很原始，然而憑藉長期累積的經驗法則，其實頗為可靠。

青綠麥芽通常不會直接用來製酒，經過烘乾方能確保品質穩定，以及便於運輸及貯存。

青綠麥芽質地鬆綿，像不脆的蘋果。麥殼帶有乾草或生菜般的青澀風味，通常不會留到烈酒裡。

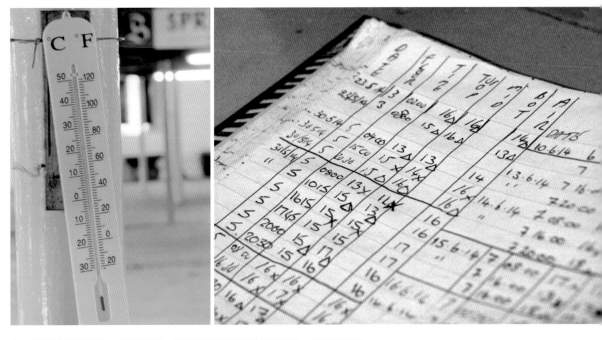

地板式製麥仰賴密切觀察、記錄與追蹤。催芽環境氣溫超過20℃就算溫暖，必須特別監控。

為什麼有些蒸餾廠要自製麥芽？

現今仍有少數蒸餾廠保留自製地板麥芽的傳統，但用於生產的比例不一：坎培爾鎮的 Springbank 完全採用自製地板麥芽；艾雷島的 Laphroaig、Bowmore、Kilchoman，歐克尼群島的 Highland Park，以及斯貝河谷的 The Balvenie 與 BenRiach 等，實際用於製酒的自製麥芽比例較低，少則 1 成，多則 4 成。

傳統自製地板麥芽，在早期有實際需求。外島地區由於海相不穩而經常延誤船期，若平素少量製麥、供貨中斷時，生產不至於停擺；如今，這些風險不再構成營運威脅。少數蒸餾廠依然保留製麥傳統，甚至宣稱足以影響產品風格，然而由於自製麥芽使用比例通常不高，而採用市售麥芽的生產者也並未因此缺乏個性，持平而論，自製麥芽與威士忌品質沒有直接關係。

The Balvenie蒸餾廠的自製麥芽，只能滿足酒廠1成需求，其餘皆仰賴採購。

維繫自製地板麥芽傳統的蒸餾廠，總是多了些吸引訪客駐足的角落。經營者也意識到，就算自製麥芽不會賦予獨特風味，卻也足以散發與眾不同的魔力。

烘麥程序的風味效果

麥芽烘焙可以阻斷發芽、保留澱粉，並讓麥芽含水量下降到4%，便於運輸與保存。青綠麥芽所含豐富酵素群，在烘焙後會部分喪失，但依然能夠滿足製酒需求。烘焙程序的風味效果，包括排除潛在不良風味因子，以及賦予新的風味潛質。催芽產生的風味物質，包括硫化物、微生物作用產物，以及青綠麥芽本身的多種醛類，譬如穀物、乾草、紙板、小黃瓜等氣味，在烘焙之後就會大幅消散，就算殘留在麥芽裡，也會在糖化與發酵過程中消失。

有些硫化物的風味衍生物來自烘焙，而不是青綠麥芽，在製備麥汁時，這些物質會發展出蒸煮蔬菜、番茄罐頭氣味。不過由於揮發性強且容易氧化，通常無法熬過桶陳培養，也就是說，若在發酵與蒸餾後被保留下來，也不至於影響最終威士忌的風味。

烘麥全程持續約40小時，必須日夜輪值看守窯火並調整溫度，通常先以60℃烘15小時，提高到68℃再烘15個小時，最後以72℃烘10個小時作結。烘焙溫度管理攸關酵素群能否完整保留：第一階段穩定低溫烘焙，待水分大量蒸散後，酵素就不易受高溫破壞。隨著烘焙溫度提高，蛋白質與糖分受熱作用，產生梅納反應[*]，不但皮殼色澤加深，也會產生典型的麥芽焙烤香氣，包括餅乾、烤土司、麥芽糖香、棉花糖、堅果、牛奶糖，甚至淡淡的牛奶咖啡香。

除以乾熱空氣烘乾麥芽之外，也可在窯爐添用泥煤進行煙燻，賦予一系列獨特的泥煤煙燻氣味。接下來，我們將目光轉向泥煤，看看一座蒸餾廠怎麼取得與使用泥煤，而不同的泥煤又會帶來哪些風味特點。

---

[*]梅納反應（Maillard Reaction）是以法國科學家路易・卡密・梅納（Louis Camille Maillard, 1878-1936）命名的。他於1912年發表的研究成果指出：醣類與胺基酸在適當的環境條件下，可以透過一連串理化作用產生文中所述的多種芬芳化合物與褐色物質。這項發現對食品工業影響深遠。

青綠麥芽移往烘麥間，用剷子將麥芽平鋪在地面，將窯門關上，熱空氣或泥煤煙霧會從鏤空的地面上升，穿過麥層進行乾燥或煙燻。

巡訪泥煤地：煙燻印記的源頭

泥煤煙燻是蘇格蘭威士忌的標誌

蘇格蘭涼冷潮溼，島嶼區與迎風沿海一帶，幾乎僅足以支持苔蘚與石南類草本植物生存。在偏酸、積水的岩層上布滿石南與苔蘚，春秋枯榮，層層堆疊，最終形成泥煤，還沒變成褐煤或煤炭，就被開挖當作日常燃料。

泥煤作為窯火燃料，往往讓麥芽沾上煙燻氣息。如今，多數蘇格蘭威士忌都有強度不一的泥煤煙燻風味，就算聞不出來，也能嘗到泥煤煙霧帶來的乾爽澀感。不論強弱，這是蘇格蘭威士忌的重要風味標誌。當我們說泥煤是威士忌製酒原料時，不是吃土的意思，泥煤風味潛質只有經過燃燒起煙，才能夠表現出來。

泥煤通常藏在廠區不起眼的角落。信手撿起觀察形狀，就能看出挖取方式。手工挖剷的泥煤，邊緣有明顯直角，因為傳統片剷會讓泥煤呈方柱狀，乾燥後自然保留角度；機器開採則以旋轉鋼管探鑽，泥煤條會碎裂成短小圓柱狀。

島嶼區的泥煤威士忌特別著名，有其歷史人文背景。十八至十九世紀中葉，低地區開採的無煙煤與煤炭得以運至高地，改變人們使用泥煤作為燃料的習慣；然而，島嶼地處偏遠而未蒙其惠，只能沿用泥煤。如今，泥煤儼然成為島嶼產區威士忌的象徵。

反觀高地威士忌，也曾有過重泥煤傳統，如今卻僅以輕泥煤威士忌保存這項風味遺產。十八世紀末，由於森林砍伐殆盡、缺乏煤礦蘊藏、資金匱乏、交通不便，高地蒸餾廠被迫使用泥煤烘焙麥芽。隨著交通發展與資源流通，高地改用煤炭、無煙煤，如今更普遍使用天然氣，向輕泥煤與無泥煤威士忌陣營靠攏。在高地區，泥煤煙燻在早期是囿於現實的必然結果，如今卻是風格特徵的自由選項。

機器採挖的泥煤，直徑較小，外觀破碎，較為乾燥；
使用前通常會灑水，以利起煙。

總之，泥煤煙燻風味是蘇格蘭島嶼區與高地區威士忌的標誌，由於多達 9 成蒸餾廠都位於此，因此蘇格蘭威士忌在全球市場上，也被認為是泥煤威士忌的代名詞；雖然如此理解不盡準確，但也並非全無道理。低地區威士忌風味向來輕巧，與眾不同，其中一個原因即在於不曾使用，也不需使用泥煤。

煙燻製程管理與泥煤度控制

煙燻麥芽的重點是維持窯火低溫悶燒，利用「泥煤煙霧」（peat reek）帶出芬芳物質煙燻麥芽。當窯爐竄出火苗時，必須用淋溼的泥煤塊壓熄。早期使用單一窯爐，投入泥煤與草束，目的在於起火燃燒；現代泥煤窯爐是獨立的，目的只在生煙，而烘焙主要熱源仰賴柴油爐或瓦斯爐製造熱空氣，並投入適量硫磺產生二氧化硫，與泥煤煙霧中的氮氧化物結合，可減少致癌物質產生。

泥煤煙燻如今成為風味設計的一環，隨著生產技術精準，人們發現其強度與特性，取決於泥煤產地、燃燒溫度、煙燻時間與麥芽溼度變化等因素。因此，煙燻製程規劃變得重要，直接影響風味穩定與風格效果。

坎培爾鎮的 Springbank 蒸餾廠，藉由調整乾熱空氣與泥煤煙燻時間，得到不同泥煤度的麥芽，生產無泥煤威士忌 Hazelburn、淡泥煤威士忌 Springbank 與重泥煤威士忌 Longrow。無泥煤麥芽是以乾熱空氣烘乾 36 小時；淡泥煤麥芽是煙燻 6 小時，並以乾熱空氣續烘 30 小時；重泥煤麥芽則全程煙燻 48 小時。

不同泥煤度的麥芽與威士忌製程，牽涉生產週期管理；一套生產設備無法在短時間內交錯生產不同泥煤度的產品。蒸餾廠必須在年度計畫裡錯開產期，並設法降低轉換期間的泥煤衝擊。以上述 Springbank 為例，若以數字 1-3 代表泥煤強弱，則生產循環遵守 1-2-3-2-1-2-3 的模式，便足以緩和前後相接產品線的泥煤落差。

蘇格蘭春末與盛夏較溫暖，相對不適合製麥與蒸餾。傳統上，人們會利用空檔採挖泥煤。根據朱拉島上的傳說，太早開採泥煤會帶來厄運；該島同名蒸餾廠以此發想，推出一款名為「迷信」（Superstition）的威士忌。

窯火燃燒過於旺盛，煙燻效
果就會減弱，所以要定時巡
視，保持悶燒狀態。

麥芽烘焙溫度大約介於 45-65℃
之間，溫度升降與停留時間都
有定數，Springbank 蒸餾廠以
一台滄桑的輪盤儀監控，確保
烘焙品質與風味穩定。

麥芽在煙燻各階段的吸附效果不太一樣。自製麥芽的蒸餾廠各有不同的操作準則，以便得到穩定而獨特的泥煤煙燻風味。青綠麥芽表面的水膜會阻擋酚類物質附著，「潮而不溼」才易吸附泥煤煙霧裡的風味物質。因此，Springbank 與 Laphroaig 蒸餾廠，讓青綠麥芽溼度介於 15-30% 時，暴露在大量泥煤煙霧裡。

　　泥煤度以酚類物質濃度計算，一般煙燻麥芽可含 30 ppm；通常超過 15 ppm 就算重泥煤，介於 1-5 ppm 則屬輕泥煤。蒸餾廠可藉調配達到目標強度，譬如歐克尼群島的 Highland Park，採購無泥煤麥芽，配合 2 成自製煙燻麥芽，按計算可得到約 6 ppm 泥煤度的烈酒，然而蒸餾程序與桶陳培養都會損耗酚類物質，其新酒實際泥煤度只有 2 ppm，而成酒只表現出隱微的煙燻氣息與乾爽觸感。

艾雷島的 Bruichladdich 蒸餾廠，推出當地少見的無泥煤威士忌，使用無泥煤煙燻麥芽製酒，被形容為 "unpeated"。

泥煤強度的描述方式

　　根據泥煤煙燻強度替威士忌分類，似乎過於訴諸直覺，偶爾卻模棱兩可。以「無泥煤」一詞為例，生產端認為以無煙燻麥芽製酒，即為無泥煤；消費端則通常以煙燻風味實際強度來理解。其實「泥煤煙燻強度」這個概念，應劃細項分別討論：一是經歷煙燻之後的麥芽泥煤度；二是經歷蒸餾之後的新酒泥煤度；三是經歷桶陳之後的威士忌泥煤度。

　　斯貝河谷與高地蒸餾廠，如今大多使用輕／中度煙燻麥芽製酒，烈酒泥煤度屬無／淡泥煤，威士忌成酒泥煤度最低為 1-2 ppm，稍高則有 5-7 ppm。譬如 The Balvenie 的麥芽泥煤度為 7 ppm，成酒僅表現

高地泥煤風味與花香果味並肩共存，是幾乎失落的高地威士忌傳統，如今只有少數像 Ardmore 這樣的蒸餾廠，延續這份味覺記憶。

收尾微澀。若麥芽泥煤度提高到 10-15ppm，威士忌通常會有淡泥煤風味，譬如高地東部的 Ardmore，麥芽泥煤度達 12 ppm，成酒殘餘 7 ppm，不僅觸感乾爽，也有鮮明的灰燼與焚香氣息。

當配方平均泥煤度提高到 20-50 ppm，就是公認的泥煤威士忌。不少島嶼區蒸餾廠以此著稱，其新酒泥煤度介於 8-26 ppm，有些特殊品項甚至標榜「特重泥煤」，超過 100-150 ppm，然而由於已超過感官閾值的飽和門檻，實難分辨強度差別。

麥芽與烈酒泥煤煙燻強度對照表

麥芽的泥煤煙燻強度		烈酒的泥煤煙燻強度	
煙燻強度描述	麥芽含酚濃度	烈酒含酚濃度	感受強度描述
輕度煙燻 Light	1-5 ppm	< 2 ppm	無泥煤感 Unpeated
中度煙燻 Medium	5-15 ppm	5-7 ppm	淡泥煤感 Lightly peated
重度煙燻 Heavy	> 15 ppm	8-18 ppm	中等泥煤感 Medium peated
極重煙燻 Very high	40-50 ppm	24-26 ppm	重泥煤感 Heavily peated
特製極重煙燻 Extra high	> 100 ppm	>40 ppm	特重泥煤感 Super heavily peated

泥煤消散與殘留強度

　　由於酚類物質揮發與氧化,而且風味背景隨著桶陳培養漸趨複雜,威士忌成酒的泥煤煙燻風味強度,必然低於新製烈酒。蒸餾廠可以根據經驗評估泥煤消散速度,藉由特殊燻製工序、提高煙燻麥芽比例、壓低酒心切取結束點(見頁 378)等手段,提高新酒泥煤度,好讓時間揮霍,得到泥煤風味依然充足的威士忌。

蒸餾廠	麥芽原料泥煤度	新製烈酒泥煤度	酒心切取收集範圍
Bowmore	20 - 25 ppm(重度)	9 ppm(中等偏低)	74.0 - 61.5%
Caol Ila	30 - 35 ppm(重度)	12 ppm(中等)	76.0 - 65.0%
Lagavulin	35 - 40 ppm(重度)	17 ppm(中等偏高)	**72.0 - 59.0%(偏低)**
Laphroaig	**40 - 45 ppm(極重)**	25 ppm(重泥煤感)	**72.0 - 60.5%(偏低)**
Ardbeg	**54 ppm(極重)**	25 ppm(重泥煤感)	73.0 - 62.5%

烈酒泥煤強度的設計與控制

表中所列的艾雷島蒸餾廠,皆採重/極重泥煤煙燻麥芽,製得中/重度泥煤風味烈酒。麥芽原料裡的煙燻酚,約莫只有一半會通過蒸餾程序進入烈酒。烈酒泥煤度也取決於蒸餾切取策略;切取點稍低,配合蒸餾設備形制與程序操作,可以收集、保留更多煙燻酚。

透過比較同一座蒸餾廠不同培養年數的泥煤威士忌，可以體會泥煤風味隨著桶陳培養逐漸消失的變化歷程。

淡泥煤威士忌若是拉長桶陳時間，可能只留下含蓄的乾燥觸感。也就是說，煙燻氣味會隨時間消散，但殘留酚類的乾爽澀感仍在。極高年數的重泥煤威士忌，也可能已無泥煤氣息，收尾卻仍乾爽有澀。

泥煤煙燻風味的地區差異

蘇格蘭泥煤蘊藏量極大，數據顯示還可持續供應千年之久，但實際上，特定區域泥煤短缺，蘊藏不易採掘，某些蒸餾廠已經感到泥煤供應短缺的壓力。

當前許多麥芽生產商，都採用高地東部與斯貝河谷一帶的泥煤，因此採用市售泥煤煙燻麥芽製酒，不見得能夠充分表達廠區所在位置的泥煤特性。然而，其他製程環節仍舊可以讓威士忌獨具個性，而不必追求與眾不同的泥煤風味。

高地泥煤能夠賦予麥芽較多的炭火風味本質，與艾雷泥煤煙霧賦予的瀝青、藥水氣味不同，也與歐克尼的芬芳泥煤很不一樣。

　　不同產地、採挖深度的泥煤，組成不盡相同，使用時的搭配比例與操作，乃至蒸餾切取，都足以影響風味潛質表現。即便產地來源相同，也可能產生風味差異。不過，蘇格蘭泥煤依然可以根據挖掘地點，概分為斯貝河谷─高地，以及島嶼兩大產區。

　　前者開採地點以斯貝河谷南部與高地東部北海岸為代表。斯貝河谷的 Tomintoul 蒸餾廠，在常規無泥煤酒款外，也採用當地泥煤燻製的麥芽生產泥煤威士忌，風味接近灰燼與乾燥的炭火煙燻；高地東部的 Ardmore 亦屬炭火與焚香主導的高地泥煤風格。若煙燻麥芽使用比例不高，兩者風味效果頗為相似，因此統稱「斯貝河谷─高地」泥煤。

　　島嶼泥煤則以艾雷島為代表。該島的泥煤開採、麥芽加工與蒸餾

Highland Park 包裝外盒的文字密密麻麻，
「芬芳泥煤」（aromatic peat）也是行銷
重點之一。

製酒，形成頗有規模的產業群聚，能夠透過威士忌充分表達產地泥
煤特色。即使泥煤強度與風味不盡相同，但大致不出海藻、醫藥箱、
柏油、瀝青、炭渣、藥水、鹽碘、培根或煙燻食材這類氣味。隔海對
望的朱拉島上同名蒸餾廠，亦採用艾雷島 Port Ellen 麥芽廠的煙燻麥
芽，但卻表現為乾草、辛香與蕨類植物，在上述風味主軸外，別開蹊
徑。

　　歐克尼群島雖屬島鏈一部分，但不論是與艾雷島或高地相較，泥
煤特徵皆獨樹一幟。島上的 Highland Park 擁有獨家泥煤地，泥炭化
石南比例高，煙燻效果芬芳溫和，較不接近炭火、瀝青或土壤，而是
草本、花蜜、松脂與乾燥辛香，與該廠烈酒本身的柑橘、檸檬，以及
來自木桶的香草、糕點風味相當協調。

Dalmore冷卻用的蓄水池，以及
Springbank傳統冷凝器上方冷
水傾注的情景，這些用水的基
本要求是溫度低、供應足。

碾麥與麥汁製備

Deanston 廠內一字排開的操作開關，讓人有種進入發電廠
中控室的錯覺，溪水經過處理，即可供蒸餾廠使用。

製酒用水的影響

水是酒廠的命脈

　　生產一個容積單位的威士忌，平均需水量超過 10 倍，因此，建
廠地點必須水源供應無虞。高地中部的 Dalwhinnie 蒸餾廠，附近溪水
特別豐沛，是極有利的建廠條件，相反的，Glen Garioch 曾因缺水而
關廠，找到新的水源後才恢復生產。

　　比較特別的例子是 Deanston 蒸餾廠，它也是一座水力發電
站，不但可以製酒賣酒，也可以發電供電。門前的小溪名為奇思
（Teith），對業主來說，它更重要的意義是發電，反而不是製酒。

Dalwhinnie 廠區所處環境涼冷、冷卻用水特別低溫，再加上採用傳統冷凝，形塑了該廠威士忌的多硫風格。然而，水溫偏低應該視為環境因素，而不屬於水質問題。水的化學組成，也就是水質本身對製酒的影響，應該另外討論。

Glengoyne廠區使用溪水作為冷卻用水，但糖化用水並不直接取用地面涇流，而是在附近山區接管引水，並以水塔貯存備用。

製酒用水是否真有魔力？

　　製酒用水可以分成製麥用水、糖化用水與稀釋用水；至於冷卻用水、清潔用水、鍋爐與其他設備用水，由於不會直接與原料接觸，暫時不予討論。

　　製麥用水是催芽之前，用來浸泡麥粒的水，基本要求是純淨無汙染。由於距離成酒裝瓶太過遙遠，製麥用水所含微量物質對威士忌的影響通常可以忽略。

Springbank蒸餾廠引流附近十字丘（Crosshill Loch）的湖水製麥，轉開水閥等待數分鐘，湖水便會緩緩流進酒廠。此水源曾為鎮上民生用水，隨著自來水事業發展，湖水目前只供製麥，水質符合需求，水權也較廉宜。

Glenfiddich 蒸餾廠直接導入泉水，加熱之後作為製備麥汁的糖化用水。

糖化用水亦稱釀造用水，是與麥芽碎摻混、製備麥汁使用的淨水。一般認為，符合標準的釀造水不會影響威士忌的風味，而且水源也不是重點。Glenfiddich、Glenrothes 與 Glenmorangie 蒸餾廠都是汲引泉水作為糖化用水，業界也不乏取用湖水、溪水、地下水做為釀造水的案例。

島嶼區某些蒸餾廠的糖化用水，由於通過泥煤層而吸附風味物質，甚至外觀也被染色，但是，泥煤本身的土味並不會殘留到威士忌裡，況且泥煤未經燃燒也不會產生煙燻風味。糖化用水標準較鬆，未必符合飲用水無色無味的要求，微量物質含量差異可能極大，但依然不至於影響威士忌的風味。

特殊釀造水質的實例還有 Glenmorangie 蒸餾廠，這是蘇格蘭境內少數使用硬水製酒的案例。該廠的比爾・拉姆斯登（Bill Lumsden）博士指出，水質對該廠威士忌風味的影響可以忽略，主要原因在於，只要釀造水質純淨而不阻礙糖化與後續發酵，縱使特定微量物質差異

北部高地沿海的 Glenmorangie 蒸餾廠，使用鈣、鎂含量豐富的泉水製酒，屬於蘇格蘭威士忌業界特殊案例之一。

極大，但是對威士忌的風味依然沒有值得注意的影響。

　　縱使如此，有些廠牌依然篤信水源是造就風味的關鍵。從釀造角度來看，水質必然影響啤酒酒汁，譬如缺乏重碳酸鹽，較易維繫麥汁酸鹼值，而硬水釀造則會促進特定風味前驅物生成。就算如此，經過蒸餾與桶陳之後，很難在威士忌裡察覺差異。總之，特殊水源是否足以對威士忌風味產生具體影響，目前難以驗證。

宣稱水質影響威士忌風味的案例

　　Auchroisk 蒸餾廠汲取多利斯井（Dories Well）泉水製酒，廠商希望把製酒水源與威士忌的柔軟口感連上關係，因此這樣寫道：「一喝

就知道是來自觸感絲柔的泉水。」（The unmistakeable feel of Dories silky water.）兩者關係無從利用科學證明，但詩意語言與直覺聯想，卻烙下鮮明印象。

　　無獨有偶的，Speyburn 也提到：「酒廠附近清涼的軟質泉水，賦予這款威士忌卓越個性與獨特風味。」（It's this soft water〔fresh spring water from Speyside〕which gives our whisky its distinctive character and unique flavor.）然而，該廠威士忌架構雄渾飽滿，富含脂肪酸酯與果酯，性格特徵承自蒸餾工序，而與製酒水質關係遙遠。

　　所有製酒用水當中，只有稀釋用水直接與威士忌接觸，縱使如此，稀釋用水對威士忌的風味影響也非常有限，在相關章節還會詳細說明。製酒水質與威士忌風味的關係隱晦且無從驗證，既然無法證實也難以推翻，有些人寧願保留一份浪漫詩意的想像空間，讓威士忌工藝更顯奧秘。

Strathmill的冷卻用水來自附近的艾拉河（River Isla），而製酒用水則是採用廠區內的泉水，但該廠牌並未強調水質對威士忌風味的影響。

麥汁品質與風味潛力

循著叮咚聲，走向碾麥間

　　蘇格蘭常見歲數半百的傳統碾麥設備，有些甚至是履帶傳動、體積龐大的老古董，動輒占據三層樓，然而效能良好且不易故障，因此普遍沿用。這些機器運作起來叮咚作響，是蒸餾廠每天現場演奏的打擊樂。

　　除了充滿酒精蒸氣的酒庫外，碾麥間也是廠方眼中的高風險場所。碾麥期間粉塵處處，通風非常重要，否則可能引起塵爆。有些廠區的碾麥間與酒庫禁止攝影，也有些蒸餾廠不認為攝影器材會引燃酒精蒸氣或造成塵爆。

坎培爾鎮 Glengyle 蒸餾廠的 Porteus 老式碾麥機；Oban 蒸餾廠的麥芽倉簡潔現代，卻也沿用老式碾麥機。

碾麥間的門外懸掛「易爆空氣」警示牌，現在你知道原因了。

左邊的樣本，細粉比例太高；右邊才是結構比例正常的麥芽碎。

除了取樣檢查之外，目測觀察也足以判斷碾麥品質。

　　碾麥並不是碾成粉，而是壓成碎屑。麥芽碎的完美比例是 2 成麥殼、7 成麥碎與 1 成麥粉。細粉比例太高，容易在糖化槽底形成黏稠沉澱，不易分離麥汁；麥殼太細碎也容易萃取酚類、脂質、多聚糖，除了不易分離麥汁，後續發酵也受影響。

　　不少廠區仍然沿用測量麥碎比例的特製木盒，上下共有三層，其中兩層是篩網。將麥碎樣品置於頂層，輕輕搖晃後，麥芽皮殼留在最上層，第二層是尺寸中等的胚芽顆粒，最細的麥粉則落到底層。分別取出測重，就可以判斷碾麥刻度是否需要調整。

　　為了讓製程流暢，酒廠必須稍微提早碾麥，當麥汁清空，糖化槽

清潔完畢，就接著製作下一批麥汁。麥芽碎可以保存 4 週，但通常 12 小時內就會用掉。有規模的蒸餾廠不會購買預碾的麥芽碎，因為現場碾麥合乎成本，且製程安排更具彈性。此外，麥芽碎在運送與保存過程產生摩擦，麥粉比例必然提高，將造成困擾。

麥汁是風味特性的根源

麥芽碎混合熱水，便進入糖化程序（sacharrification），這並不是加糖的意思，而是靠熱水活化酵素，繼續降解澱粉並溶解萃取出來，得到富含可發酵糖的麥汁。這個術語原文意為「讓澱粉轉變為蔗糖」，但在蒸餾廠裡不會那麼文謅謅，而是稱為「製作麥芽漿」（mashing）。麥芽漿是麥汁與麥渣的混合物，唯有分離之後得到麥汁（wort），才能進入發酵。

由於碾麥品質、環境溫度、水溫條件必然隨著批次而有微幅變化，整個糖化程序也必然處於動態平衡。進料時的混合方式、注入速率，乃至溫度停留、時段拿捏，都將影響糖化效率與品質。麥汁在英文裡有「根源」的意思；對啤酒來說，有好的麥汁，才有好的啤酒，威士忌何嘗不是如此？從麥汁、啤酒到烈酒，某些風味也會留到最終的威士忌裡。

蒸餾廠的麥汁，不是啤酒廠的麥汁

蒸餾用的啤酒與啤酒廠所釀造的直飲啤酒不同，實際操作也有不同之處。蒸餾用的啤酒雖然俗稱「啤酒」（beer），但在蘇格蘭卻更常稱為「酒汁」（wash）或「待餾啤酒酒汁」。蒸餾廠製備麥汁，除了不使用啤酒花也不煮沸，還有以下幾項重要特點。

麥芽碎與熱水在糖化槽上方的進料管內大致混合就直接進料，這時還不能稱為麥汁，而是麥芽漿（mash）。

Deanston 採用傳統開放糖化槽（mash tun），是業界最富美感的糖化設備之一，攪拌臂（rake）運作時的情景，古樸而歷史感濃厚。

Auchentoshan 的現代糖化槽（lauter tun），內部以不鏽鋼打造，配有多功能耕刀（knives），幫助控制麥汁分離時的滲流量，槽身飾以木條，上蓋則為銅製。

有些酒廠的傳統糖化槽加裝上蓋保溫，花灑噴頭能夠保溫和洗糟。
圖為 Oban 蒸餾廠糖化槽內，正在淋水洗糟的情景。

蒸餾廠著重得到可發酵糖，通常延長糖化，以便完整分解澱粉與糊精。然而研究發現，稍微縮短糖化，保留較完整的酵素群，在進入發酵之後，酵素群仍可繼續分解結構龐大的糊精，反而能夠提高產出。因此，過去四十年來，有不少廠區改用直徑較大的新式糖化槽，耕刀運作更有效率，加速麥汁分離，甚至連碾麥也容許更高比例的麥粉。

導出第一道麥汁後，還會添加熱水，把麥糟層殘留糖分洗浸出來，稱為淋水洗糟（sparge）。在蒸餾廠裡，洗糟程序對風味的影響並不如啤酒廠那麼直接。若是蒸餾廠洗糟用水含有特定礦物質，或者溫度偏高，衝灌破壞糟層結構，都會產生不良效應，只不過未必會反映在烈酒裡。

啤酒廠的麥汁分離以取得澄澈麥汁為目標，然而，蒸餾廠的麥汁清濁程度卻是可變的品質參數——麥汁稍微混濁一些，可以帶來餅乾與穀物風味；清澈麥汁則有利於配合發酵產酯，得到富有果味潛質的酒汁，並製得相應風格的烈酒。

麥汁含糖濃度會影響發酵特性，多數蒸餾廠是控制在每公升110-180克，相當於酒精濃度 7-9% 的酒汁。糖度稍低，發酵較易產酯，譬如 Springbank 的待餾酒汁酒精濃度只有 4.5-5.5%，這正是該廠果味豐沛的關鍵之一。

Springbank蒸餾廠傳統糖化槽，正在進行第一道麥汁分離程序。

糖化水質與溫度

　　糖化水質條件並不苛刻，但若沒有滿足基本要求，很可能阻礙酵素作用，甚至影響後續發酵。首先必須符合飲用水基本門檻，其次，銅、鐵皆會壓抑酵母生長，而重碳酸鹽將會阻撓麥汁自然產酸，以至於酸鹼值無法落入適合發酵的區間，這些微量物質都必須定期監控。

　　糖化不全就會造成浪費，而溫度是關鍵。最適當溫度約為62-72℃：溫度太低，作用減緩；溫度太高，酵素即遭破壞。各廠做法不同，有些稍微延長低溫階段，促進澱粉酶作用，但若在60-62℃偏低溫停留，蛋白酶與脂肪酶作用可能造成不良風味。蛋白酶可以釋放麥芽中的氮化物，形成氨基酸作為酵母養分，然而代謝也會產生高級醇——少量可以帶來玫瑰、茉莉、風信子花香，但過多則刺激嗆鼻。

　　糖化程序約10小時，各廠操作細節不同，但都漸次提高溫度，分段停留。取得第一道麥汁後，接著添加兩、三道愈來愈燙的熱水。第二道浸泡也算糖化，第三道熱水就算洗糟。Springbank 蒸餾廠共注

水 4 次，前兩道注水的目標溫度分別為 63.5 ℃ 與 72 ℃，天冷時必須稍微提高初始溫度以彌補損耗。後兩道洗糟水超過 80 ℃，萃取液稀薄如水，可以暫存作為下一輪糖化時的前兩道熱水使用。

糖化槽邊的小跟班

糖化槽邊總有一個迷你小跟班，兩槽從底部接管相通，英文稱為 underback，顧名思義就是「底槽」。糖化槽的麥芽漿表層泡沫不易消散，可以開啟閥門讓麥汁通過糟層進入輔助槽，幫助確認糖化槽中的液面高度，而且也形同模擬麥汁通過糟層分離之後的清濁程度。

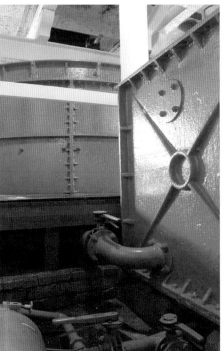

輔助槽與麥汁槽之間的麥汁聯通管，其實藏在下方。

麥汁清濁程度與風味潛質

即將分離麥汁，就不再翻攪麥芽漿，以利麥渣自然沉澱，糟層上段呈細碎泥狀，下層則較蓬鬆。麥汁通過麥渣孔隙形成的渠道流出，可以達到濾淨效果。糖化槽直徑－容積比、麥殼細碎度與糟層厚度，都會影響流速與濁度；若麥汁溫度偏低或篩孔堵塞導致流速減緩，都會提高麥殼酚類物質萃取率。現代糖化槽配備多功能耕刀，可控制麥汁流速，有效排除堵塞；傳統懸臂適度翻動麥渣也可幫助導出麥汁，然而過度攪拌會增加麥殼物質萃取，間接影響風味。

麥汁流速太快，表層細碎物質被吸到底層易造成混濁，就算糟層夠厚也無法保證澄澈。分離速度與濁度控管，仰賴經驗法則取得平衡，同時也是形塑風格的手段。麥汁混濁在啤酒廠屬技術缺失，但在威士忌生產裡，混濁麥汁搭配短時發酵則是出於設計，實例包括 Blair Athol、Knockando 與 Inchgower，皆屬果酯少，堅果、穀物、辛香顯著，觸感乾爽的風格。相反的，低糖度的清澈麥汁搭配適合的發酵管理，可以得到果酯豐沛的酒汁，容易製得果味豐沛的烈酒，包括 Deanston 與 Dalwhinnie 在內的多數酒廠都是實例，前者帶有濃郁蜜桃與柑橘香氣，後者則富有花果蜜香的潛質。

麥糟是蒸餾廠營運的重要副產物，可以直接做為飼料再利用，但通常會加工製成「黑穀」（black grains）以便保存。

Deanston 傳統糖化槽裡的麥芽漿，混有渣滓，外觀混濁；輔助槽裡通過麥糟層濾淨分離的麥汁卻相當清澈。

Dalwhinnie 蒸餾廠現代糖化槽，麥汁分離完畢的情景。該廠使用相對清澈的麥汁發酵，大幅減少造成穀物與草本植物風味的因子。

在 Strathisla 廠區，糖化與發酵這兩個前後相接的程序，也恰好只有一門之隔。

4-3 發酵程序

蒸餾廠的製酒酵母

從糖化到發酵：別走錯地方，別叫錯名字

糖化取得麥汁，就可以接菌進入發酵了。一間蒸餾廠的糖化與發酵，往往只有一牆之隔，製程術語也部分重疊或相似，但別混淆了。

程序	糖化 （mashing） 麥芽漿（mash） 變成麥汁（wort）	發酵 （fermentation） 麥汁（wort） 變成待餾酒汁（wash）
地點	糖化間 mash house	桶槽間 tun room
槽具	糖化槽 mash tun	發酵槽 washback

有注意到嗎？糖化槽跟桶槽間，都用 tun 這個字——但是 mash tun 不會出現在 tun room。有些廠區的桶槽間稱為 "fermentation house"（發酵間），更為直接。tun 與 back 都是槽具之意，但習慣上只有發酵槽會稱為 washback。

人工接菌：確保順利發酵的手段

　　人工選培酵母的性能穩定，容易預測與管理，配合人工接菌，選培品系便能居於菌群主導地位，大幅降低雜菌感染風險。若是發酵進度遲緩、發酵不夠完整，便容易產生溶劑般的刺激氣味、不正常的酸味與脂肪酸，或不正常的黏稠口感。

　　各廠接菌方式不盡相同，有些是從冷藏庫搬出袋裝酵母，開封直接投入，更常見且保險的方式，是讓稀釋過的酵母液隨麥汁由管路從槽底打入。廠方通常根據供應商指引與實務經驗，接入數量充足的酵母菌；接菌數量太少，發酵啟動太慢，用量過多則是浪費。

Springbank 蒸餾廠直接投入酵母，Glenfarclas 則由槽底接菌。

酵母的身世淵源與製酒性能

　　蒸餾業早期與釀造業共用酵母,如今威士忌產業已經發展專屬品系。某些酵母的發酵特性不符合啤酒類型期待,因此被視為野生菌種,然而經過選配育種,卻能符合蒸餾用啤酒的要求。

　　威士忌產業使用的酵母包括三種形態,最普遍的是烈酒酵母(distiller's yeast),其次是啤酒酵母(brewer's yeast)與麵包酵母(baker's yeast)。早期多半為了省錢才會混用麵包酵母,如今相當罕用。少數蒸餾廠兼用啤酒酵母、葡萄酒酵母,目的是增加風味複雜度,或者屬於實驗性質,並非常態。

蒸餾廠與啤酒廠對酵母的要求迥然不同。蒸餾廠區的「酵母室」(Yeast House)通常不是實驗室或培育室,而只是冷藏庫。

烈酒酵母能夠充分利用碳水化合物，所以蒸餾用的啤酒酒汁殘糖極低，乾澀銳利。烈酒酵母也有極佳的高溫與酒精耐受力，不易沉澱，能夠持續發揮作用，所以許多蒸餾廠的發酵製程，都能夠壓縮在50個小時左右完成。

　　菌種有不同的株種品系，酵母有性繁殖也會改變基因，再加上人工選株培育，製酒酵母品系與日俱增。研發酵母不見得著眼風味品質，而可能是為了便利製程；譬如發酵旺盛的高泡期，通常需要使用消泡劑或迴旋掃泡桿，但若換用起泡性弱的品系則更為便利。

現代消泡劑（antifoam）的原理是改變表面張力，讓氣泡自然破裂，早期則普遍利用皂絲消泡，兩者風味都不會殘留到威士忌裡。

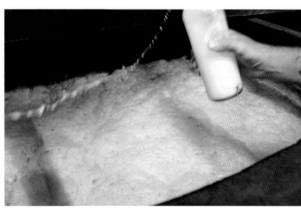

酵母品系：不是設計風味的工具

當今蘇格蘭威士忌產業，採用品系相仿的人工選培酵母，即可滿足品質要求與經濟效益。一般相信，酵母品系不是塑造風格的工具，生產者難以單憑特定品系發酵風味，作為廠牌風格標誌。

從微生物學的角度，每個品系對環境的反應不盡相同；換用酵母就會改變酒汁風味，進而影響烈酒。針對市場普遍青睞果味，研究人員早在二十年前就透過基因改造培育出「果味大躍進」的品系，而且符合法規，然而就是沒人率先採用。其中一項現實顧慮是「基因改造」的行銷風險太大，容易挑動消費者敏感的神經。

從業界現況來看，由於多數廠商使用相近品系製酒，因此酵母品系差異影響有限。然而蘇格蘭威士忌並不因此乏味，廠牌之間也並不相仿。這正說明了相對重要的不是酵母品系，而是麥汁特性、發酵管理，以及後續工藝程序。有些酵母品系固然很有風味影響力，但當下尚無用武之地。

多數蒸餾廠使用相似的酵母製酒，不難猜想，造就威士忌風味多樣化的關鍵，其實還在酵母品種之外。

待餾酒汁的風味潛質

發酵是複雜的風味動態網絡

　　雖然並非所有發酵過程產生的風味，都可以留到威士忌裡，但某些風味可以溯源至發酵程序，而發酵過程複雜的作用，也間接決定了其他某些潛質。

　　發酵程序產生許多風味物質與其他衍生物，風味消長關係複雜——來自麥芽的醛類與酮類會被還原，風味減弱；酵母產生奶油風味的雙乙醯，接著又轉為感官門檻較高的物質，奶腥味隨之減弱。發酵

Strathisla 以及 Springbank 蒸餾廠的發酵間。

主要產生酒精，但包括脂肪酸、果酯、醛類與多種醇類在內的風味副產物，對製酒來說也都非常重要。

　　發酵初期，來自胺基酸的苯基乙醇會產生玫瑰芬芳，來自碳水化合物的醇類隨後帶來繁複花果氣味，醇與酸則產酯賦予香蕉與梨子果香。發酵尾段，脂肪酸與脂肪酸酯會帶來鳳梨、草莓、橙花、皂味與燭油氣息。各階段氣味不斷變化，初期果香不見得會留下，酒汁芬芳物質也不見得能夠通過蒸餾進入烈酒；譬如發酵初期的蘋果香，在發酵末期會被乳酸菌分解，因此待餾酒汁不見得有蘋果香。

　　影響發酵風味動態網絡的因素，包括發酵速度、溫度與特性，胺基酸與長鏈脂肪酸含量，麥汁原始糖度，麥汁含氧量，接菌量。

發酵槽內壁上緣與上蓋，可以看到發酵旺盛的泡沫乾涸痕跡。酒汁仍在釋放二氧化碳，液面形成漣漪，乳酸菌群繼續作用。

　　通常酵母會先代謝葡萄糖，其次才是麥芽糖，並且產生醛類與醇類，其生成量、種類與比例，取決於發酵速度、麥汁組成、酵母品系與發酵溫度。在這個動態過程中，生成物繼續參與作用產生不同物質，並可能影響風味。舉例來說，發酵溫度偏高，加速酵母增生，會產出較多高級醇而較少果酯，亦即得到芬芳刺鼻、乾燥灼熱且缺乏果味的酒汁；通常果酯稍多，有利於風味均衡。

　　麥汁理想發酵溫度是從 20 ℃ 自然升溫，最高不超過 35 ℃。若是糖度稍高，配合 28-32 ℃ 發酵，有利於產生乙酸酯（香蕉與梨子香氣）；溫度偏低，則多生成脂肪酸與脂肪酸酯（鳳梨、草莓、橙花、皂味與燭油）。如果麥汁環境有利於脂肪酸生成，那麼會逐步抑制高級醇與果酯產生。簡單來說，兩者關係就像蹺蹺板，若酒汁裡的皂味顯著，香蕉與梨子果香相對就少。

　　此外，胺基酸也會參與高級醇與高級醇酯生成，賦予花果香與溶劑般的刺鼻氣味；另外也是酵母所需營養，足以影響酵母作用與產

木製發酵槽不適合鑽孔加裝電子溫度監控
設備，只能採用最古樸的方式測溫。

酯，因此也加入了複雜的風味動態平衡。應該不難體會，威士忌的風
味根源，在進入蒸餾之前就已經多麼複雜。

　　酵母對環境敏感，製程固定也無法完全消弭批次差異。有些生
產者以此作為創造繁複風味的手段，Glenrothes 蒸餾廠更藉由不同的
槽具、發酵溫度與時程，取得風味潛質不同的酒汁，加以混合再送
往蒸餾。

發酵槽材質：木質與金屬的不同信仰

　　1960 年代，不鏽鋼尚未普遍成為釀酒設備製材，當時美國鋼材廉宜，進口美鋼製槽風氣盛行一時。於 1965 年創立的 Deanston 蒸餾廠即為一例，該廠的美國鋼槽沿用至今。

　　不鏽鋼發酵槽堅固耐用，容易加裝配備與實施清潔滅菌，然而傳

Oban 蒸餾廠全面使用木製發酵槽；
Clynelish 蒸餾廠則兼用不鏽鋼槽。

統木製發酵槽的製酒品質並未較差；甚至有些酒廠設備翻新，卻刻意保留木槽。Glenrothes 與 Clynelish 蒸餾廠兼而有之，並認為就算兩者足以造成差異，也都會在製程中消失，因為不同批次酒汁會混合蒸餾，所得新酒也都混合入桶。

傳統松木發酵槽只能以清水清潔，配合蒸氣滅菌，而無法使用化學藥劑——這是多數廠區改用不鏽鋼槽的根本原因。不過，木槽使用者普遍相信，只要清潔維護得當，桶壁縫隙藏匿的菌種也能幫助維繫品質，而且由於無法精密溫控，發酵溫度隨著時節自然浮動，因此帶來潛在的風味多樣性。

藏於木槽的菌群，在發酵初期與末期都有發展機會，縱使沒有直接、明顯的風味影響，卻是生態平衡因素，因此無妨理解為品質要素，但卻不足以決定威士忌的風格與品質。不論使用木槽，容許潛在的風味多樣性，還是使用不鏽鋼槽，追求管理便利與品質穩定，兩者皆可製出優質威士忌。

發酵槽尺寸與加蓋：也會造成影響？

酵母對發酵環境敏感，就連槽具容積與形制也可能產生影響。若要擴大酒汁產能，通常只能增設槽具，而不能一味放大容積，改變原本散熱與液壓平衡。傳統木槽只能利用上蓋開闔、排氣設備與環境通風，達到最適溫度。蘇格蘭環境涼冷，其實只要注意通風，發酵釋放的熱能並不足以讓溫度超過耐受上限，而且烈酒酵母較為耐熱，發酵槽本身上窄下寬的形制，也能促進對流與散熱。

另外，蒸餾廠的發酵槽普遍有蓋但卻並非密閉，代謝產生的二氧化碳得以散逸，容易產生甘醇酸及其氫氧化物，表現為微弱的焦糖與棉花糖香氣，這是蒸餾用啤酒與特定直飲型啤酒的重要差異之一。

麥汁發酵會釋放熱能，在槽邊開蓋取樣，可以看到上蓋內側水氣凝結。

無形的殺手，廠區的禁地

　　發酵槽通常接近兩層樓高，上方鋪設網柵可供行走，下方則是嚴禁閒人進入的「發酵槽底間」（under tun room）。發酵釋出大量二氧化碳，槽邊氣味刺鼻，然而向外溢出並沉降到底間時，雖然不再刺鼻，但也因此更容易疏忽而造成暈厥意外。如今不少酒廠加裝強制排氣，所以底間也就不再算是嚴格的禁地了。

　　談到蒸餾廠的「禁地」，有些是進不去，有些是去不得。蘇格蘭不但以威士忌出名，也不乏鬼魅傳說，某些角落，別擅闖才好！

Springbank廠區的發酵槽底間與Clynelish發酵槽的二氧化碳強制排放管。

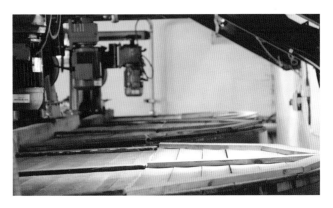

Auchentoshan 採用清澈麥汁相對短時間發酵，得到風味潛質均衡的待餾酒汁。

發酵時間與速度：用時間換品質？

　　蒸餾廠的待餾酒汁，完整發酵約需 72 小時，最快 48 小時，最慢可拖到 130 小時。通常超過 2 天半，即屬長時間發酵，可以累積更多果酯、花果香氣與風味潛質。相對來說，發酵時間短，果酯較少，穀物風味較為顯著，有時甚至呈現辛香。

　　發酵時間長短並非風味效果唯一指標，酵母活性與數量、發酵啟動時間，溫度曲線變化等，也都是重要關鍵。適溫而健康的發酵，果酯累積與發酵時間呈正相關，但發酵時間拖長，風味不見得宜人，再加上各廠後續蒸餾的反應路徑不同，因此，發酵時間固然與果味潛力略成正比，但是最終實際風味表現則未必。

　　不刻意拖長發酵，也能在既有果味基礎上，藉由蒸餾操作，加強果味表現；但若刻意縮短發酵時程，那麼烈酒通常就很有機會以穀物與堅果風味主導，尤其是配合混濁麥汁迅速發酵，最後經常得到富有辛香的烈酒。

酒汁蒸餾之前充分靜置

　　烈酒酵母在 32-36 小時內就已完成酒精發酵，漸漸沉降並自行溶釋出乳酸菌所需養分，乳酸菌成為主導菌群並啟動乳酸發酵。唯有靜置數天，乳酸菌才能充分消耗酪酸等發酵副產物，否則若是進入烈酒，會帶來乳腥、奶油、乳酪、汗臭氣味。

圖為 Springbank 蒸餾廠的待餾
酒汁暫存槽，即將替初餾鍋
進料。

直飲型啤酒在發酵尾聲，會利用密閉槽具讓二氧化碳溶進酒液，然而蒸餾用的啤酒酒汁，則必須藉由移注與靜置去除殘留碳酸，通常需時至少 2 天。這是由於碳酸在蒸餾鍋裡遇熱釋出，會產生大量泡沫，若是衝過蒸餾器頂部，進入冷凝器，那麼整套冷凝設備都必須拆卸清潔。

待餾酒汁的風味特性

酒汁雖是烈酒前身，但風味差異極大，因為烈酒感官特徵大幅來自蒸餾。然而，在蒸餾廠試飲酒汁，不但能夠親身體驗蒸餾用啤酒與直飲型啤酒的本質差異，也能推敲不同廠區的發酵程序與風味關係——這時，你需要一些啤酒品評概念，也需要懂得，哪些風味來自發酵，哪些又來自蒸餾。

Clynelish 蒸餾廠採用清澈麥汁發酵約莫 60 小時，爽口輕盈，帶有麵團風味，收尾乾爽不澀；尚未進入蒸餾，因此嘗不出該廠烈酒慣有的熱反應風味產物與鹽滷氣息。Springbank 蒸餾廠採用澄澈麥汁延長發酵，酒汁酸度鮮明，果味豐沛富有層次，觸感紮實微澀，收尾乾爽，餘韻持久，泥煤煙燻風味含蓄，但也還嘗不到該廠新酒的餅乾與烘焙氣息。

蘇格蘭威士忌各蒸餾廠酒汁普遍的共同點，在於發酵完整，帶有乳酸、醋酸，乾爽輕盈而酸度銳利，某些案例的酒精濃度高達 7-9%，但風味比多數酒精濃度稍低的啤酒更為乾澀堅硬。發酵不同

階段取樣試飲，碳酸強度不同，但都相當微弱。果味豐沛程度取決於各廠麥汁與發酵特性，但果味最豐沛的案例，整體風味感受依然比直飲型愛爾瘦弱。至於不以果味主導的廠區，酒汁仍然多酸，且帶有穀物、堅果、辛香，然而由於尚未蒸餾，因此嘗不出慣有的烘烤麵包、燒烤堅果、乾燥辛香，反而酵母氣味顯著，類似麵團氣味。

各廠尚未蒸餾的啤酒酒汁風味不同，若是有機會試飲，千萬不要錯過。

蒸餾程序：
從啤酒到烈酒

From Wash to Spirit

蒸餾本質：萃取、選擇、消除、創造

　　蒸餾就是萃取濃縮、選擇成分、消除雜味、創造風味的過程——從啤酒酒汁裡萃取酒精與芬芳物質，藉由切取選擇烈酒成分，透過銅質接觸消除雜味，並且利用熱能促進化學反應，創造原本沒有的風味物質。

　　蒸餾過程包含複雜的互動網絡，以醛、醇、酸之間的氧化還原為例：醛類還原產生醇類，還原過程釋放氧，又讓醛類氧化產酸；而醇與酸又會結合產酯。高溫環境更加速作用，然而酒汁成分與設備操作差異，足以產生不同效果，因此每座蒸餾廠的風味效果都獨一無二。

　　切取所得的酒心是相對中段酒 ；前段酒稱為酒頭，尾段酒則稱酒尾。捨棄不取的冷凝液仍有利用價值，另外收集複餾，依然可以萃取酒精與芬芳物質，同時加熱促進反應，讓某些成分轉化為風味良好的物質，譬如醛類可以氧化為醇類。

　　銅壁的催化作用與風味淨化效果，非常值得注意，不論何種形式的蒸餾器，與蒸氣接觸的表面以銅質為佳。配合蒸餾器形制設計、火力操控等程序，增加蒸氣與銅質接觸機會，烈酒風味就會更顯純淨。

　　現在就讓我們走進蒸餾廠的心臟，穿梭在熱氣騰騰的蒸餾間，觀察如何透過設備及操作，達到「萃取─選擇─消除─創造」的風味效果。

蒸餾器材與程序

蒸餾形式與品質特性

　　蒸餾設備與威士忌種類形式,存在某種對應關係。穀物烈酒是採用柱式蒸餾器連續蒸餾(continuous distillation)製得;使用壺式蒸餾器分批蒸餾(batch distillation)則是麥芽烈酒慣例。連續蒸餾的優勢是產量龐大、成本低廉、品質穩定,而且對生產環境不太敏感;雖然在歷史上曾經被諷為「沉默的威士忌」,然而風味純淨並非缺乏個性。

切取是利用物質不同的揮發性,透過控制箱在恰當時機選擇冷凝液的過程,這是壺式分批蒸餾特有的程序。

柱式連續蒸餾運作示意圖

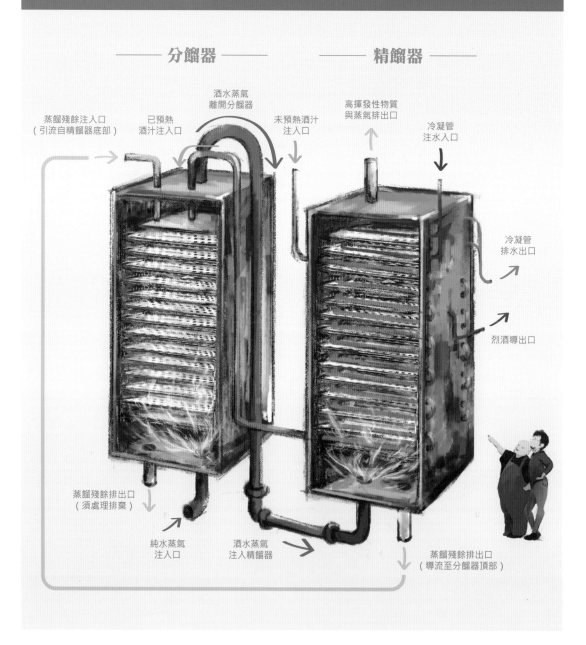

―――― 分餾器 ―――― ―――― 精餾器 ――――

蒸餾殘餘注入口
（引流自精餾器底部）

已預熱
酒汁注入口

酒水蒸氣
離開分餾器

未預熱酒汁
注入口

高揮發性物質
與蒸氣排出口

冷凝管
注水入口

冷凝管
排水出口

烈酒導出口

蒸餾殘餘排出口
（須處理排棄）

純水蒸氣
注入口

酒水蒸氣
注入精餾器

蒸餾殘餘排出口
（導流至分餾器頂部）

量大質精的柱式連續蒸餾

　　柱式蒸餾器（column still）的內部由布滿篩孔的層板組成，兩兩一組構成連續系統，包括「分餾器」（analyser）與「精餾器」（rectifier）。分餾器的運作方式，是從上方注入已預熱的酒汁，使之通過篩孔逐層向下溢流；底端打入水蒸氣，當酒汁在底部與蒸氣接觸，非揮發性與不易揮發的物質將與大量水分一起排出；酒精與揮發性良好的物質，則隨蒸氣上衝聚集在柱頂，被初步「分析」出來，這是分餾器得名的原因。接下來，才藉由精餾器得到烈酒。

　　精餾器內部有酒汁管穿梭，藉由熱交換幫助管外蒸氣冷凝，並預熱管內酒汁，節省分餾器的蒸氣輸入。分餾器頂部收集的酒水蒸氣，通往精餾器底部之後，逐層上升——沸點較高的物質，在低層就會冷凝；沸點較低的物質則隨蒸氣上竄，在不同高度冷凝。適合取用的烈酒，大約在距離頂端 2/3 的高度附近冷凝流出，酒精濃度是 94%。精餾塔原有「矯正」之意，顧名思義，就是把分餾塔分析而得的酒水混合蒸氣，再行矯正為適合取用的烈酒。

　　這套系統得名連續蒸餾，一是由於酒汁源源不絕送進分餾塔，無須分批處理，二是精餾塔底殘餘酒液可直接導回分餾器與酒汁加熱，形成自動循環，只需取樣檢測，不需介入切取。整個系統可以連續運作，且熱能回收利用也形成巧妙循環。

Springbank蒸餾廠，連蒸氣閥門都必須手動操作。在酒廠工作數十年後，
經驗老到的蒸餾師幾乎能夠單憑觸摸蒸餾器的肚子，就知道裡面的情況。

細膩複雜的壺式分批蒸餾

蘇格蘭麥芽威士忌，多採壺式 2 道分批蒸餾。由於製酒設備排列
組合、部件規格與操作程序不盡相同，每個廠區都擁有難以複製的性
格；藉由改變製程與麥芽配方，也足以創造不同形態的產品線。

蒸餾次數怎麼算？

蘇格蘭麥芽威士忌通常以 2 個壺式蒸餾器進行 2 道蒸餾，少數
案例包括 Auchentoshan 與 Springbank 蒸餾廠，採用 3 個壺式蒸餾器進
行 3 道蒸餾。另外也有介於 2 道與 3 道蒸餾之間的特例，則必須搭配
3 個壺式蒸餾器，譬如 Springbank 採取部分 3 道蒸餾，Benrinnes 蒸餾
廠於 2007 年之前，則在 2 道蒸餾的基礎上部分再餾。

談到蒸餾次數，Mortlach 最難計數。該廠在十九世紀末設計了一套獨特工序，混合 3 組蒸餾器的烈酒，其中一組是標準 2 道蒸餾，另外兩組關係交錯——其中一組進行 2 道蒸餾，另一組尺寸特小，進行 4 道蒸餾。小型蒸餾器殘留豐沛的硫質，表現為肉汁氣息，而常規蒸餾的銅質接觸充分，觸感油潤，果味純淨，略帶青草與乾草氣息。三股烈酒以特定比例混合，便得到風味特別複雜的新酒。

2 道與 3 道蒸餾之外的特殊工序，蒸餾次數的計算重點，不在於單位體積酒液進出蒸餾器的次數，因此別太拘泥數字。不妨透過觀察，著重描述蒸餾程序如何塑造風格特徵，苛求計算容積比例，不免模糊焦點。

Springbank 蒸餾廠的同名產品，採用「2.5 次蒸餾工法」，但其實應該理解為「兩次半」，因為蒸餾次數的差異，並非精準的「0.5」，而是「約略一半」。

Mortlach 的蒸餾工序被命名為 2.81——但別太認真計算容積、流量、比例，因為這個數字的意義並非蒸餾次數，只是用數字取名而已。

不同的蒸餾液名稱

酒汁的酒精濃度約 7-9%，第 1 道蒸餾所得的低度酒為 20-25%，第 2 道蒸餾所得的烈酒濃度則為 68-71%。低度酒與烈酒在收集過程處於動態變化，雖然最終濃度是個定數，但第 1 道冷凝液的濃度可高達 45%。

第 2 道蒸餾的特點在於有個取捨程序，術語稱為「切取」（cutting）。首先衝出來的冷凝液稱為「酒頭」（head 或 foreshots），直到測得濃度降到 73% 左右才開始當作酒心收集，通常到 61% 左右就要停止，「酒心」（heart of the run 或 spirits）也稱「中段酒」（middle cut）。酒心以後的冷凝液統稱「酒尾」（tail 或 feints），與酒頭另外收集後，會再與下個梯次的低度酒一起蒸餾。

蒸餾就像吃魚：去頭去尾

蘇格蘭人會說，蒸餾切取如同吃魚——去頭去尾，只取中間。喜歡魚頭的人不免猜想：「酒頭的滋味是不是也很不錯呢？」是的，酒頭雖然嗆鼻刺激，然而避開甲醇，收進微量的高揮發性物質，可以提升複雜度，賦予香蕉、梨子、青蘋果、鳳梨、紅漿果等香氣，Tullibardine 與 Aberfeldy 蒸餾廠皆是實例。但若濃度太高，容易帶來硫磺、蒸煮高麗菜或花椰菜、棉花糖、金屬、去光水等氣味。

酒心切取範圍窄，風味相對純淨；往上多掐一點，高揮發性芬芳物質就稍多；若是在濃度 60% 以下才停止收酒，就會得到穀物、堅果，甚至礦石般的微弱草香。酒尾風味太強勁，通常屬於風味缺陷，但由於揮發性較弱的酚類物質也會在尾段出現，對於泥煤烈酒來說可能利多於弊，艾雷島 Lagavulin 與 Laphroaig 蒸餾廠的切取結束點下探到 59-60%，皆為實例。

切取策略是形塑風格的工具，足以反映各廠偏好與不同的哲學與審美觀。多數廠牌傾向收集果酯豐沛的中段酒，少數蒸餾廠則為了泥

Cragganmore 蒸餾廠正在初餾並同步取樣，以比重計與溫度計監控外觀霧濁的低度酒。當收集濃度降至 1% 即停止蒸餾，因為萃取殘餘酒精將不合效益。

酒頭通常無色透明，中間這瓶酒頭樣品色澤鮮艷，是由於混有硫與銅作用析出物質，靜置之後會漸漸分層。

STRONG FEINTS 54% ABV

FORESHOTS

NEW MAKE SPIRIT 81% ABV

Glenfarclas 的蒸餾器配置頗為標準──初餾器容積稍大，部件塗有紅漆，並配有觀景窗；再餾器容積稍小，部件塗有藍漆，沒有設置觀景窗。

煤煙燻風味，選擇犧牲一些花果風味表現，還有些酒廠刻意收集少許高段酒，刺激芬芳，風格明亮。

不難看出，酒心是相對概念，而不是固定組成。酒頭與酒尾隨著酒心浮動，實際切取範圍稍寬，原本的酒頭與酒尾也部分成為酒心了。吃魚何嘗不是如此？──魚頭魚尾大小長短不一，魚身幾公分，不是說了數字就算。

初餾到再餾，切取與測試

壺式蒸餾器通常借用酒汁、低度酒與烈酒命名，反映在系統裡的功能，然而必須對照著看，否則容易誤解。初餾器稱為 wash still 或 low wines still，亦即「加熱酒汁的蒸餾器」或「製得低度酒的蒸餾器」。再餾器則稱為 low wines still 或 spirit still，亦即「低度酒的再餾器」或「製得烈酒的蒸餾器」，有時亦作 low wines & feints still。某些

酒廠統一稱為 low wines still，分別編號以資區別。

　　初餾器有幾項特點。首先，為了便於製程安排，容積通常比再餾器大。其次，由於酒汁加熱滾沸容易起沫，因此初餾器頸部配有觀景窗，監控滾沸高度並調節適當火力，其部件與酒汁進料管，通常依慣例漆成紅色。最後，由於與酒汁接觸的加熱表面可能產生結焦，因此必須在每個初餾梯次結束後加以清理，某些初餾鍋底部甚至裝配迴旋鏈，在接下來的章節還會詳細探討。

Glen Scotia 的初餾器容積比再餾器稍大，屬於常態；Dalwhinnie 兩者容積相仿，屬於特例。至於 Dufftown 與 Linkwood 的再餾器容積較大，亦是特例。

　　蒸餾進料前，通常會利用前一梯次的蒸餾殘餘，透過熱交換原理預熱酒汁，不僅回收能源、加速製程，也可避免低溫酒汁與蒸氣管接觸產生結焦。有些蒸餾廠不預熱酒汁，進料時就必須等淹過蒸氣加熱管才能啟動加熱，製程週期就會拉長。

　　低度酒進入再餾程序前，通常不予預熱，以免酒精蒸散耗損。再餾時首先冷凝流出的酒頭，能夠溶出、清理管壁內側的殘蠟與雜質，但若濃度降至 47.5% 左右，就會析出造成乳濁。取樣稀釋若不再乳濁，就可當成酒心收集，稱為「霧濁測試」（demisting test）或「摻水測試」（the water test）。標準通常訂在 40-46%，若收集的高段酒稍多，未來裝瓶濃度可調至 46%，不需冷凝過濾，否則若打算以 40%

Springbank（左頁）與Clynelish（右頁）蒸餾廠，
初餾器頸部的觀景窗，設置於期望滾沸高度。

濃度裝瓶，屆時必須冷凝過濾，以免這時收進的長鏈脂肪酸及其衍生
酯類，殘留在威士忌裡造成霧濁。

　　許多酒廠憑經驗制訂切取管控時間點，環境條件允許時形同按表
操課而已。然而，分批蒸餾的每個梯次必有差異，進料量與熱能輸入
也有落差。開始收取酒心的切入點，通常相對固定，酒頭自流 20-30
分鐘後，就可當成酒心收集；然而切出時機必須取樣確認。在 1 週
內，不同批次的酒心收集時間差，最多可達 40 分鐘。

Glengyle復廠時採購一組規格相同的二手初餾器。其中一個被當成再餾器使用,觀景窗雖然多餘但不妨礙運作,於是漆成藍色保留下來,是業界奇景之一。

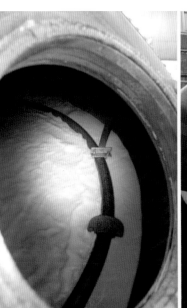

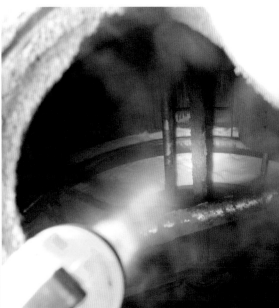

蒸氣加熱管外觀,透露風味秘密。Springbank(左)初餾進料時,酒汁淹過蒸氣管方才啟動加熱,結焦極少;Deanston(中)蒸餾廠每次初餾結束,皆以強力水柱清理結焦;Clynelish(右)初餾鍋蒸氣管表面明顯結焦,足以賦予海風與鹽滷般氣息。

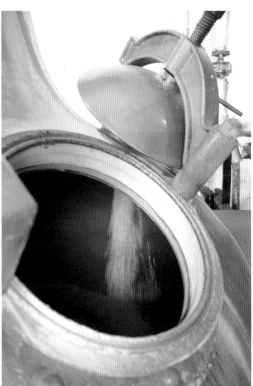

Clynelish（上）與Springbank（下）的再餾器，部件與輸料管皆依慣例
漆成藍色。正在進料的低度酒外觀頗為澄淨，與含有酵母殘渣的酒汁
不同。

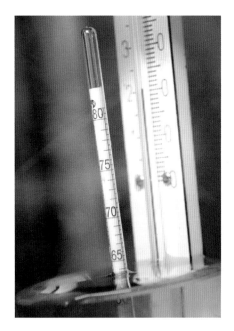

切取酒心時，冷凝液溫度不斷上升，比重計讀數必須
配合溫度校準，才能換算出當下的酒精濃度——這通
常意謂著，最好寸步不離守在控制箱旁邊。

酒液暫存槽：簡單容器，多重功能

　　蒸餾過程收集的不同冷凝液，不論是要繼續蒸餾的低度酒、酒頭與酒尾，還是新製烈酒，都必須以容器暫存。這些槽具既像疏洪池、貯水塔，也偶有分離雜質功能——蒸餾液靜置其中，雜質自然懸浮分層。此外，暫存槽裡的容積與組成隨著蒸餾脈動變化；妥善規劃暫存槽尺寸、數量與蒸餾排程，就能達到某種週期規律，幫助維繫蒸餾品質穩定。

　　暫存槽可根據功能區分「進料槽」（charger）與「收集槽」（receiver）兩類。譬如存放初餾所需酒汁的「酒汁進料槽」（wash charger）與收集初餾所得低度酒的「低度酒收集槽」（low wines receiver）；對於再餾，後者功能是進料，故也可稱「低度酒進料槽」（low wines charger）。這些槽具可共用或分設，取決於製程設計與循環需求。

酒尾以獨立槽具收集，依特定比例與低度酒混合靜置，才會再次進入蒸餾。

切取所得酒心若不需再餾，則以「烈酒中繼槽」（intermediate spirit receiver）貯存，量足之後再導入「烈酒貯存槽」（spirit tank）。中繼槽的設計，可便利計算批次產量，也可作為緩衝，避免某個問題批次影響整槽品質。貯存槽可收集 1 週蒸餾量，烈酒在此兌水稀釋，靜置達到均質，就是可以準備入桶的新製烈酒。

　　酒頭與酒尾通常共用暫存槽，也可與低度酒混合貯存。精準掌握各股混合比例足以決定蒸餾結果；然而，有些蒸餾廠刻意追求批次間的差異，製得風味體質繁複的烈酒，Dalmore 即為一例。

Dalwhinnie的蒸餾師用手電筒檢視一把刻度模糊的量尺，暫存槽達到預期容積就要關閉閥門。縱使在自動化的時代，許多酒廠依然倚賴技師看顧。

Oban 中繼槽裡的烈酒濃度約為 68%，烈酒輸送管依慣例漆成黑色。

INTERMEDIATE
SPIRIT RECEIVER
Contents 5270 Litres

暫存槽數量多寡，對風味有潛在影響。冷凝液表面會自然產生脂肪酸等雜質構成的浮蠟，槽具數量多，蒸餾液與之接觸機會也多，容易吸附脂肪酸酯風味，帶來皂味、燭油、鳳梨、草莓與橙花氣味。實例包括 Inchgower，其新酒帶有燭油氣息與皂味，也表現出柔軟的蠟質觸感。

　　這類風味被視為 Clynelish 的風格標誌，這是由於該廠刻意保留酒尾收集槽內壁殘留的蠟質沉積。該廠曾經在年度清潔時將之完全清除，開工後首批烈酒的風味完全走樣，後來避免清得那麼徹底，類似問題也就不再發生。其實多數蒸餾廠並不追求此般風味，通常將蒸餾混合液濃度控制在 30% 以下，就可避免溶出槽壁附著蠟質，每年夏季休廠期間也會利用清潔藥劑徹底清除沉積。

Clynelish 蒸餾廠酒尾暫存槽的蠟質沉積物，覆蓋在量尺上，也堆積在尺孔邊。刮出來的積蠟，聞起來就像該廠威士忌經常散發出來的燭油氣味。

進料時避免完全清空，也能降低長鏈脂肪酸酯的濃度，因為進料管位於槽底，酒液流空時，浮蠟就會順著進入蒸餾鍋。

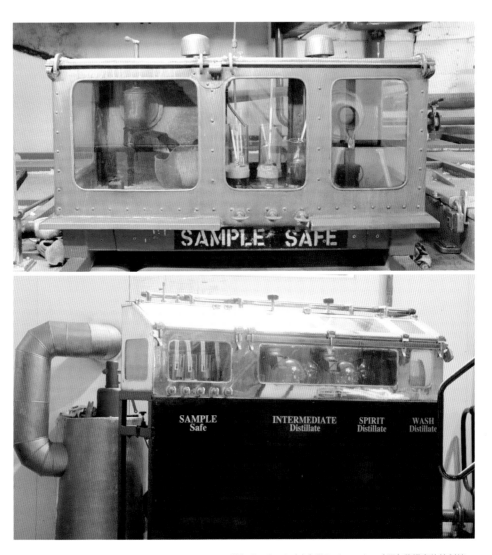

圖為 Glen Scotia（上）與 Auchentoshan（下）蒸餾廠的控制箱。

烈酒控制箱

　　控制箱形同蒸餾系統的中樞，可以隨時取樣監控冷凝液，藉由不同管路送進不同槽具。

　　控制箱字面意為「保險箱」（safe），不難聽出濃厚的防竊意味。這個十九世紀初的發明，可讓主政者預防業者逃漏稅。凡是能夠取得烈酒的地方都要上鎖，控制箱配有兩道鎖，廠方與官方同時在場才能開啟。如今，不必如此大費周章，因為單從原料進貨量就可推估應得烈酒量，而財稅體制與時並進，蒸餾廠自行申報產量，政府單位再行

比對確認即可。因此，烈酒控制箱不再總是牢牢上鎖。

　　控制箱的名稱不一而足，包括「低度酒控制箱」（low wines safe）、「烈酒控制箱」（spirit safe）、「尾段酒控制箱」（feints safe）、「取樣箱」（sample safe）或「蒸餾液控制箱」（distillate safe）。各廠規模與設計也不盡相同，有些控制箱可同時監控初餾與再餾的冷凝液，有時則以 2 個控制箱分別監控，甚至可以有好幾組獨立的控制箱，或者數套設備集中在同一個箱子裡。

　　參訪麥芽蒸餾廠，在最醒目的蒸餾器外，不妨仔細端詳這個蒸餾系統的中樞。Longmorn 蒸餾廠，金碧輝煌的烈酒控制箱，襯以華麗的哥德字體，躋身全蘇格蘭最美麗的烈酒控制箱之列。至於坎培爾鎮的 Glen Scotia 蒸餾廠，則或許擁有全蘇格蘭最簡約樸素的控制箱。

蒸餾殘餘：回收利用，還是放諸水流？

　　麥芽蒸餾廠初餾器的殘餘液稱為 pot ale 或 spent wash；再餾器的殘餘則為 spent lees 或 water。前者處理後可與麥渣混合製成飼料，或濃縮製成膏漿狀的飼料添加物；後者利用價值極低，通常處理後直接排放。由於蒸餾殘餘皆呈弱酸性，因此會從器材管線溶出銅質，後者含量尤豐，可以作為肥料施灑——蘇格蘭農地大多缺銅，算是完美的巧合。

　　早期環境保護法規尚未成熟，有些蒸餾廠將熱水排到河裡，不僅破壞溪流生態，更讓下游同業煩惱冷卻用水不夠冷。不過，冷凝溫度稍高能夠增加銅質催化機會，某些廠區的風格因此特別輕巧爽朗，果味也得以加強。如今溪水恢復冰涼，某些廠牌為了保有昔日風格，刻意將冷卻溫度提高到 15-22 ℃，複製昔日溪水不夠冰涼的效應。

　　雖然初餾殘餘可加工為飼料，但由於產量實在太大，如今幾乎都在處理後接管流放深海。隨著晚近生物能源科技發展，除了熱能回收外，固狀製酒副產物還可以燃燒發電，液狀副產物則可藉微生物作用產生可燃氣體，作為鍋爐燃料。蘇格蘭威士忌業界的這股能源革命，目標在於降低對石化燃料的依賴。

圖為Glenfarclas蒸餾廠收集蒸餾殘餘液的桶槽，以及槽罐車在Dalmore廠區清運蒸餾副產物的情景。這些不能喝的東西背後，也藏著威士忌風味的故事。

Glengoyne 的烈酒果味豐盛活潑，主因在於延長發酵促進產酯，並放緩蒸餾速度。
該廠的全銅管路不但美觀，而且可以提供冷凝液額外的銅質接觸。

銅質催化
與風格形塑

每座酒廠都是風味實驗室

蒸餾鍋裡的銅－硫對談

　　硫化物與銅質催化是酒類風味研究的重要課題。啤酒釀造避免硫化物風味缺陷的手段，包括充分煮沸麥汁並迅速冷卻，良好的酵母與發酵管理，充足的培養熟成時間；至於蒸餾用的啤酒，從製程品管到風格塑造，乃至風味缺陷的認定標準都不相同。蒸餾廠通常仰賴蒸餾過程的銅質接觸與催化，移除麥汁在發酵階段由於微生物作用或麥汁缺氧所產生的硫化物。

　　銅質接觸（copper contact）本質上是催化作用，也被詩意地稱為「銅對談」（copper conversation），彷若張狂的風味會被諄諄善誘與感化。減弱蒸餾火力輸入，降低蒸氣壓力與熱能，蒸氣上升到頸部，就容易被外界空氣冷凝，自然回流至蒸餾器裡。這樣的「回流」（reflux）可以延長銅質催化，淨化風味。根據觀察，蒸餾器的銅壁狀況若略帶銅鏽，似乎反而比全新銅壁的催化效果更好。

　　銅與硫之間的關係是相對晚近的科學發現，早期採用全銅製作蒸餾器，並非出於風味考量，而是由於銅的導熱性與可塑性俱佳，然而這項巧合卻成為決定烈酒品質的重要關鍵。較晚出現的柱式蒸餾器，由於亦普遍用於生產化工原料，因此未必採用全銅打造。不過若用於生產烈酒，仍以銅製為佳，因為風味淨化效果相當可觀。

　　充分的銅質接觸能夠賦予純淨風味、滑順觸感與油潤質地，然而某些風味物的濃度與銅質作用時間不成線性比例——銅質接觸少，果酯生成量多；當銅質作用延長，產酯卻會減少；但是若回流旺盛，產酯又會跟著提升。因此，烈酒的硫化物與果酯比例，可以是多硫多酯，也可以是少硫多酯。

無論是處於氣態或液態，只要與銅質接觸都有風味淨化作用，通常強度與溫度呈正相關。譬如冷凝之後與銅管接觸，效果就不如在蒸餾鍋中的高溫環境；而第 2 道冷凝器裡的催化效果，又不如第 1 道冷凝。某些特定物質，譬如帶有強烈洋蔥氣味的二甲基三硫醚（DMTS），特別容易在初餾鍋的氣態階段與再餾鍋的液態階段作用，理論上，延長這些階段停留，便能大幅減低殘留濃度。然而，硫化物並非只有一種，延長特定階段時程也無必要，通常降低火力輸入，放慢蒸餾，促進回流，即可得到充分的銅質接觸，達到基本要求。

　　設備排列組合與蒸餾程序設計，決定了銅質催化效果與烈酒裡的硫質，其間互動消長複雜；有些廠區的器材設備與工藝程序組合令人費解，既像是意圖增進銅接觸，又像是不追求純淨無硫，實際效果更是難以預測。在特定不良風味硫化物濃度夠低的前提下，含硫總量高低，其實也是各廠牌的風格要素之一。

影響銅質催化作用的各項參數

　　新製烈酒的含硫多寡與比例不同，恰好反映了每座蒸餾廠都擁有難以複製的獨特基因。我們可以循著以下的線索抽絲剝繭，發現設備與工藝細節如何影響銅質催化作用，並成為蒸餾廠形塑烈酒風味個性的工具。

● 形制規格與進料因素

　　蒸餾器的尺寸大小與形狀比例，是不同的概念。蒸餾器容積愈大，銅質接觸機會不見得愈多。因為進料量相對固定，通常填到人孔洞下緣，若形體比例不變，尺寸容積加大並不會增加接觸面積。根據統計結果，蒸餾器的容積與烈酒風味純淨度沒有關係。

　　然若減少單次進料量，液面上的空間增大，配合降低熱力輸入，延長蒸氣在鍋裡的停留時間，銅質作用就會增強，淨化效果顯著。譬如 Linkwood 蒸餾廠，使用較大的再餾器，而且減少進料，放慢蒸

Glenkinchie蒸餾器的容積尺寸雖大，但不見得能夠提供充足的銅質接觸；再加上使用傳統蟲桶冷凝，所得烈酒硫質豐富，仰賴延長熟成去除硫味。該廠桶陳培養10年與12年的版本，硫味強度明顯不同。

Glenmorangie蒸餾廠以高䠷的蒸餾器聞名，長頸設計可促進回流，無硫的新製烈酒只需較短的熟成培養，即可表現圓熟的風味特性。

餾，蒸氣在頸部大量自然冷凝回流，搭配使用銅質接觸充足的現代冷凝器，最後得到風味特別純淨的烈酒。

● 頸部粗細與長度

多半擁有高大蒸餾器的蒸餾廠，都能製得純淨的烈酒，因為環境氣溫能夠有效冷凝頸部蒸氣，而且細頸比粗頸更能創造回流。此外，加熱方式、熱能輸入、蒸餾批次的酒液體積也都有影響，而這些條件也與蒸餾器的壺身及底部形制有關。

Deanston 蒸餾廠的所有蒸餾器都配有滾沸球；Dalwhinnie 的蒸餾器頸部線條平滑，能夠幫助製得多硫的烈酒；Cragganmore 的初餾器是燈籠設計，再餾器則配有滾沸球，形制不同是造成風味繁複的背景因素之一。

● 鍋身、肩部與滾沸球

　　高大的蒸餾器不見得壯碩，所謂壯碩是指肩部較寬，鍋身較為寬胖。寬胖形制蒸餾器的銅質接觸潛力較少，因為在相同熱力輸入之下，蒸氣容易離開蒸餾器。然而，若是採取緩慢蒸餾或調整鍋身線條，也能夠製得頗為純淨的烈酒。

　　鍋身與頸部連接處，是蒸氣進入頸部的隘口，直徑較寬或曲線流暢，都會讓蒸氣迅速向上竄升，不易自然冷卻，回流少，淨化效果有限。設置「滾沸球」（boil ball, reflux bowl）形同在這道隘口造成兩處緊縮，球體空間會讓蒸氣四處亂竄，分散向上直衝的力量，延緩蒸氣團通過，提高與銅壁的接觸機會。

　　肩部寬闊、外觀矮胖的蒸餾鍋，若底盤寬淺，則實際容積可能較少，此時配合溫和的火力輸入，也能製得風味純淨的烈酒。然而若搭配直火蒸餾，則特別容易讓酵母殘渣裡的脂肪酸與硫化物釋放出來，並帶來肉汁般的硫質風味。

　　蒸餾鍋的加熱方式大幅決定溫控機敏度，緩慢的蒸餾速度與精準的火力輸入，可以提升銅質作用，並節省能源；傳統外部直火加熱與現代內部蒸氣加熱，兩者各有千秋。

　　少數蒸餾廠沿用早期的直火加熱，火力旺盛，升溫速度快，溫控精準，此法特別適用於初餾鍋。如今天然氣爐口已成常態，不再使用木材、煤塊做為燃料，然而直接噴燒鍋底依然容易形成熱點與結焦，因此需要加裝迴旋鏈（rummager）——這是以齒輪驅動的銅質鏈片，加熱過程不斷掃掠內壁與底部，避免結焦，同時也能摩擦釋放銅質，然而卻也加速鍋底耗損。以 Glenfarclas 蒸餾廠的直火蒸餾鍋為例，壽

Glenfarclas 蒸餾廠採直火加熱，蒸餾器底部加裝迴旋鏈，由於磨損斷裂，技師正在拆卸維修。

Springbank 的初餾鍋兼採直火加熱與蒸氣加熱，為避免結焦，鍋底配有迴旋鏈。

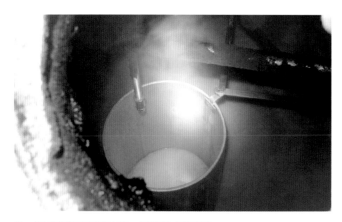

Clynelish 蒸餾廠採用蒸氣加熱，初餾器內部裝有蒸氣加熱管與輔助加熱鍋。

有些蒸餾廠相信，直火蒸餾是形塑廠牌風格的重要關鍵，一旦改採蒸氣加熱，風味就會明顯改變，因此刻意保留直火蒸餾的傳統。

命只有 10 年，但銅質淨化效果佳，新製烈酒富有勁道且果味豐盛。

一般蒸餾鍋的使用年限約莫數十年，銅壁與鍋底必然逐年損耗，需要持續補強，直到被迫退役為止。銅質作用產生的硫酸鹽類呈弱酸性，會侵蝕銅壁，初餾鍋耗損尤其嚴重，因為碳酸遇熱釋放會產生碳酸銅，並析出銅綠。嚴重耗損的蒸餾器，加熱時膨脹不均，會上下規律起伏，業界稱之「狗喘」（breathing of a dog），這就幾乎到了必須退休的程度。

相對於直火加熱，蒸氣管加熱是現今業界常態。雖然升溫速度稍

慢，溫度較低，控溫也相對遲鈍，不過依然符合操作需求。目前可以藉由圓筒狀的輔助加熱鍋，增加受熱面積並促進對流，提高加熱效率與溫控機敏度。

　　熱力輸入通常要考慮環境與季節差異。環境涼冷，通常需要提高熱能輸入，但若加熱太快，或火力過旺，都會壓縮銅質作用的時間與機會；相反的，溫暖的廠區必須限制火力輸入，以免冷凝液的溫度過高。

● 促進冷凝回流的設計

　　純淨器（purifier）可以提早冷凝部分蒸氣，使之回流至蒸餾鍋，延長銅質催化機會，但是採用這項設備的蒸餾廠並不多。Glen Grant 的風格向來輕盈純淨，這不但是由於蒸餾器形制較為高大，也與使用純淨器有關，該廠廠房的純淨器一字排開，是業界辨識度極高的漂亮風景。其他使用純淨器的蒸餾廠包括 Glen Spey、Glenlossie、Strathmill、Ardbeg、Talisker 與 Tormore。

　　蒸餾器頸部自然回流，是利用空氣降溫，但以冷水降溫效果必然更好，因此有少數蒸餾廠加裝水冷式降溫夾套（water jacket）加強冷凝回流。Dalmore 蒸餾廠是少數採用這項設備的蒸餾廠。

Dalmore 蒸餾廠的再餾器頸部，加裝水冷式降溫夾套，促進蒸氣冷凝回流。

● 頂部連接管傾斜角度

蒸氣一旦通過蒸餾器頂部，順著連接管進入冷凝器，就無法回頭了——除非在進入冷凝器之前，加裝小型純淨器導引回流；或將連接管設計成上揚的角度，彷彿是頸部的延伸，讓連接管本身也具有冷凝與促進回流的功能。

這段連接管可稱為 lyne arm，源自古英語 lean，意為「傾斜的側臂」；或稱 lye pipe，意指「橫躺的管路」，也可直呼 vapour pipe，即「蒸氣管」。通常上揚且修長的連接管，促成回流的條件較好；相反的，管徑粗大、朝著冷凝器下傾，就可能造成多硫性格。

根據統計，連接管傾斜角度與風味純淨度，缺乏直接相關；然而，若廠牌風格設定與製程配置皆指向多硫性格，那麼連接管的角度通常也會下傾。譬如性格多硫的 The Macallan，縱使使用銅質接觸機會較多的現代冷凝器，然而小型蒸餾器搭配粗大而下傾的連接管，卻是造就該廠多硫基因特性的重要環節。

● 傳統冷凝設備

傳統冷凝設備的導流管呈迴圈狀，因而得名蟲桶（worm tub），也稱「蛇管」。冷凝液在銅質導流管中的作用機會少，因此硫質殘留可能較多。然而，多硫烈酒一旦充分熟成，通常會展現繁複的風味層次。相對來說，現代冷凝器（condenser）的風味淨化與冷卻效能皆佳，因此現今廣獲採用。

如今在蘇格蘭，沿用傳統冷凝設備的蒸餾廠約莫只有 10 座。其中 Cragganmore、Benrinnes、Dalwhinnie、Glenkinchie、Mortlach、Balmenach 廠區的新製烈酒皆表現出程度不一的多硫性格，通常可直接嗅出硫質氣息，表現為橡皮、肉汁、蒸煮蔬菜、高麗菜湯、火柴，較為年輕的裝瓶亦可察覺多硫性格。

其實，銅質催化具體效果取決於廠區條件總成，某些使用蟲桶冷凝的蒸餾廠，烈酒風格並不多硫。譬如 Glen Elgin 的待餾酒汁果味潛力豐沛，配合放緩蒸餾步調，雖然使用蟲桶冷凝，烈酒依然純淨且果味豐沛。有些酒廠則透過調節冷水溫度或流量，稍微提高蟲桶冷凝溫

蟲桶經常注滿水，除了意外撞見正在維修，否則難得見到蟲桶內部的模樣。從Cragganmore蒸餾廠的海報可以看出，愈接近蟲桶底部，導流管的管徑就愈小。

圖為Dalwhinnie與Glenkinchie蒸餾廠的蟲桶，外觀差距頗大，冷凝效果也有差異──前者所處環境涼冷，冷卻水溫特低，是造就多硫風格的背景因素之一。

度，加強風味淨化作用；實例包括 Oban 與 Royal Lochnagar 蒸餾廠。前者採用矮小的洋蔥型蒸餾器，每週蒸餾 19 次，在在指向多硫風格，然而蒸餾梯次間實施半個小時曝氣鬆緩，並稍微提高蟲桶溫度，便足以移除多餘硫質，烈酒果味與深度俱足；後者每週只蒸餾 2 次，並實施蟲桶保溫，以至新酒純淨，硫味不多，乾爽堅實。

● 現代冷凝設備

　　現代冷凝器呈柱狀，其內密布冷水銅管；蒸氣從上方進入後，與銅管表面接觸冷凝。相對於蟲桶，現代冷凝器提供更多銅質接觸機會，因此風味淨化功能更佳。Deanston 蒸餾廠除了延長發酵時間，放緩蒸餾步調，配合曝氣鬆緩，也提高冷凝器的運作溫度，更加突顯果味豐沛純淨的性格。

　　冷水密度較高，因此冷卻用水從冷凝器下端注入，熱交換後的熱水則由上方排出，這樣也可以讓冷凝液流出之前與新鮮冷水接觸，維持大約 20℃ 的適溫，再導入控制箱進行檢測。冷凝液的溫度會隨季節與製程階段高低起伏，可以利用查表的方式確認酒精濃度。

有些蒸餾廠的冷凝器裝在室外，這意謂蒸餾器頂端的連接管必須穿牆而過。Auchentoshan 與 Dalmore 蒸餾廠皆是如此。

圖為 Clynelish 與 Glengoyne 蒸餾廠的現代冷凝器，皆裝設在蒸餾間內。

Springbank蒸餾廠兼採傳統
與現代冷凝器，並分別加裝
水平降溫器。

　　冷凝液在導入控制箱前，可藉由一個水平擺設的降溫輔助器更進
一步冷卻，確保進入烈酒控制箱的冷凝液夠冷，並賦予額外的銅質接
觸機會。它被稱為 sub-cooler 或 after-cooler，而非 condenser，因為其
功能不是冷凝蒸氣，而是替冷凝液降溫。

● 鬆緩工法：延長時程與曝氣休息

　　銅質活性、作用環境溫度與時間，在在影響銅質作用機會與強
度。但是有利銅質接觸的硬體設備，不見得能夠製得風味純淨的烈
酒。根據觀察，鬆緩工法才是純淨的保證，其精神在於透過各種手
段，加強風味淨化效果。這套「以時間換取品質的哲學」，奠基於長
期觀察心得，並與現代風味化學的研究發現不謀而合。

　　鬆緩工法的細節操作差異，會得到不同的風味效果。以
Glengoyne 與 Lagavulin 兩廠為例，歷時 5-6 小時的初餾之後，再餾約
需 10 小時，並列「全蘇格蘭蒸餾速度最緩慢的酒廠」；而 Springbank
的再餾製程更長達 13 小時，是「全蘇格蘭收集烈酒速度最慢的酒
廠」，每小時產量只有 230-240 公升。

　　上述三廠皆以溫和火力再餾，相對低溫能夠促進回流，延長熱反
應時間也促進產酯。在多果味的共通點上，分別表現出不同的風格形
態──Glengoyne 果味繁盛集中，足以耐受雪莉桶長期培養，製得果
味豐沛，活潑明亮的雪莉桶陳威士忌；Springbank 豐厚的果味則融入
繁複的風味背景，製得風格傳統卻又具有現代意義的泥煤煙燻威士
忌；Lagavulin 則使用寬底再餾器文火蒸餾，增進回流消除硫質，但為

蒸餾梯次間曝氣鬆緩，雖只是將人孔蓋打開，卻有其潛在風味影響。

了收得不易揮發的酚類物質，因此收集濃度下探到 59% 才切出。雖然三廠都有歷時較長、步調緩慢的蒸餾製程，然而 Lagavulin 的新製烈酒在酚酯豐富之餘，依然略帶硫味，與另外兩廠不太一樣。

除了放緩蒸餾速度，另一種鬆緩方式是在每個蒸餾梯次間，打開鍋蓋讓蒸餾器曝氣休息，以俾銅質恢復活性，這項操作稱為「曝氣鬆緩」（air-resting），實例包括 Deanston、Oban 與 Bladnoch 蒸餾廠。有些廠區原就呈現間歇運作狀態，再加上曝氣休息，烈酒純淨無硫，觸感明亮細膩，譬如 Royal Lochnagar。

● 週期平衡與風味穩定

分批蒸餾的梯次間必然存在差異，蒸餾廠通常藉由各種手段，讓所得烈酒品質形成某種週期規律。再餾鍋的每批進料都是由之前再餾梯次切取出來的酒頭與酒尾，再加上當梯初餾得到的低度酒組成。唯有透過再餾鍋進料與蒸餾切取的品質穩定，而且回填到暫存槽的酒頭、酒尾體積與濃度也都相對固定，下一梯次的再餾進料才能穩定。

也就是說，蒸餾烈酒的品質穩定，不是追求每一批次品質相同，而是靠建立週期規律來消弭批次差異帶來的影響。

麥汁製備到後續發酵需時兩週，這些蒸餾前的製程環節，也都是決定循環規律的要素。若要提高產能，每個環節都必須滿足產能要求，才能前後銜接共構週期規律。

若要提高產量，通常不會直接放大蒸餾器容積，因為就算等比例，也會改變原本形制規格的蒸餾效果。而且增加熱能輸入意謂改變加熱曲線並牽動其他參數，改變既有的反應途徑與平衡，蒸餾效果就會不同。一座蒸餾廠的設備組合，原本就是難以複製的反應群組，也是形塑廠區風格的根本要素。對於生產者來說，沒有必要為了產量冒險。按照原本的設備規格擴大生產規模，可能最經濟保險——縱使如此，依然少不了一番測試與微調。

譬如 Glenfiddich 蒸餾廠為了因應市場需求，並保有原本純淨無硫、果味豐沛的輕巧風格，只得增設蒸餾器。首先提高酒汁產能與初餾器的運作，直到製程飽和，才增設初餾器，而後增設再餾器——製程平衡並非蒸餾器數量比例均衡，如今該廠的再餾器數量比初餾器數

Glenfiddich 的蒸餾器，歷來尺寸沒變，而是數量不斷增多。

量來得多。然而，各廠區的運作平衡模式不同，有些蒸餾廠是每 2 個初餾器搭配 1 個再餾器，有些則採兩兩一組。隨著生產規模擴大，系統裡的暫存槽數量或容積，也會隨之調整。

● 矛盾配置與風格形塑

烈酒風格總能在製程環節中找到解釋，但是蒸餾設備新舊混用，乃至矛盾配置組合都屢見不鮮。所謂矛盾配置，是指特定環節硬體設備與最終製得烈酒的品質特性相悖，而其根本原因通常在於操作方式足以造成異於常態的效果。

譬如 Glen Elgin 蒸餾廠使用小型蒸餾器搭配蟲桶，理應多硫但卻輕盈無硫，果味豐沛奔放，觸感柔軟滑順。乍看之下，設備與風格之間產生明顯矛盾；然而，這是由於該廠延長發酵時間，提升待餾酒汁果酯潛力，兼採鬆緩蒸餾的結果。

Old Pulteney 也以蟲桶冷凝，但花果芬芳豐沛，質地柔軟油潤。這是由於初餾器配有碩大的滾沸球，平頂設計也能促進回流；再餾器頂端連接管曲折，阻撓蒸氣太快衝向冷凝，而中途的純淨器能夠強制冷凝回流。總而言之，該廠蒸餾器本身足以消除硫質雜味，因此就算搭配傳統蟲桶，也不至於多硫。

Talisker 則藉由特殊設計，保留特定濃度的硫化物。該廠初餾器頂部連接管呈曲折狀，部分蒸氣在此自然冷凝，並伴隨少許蒸氣，順著曲折管路的低點，通往一個小型純淨器，回流至蒸餾鍋；未被冷凝的蒸氣，則在通過曲折管之後進入蟲桶。這個獨特的設計，既可以促進回流，賦予油滑柔潤的質地，也能保留部分硫質，據信該廠獨特的白胡椒風味與此有關。

Cragganmore 的設備組合，是業界有名的複雜矛盾，平衡結果是硫質頗多、極富風味潛質的烈酒；雖然肉汁氣味顯著，但卻沒有足以造成缺陷的頑固硫質——包括洋蔥氣味的二甲基三硫醚，或橡皮氣味的硫醇族化合物。桶陳培養之後能夠發展出繁複的果香與蜜味，原

初設計也就得以保留。該廠初餾器頂部連接管陡峭上揚，足以促進回流，但卻搭配蟲桶；再餾器相當矮小，連接管下垂，也通往蟲桶冷凝。根據推測，當初是為了要得到豐富卻無硫的烈酒，才出現如此配置，然而前人不知道，其實多數硫質會隨桶陳培養而自然消失，不過，如此矛盾設計卻賦予了該廠風味繁複的基因。

Cragganmore的蒸餾器容積不大卻相當高聳，頭部配有滾沸球與燈籠造型，增進回流淨化效果，但卻搭配蟲桶低溫冷凝。這樣複雜而矛盾的設計，據信是該廠威士忌風味繁複卻純淨的重要原因。

硫質多寡與風格描述

　　硫化物性質與強度是麥芽威士忌品評要項，殘餘硫質不見得是評判優劣的標準，而是屬於風格因素。有些廠牌以純淨明亮的無硫風格為訴求，然而含硫烈酒經過足齡培養，可以發展出豐富的風味層次。有些廠牌熟諳此道，將製程調整到硫質不至於失衡的組成與濃度，透過培養讓應該消失的硫質自然消散或氧化，桶陳培養賦予的風味也足以部分遮掩硫質，最終達到風味熟成與結構均衡。

　　多硫與無硫兩個風格陣營間，形同一道光譜，風味樣貌有許多不同的可能。

　　純淨少硫，可以草香主導，譬如 Strathmill 與 Glen Grant；或輕巧純淨，陪襯穀物、辛香與堅果，譬如 Glen Spey；而 Glenrothes 則屬多果味的類型。較溫暖的環境或溫度稍高的製程，銅質淨化效果旺盛，也會在無硫之餘，賦予青草或乾草風味。純淨無硫的風格也可以與泥煤搭配，Ardbeg 為這類風格的代表。

　　最極端的多硫風格，可能出現肉汁風味，譬如 Benrinnes、Cragganmore 與 Ben Nevis 都是實例；也可能出現蒸煮花椰菜、菜湯或番茄氣味，譬如 Glenkinchie 與 Balblair；稍微含蓄一些則接近花果氣息，譬如 GlenDronach 與 Dalmore，這類老式風格通常質地稠密。含有微量硫質的泥煤烈酒，桶陳培養之後可發展出紮實的風味核心，不需依賴活力豐沛的橡木桶賦予風味，譬如 Lagavulin。

　　總而言之，製程環節決定含硫種類與多寡，但只要操作得當，不同陣營並無優劣之分，只有風格之別。這是廠區風格不需模仿也難以複製的原因，也造就了蘇格蘭麥芽威士忌豐富多樣的面貌。

培養與裝瓶：
從烈酒到威士忌

From Maturation to Bottling

6-1 木桶與熟成培養

　　威士忌來自桶陳培養階段的風味，取決於烈酒本身品質特性、木桶規格型式，以及熟成時間與空間。每個環節彼此互動，其複雜度並不亞於發酵與蒸餾。

橡木製桶的風味潛力

木料種類與橡木品種

　　橡木桶是完善的貯酒容器，是酒類文明史上美麗的巧合與恩賜。橡木質地均勻且結點少、線條筆直，加熱後容易彎折卻不易斷裂，液密性良好，長期貯酒不會滲漏，也無不良風味，逐漸成為製桶首選木料。威士忌風味約莫有 5 到 7 成來自桶陳培養，若是沒有橡木桶，威士忌也不會發展成如今面貌。

　　雖然栗子樹與櫻桃木在內的多種木料也可製桶，但由於加工不易、容易滲漏，而且風味不夠宜人，因此不適合長期貯酒。當今蘇格蘭威士忌相關法規明文規定，必須使用橡木桶培養熟成。

　　橡木品種多達數百，常見的有美洲與歐洲橡木。蘇格蘭威士忌慣採舊桶培養，主要供應來源是美國波本威士忌產業的美洲橡木桶，少許廠商則採用來自西班牙雪莉酒廠的舊桶，其製桶木料來源較為複雜。西班牙製桶業者可以採用美洲進口的橡木製桶，也可以採用歐陸細紋或寬紋橡木製桶。威士忌生產商若要確認雪莉桶的生產與使用履歷，通常必須追到源頭，和製桶廠及雪莉酒廠建立合作關係。

　　製桶橡木品種對威士忌熟成與品質都有影響，然而美洲橡木品種本身是個大雜燴，同一個橡木桶的木條，實際上可能包括了好幾個不

橡木種類	美洲橡木	歐洲橡木	
製酒外觀	製酒通常色淺	製酒通常色深	
常見品種	Quercus alba 白櫟	Quercus pedunculata 夏櫟（偶爾俗稱白橡）	Quercus petraea 無梗花櫟（偶爾俗稱黑橡） （亦作 sessilis 或 sessiliflora）
		Quercus robur L. 這個學名也很常見，在早期，夏櫟與 無梗花櫟這兩類橡木品種，皆有部分採用此名。	
年輪寬窄	細紋	寬紋	細紋
主要用途	美國威士忌與 近代葡萄酒業製桶木料	法國干邑白蘭地 傳統製桶木料	歐洲葡萄酒業 傳統製桶木料

不同橡木品種的紋理粗細、質地軟硬、物質含量濃度不同，可能對威士忌風味
產生顯著影響。由左至右分別為美洲橡木、歐洲寬紋橡木與歐洲細紋橡木。

同品系的美洲橡木；歐洲橡木品種之間也可能產生混種，這些都是影響風味的不確定因素。

　　現今已可運用基因鑑定技術辨別橡木品種，然由於蘇格蘭威士忌處於橡木桶消費市場下游，而且烈酒至少都要經過數年培養與最終調配，這些都足以消弭橡木品種差異所帶來的影響。其實當今最直接而急迫的議題，是木桶循環供需失調，而不是橡木品種多變。蒸餾廠木桶管理與用桶策略，多半著重供需循環議題，其次是木桶履歷，而較少針對橡木品種。

空桶保存與維護也是重要的工作。蘇格蘭多雨，放置戶外的備用木桶不至於乾裂，但特別高溫的時節要定時灑水保溼，以免木條乾縮出現縫隙。

木條切分與風乾處理

　　不同品種橡木的切分處理方式不同。美洲橡木纖維緊密，可用電鋸切分，不至於破壞液密性。歐洲橡木則必須順著輻射狀的髓線剖裂，確保纖維完整，雖然木料損耗較多，但唯有如此才能避免日後發生滲漏。

　　橡木條必須乾燥才能製桶，除了避免木桶縮水，也是為了風味。歐洲橡木條採戶外風乾，為期 2-3 年，讓木料溼度下降到 12-15% 的平衡點。戶外風乾一段時間後，光憑肉眼就可以看出木材體積縮小。這段期間，縱使淋雨也沒關係，因為水分不會通過細胞壁進入木質細胞，雨過天晴，這些水分很快又蒸散了。

　　戶外風乾期間的沖刷作用，可以在 1 年內，消除木料粗糙單寧，然而為了確保製桶需求，會繼續風乾 10 餘個月。西班牙位處歐洲橡木林南界，所需風乾時間稍短。在北部植林區取得木條後，就地風乾9 個月，當含水量降到 20%，再運到南部的雪莉酒產區，繼續風乾到適合製桶的程度，通常也只需要 9 個月。

　　戶外風乾過程中，木條表面所出現的霉斑，可以分解木質素，釋放芬芳物質，並提升萃取能力。1970 年代，美國製桶業者使用窯爐進行人工烘乾，整套程序只需 1 個月，有利規劃製程，不過這只適合單寧含量較低的美洲橡木，而且由於無法移除某些風味物質，因此只適合波本威士忌，而不適合葡萄酒產業。歐洲橡木由於單寧含量較豐，不適合人工烘乾，而且某些醛類物質殘留，會帶來生黃瓜或舊書氣味，也像捏碎臭蟲或螞蟻的氣味，都算是風味缺陷。

　　人工烘乾技術問世後，很快成為美國波本威士忌產業製桶常態，然而有些波本生產者認為，與自然風乾木條製桶相較仍有差異，因此會自行訂製風乾木條製桶。有些蘇格蘭蒸餾廠直接向這些波本商預約接手舊桶，或互惠合作，訂製木桶出租給波本廠使用，之後再運到蘇格蘭培養自己的威士忌。

美洲橡木採用四分切割法取得橡木條；歐洲橡木的分切方式損耗較多，而且中央髓心與色淺邊材都要淘汰，只能取用心材。

木條風乾場上的每個棧板，都要定期調換位置，以求效果均質。批次有進有出，如何擺放與搬動，都要預先縝密設想。

製桶工藝與風味根源

製桶過程必須經過強弱不一的烘烤，期間產生的熱降解物與木料組織變化，都會影響桶陳培養效果。波本桶製程以蒸氣軟化木條纖維，木桶成形後再行烘烤（toasting），而後炙燒形成碳層，稱為深度焦焙（deep charring）；歐洲傳統製桶則只有烘烤，沒有炙燒。烘烤程度深淺不易量化，每間桶廠工藝細節不同，通常各憑經驗拿捏，並以經典、傳統、特優、芬芳，這類模糊術語描述烘烤程度。通常所謂中度烘焙，約以 180-200 ℃ 烘烤內壁 40-45 分鐘，但各廠品質特徵與風味潛力皆有不同。

烘烤賦予的風味物質，大致可分三類：第一類是半纖維素降解物（焦糖、咖啡、棉花糖香）；第二類是木質素降解物（香草）；其他多種氣味則歸為第三類（椰子、丁香、肉桂、木質、樹脂、焚香）。炙燒桶壁會破壞第一類風味物，卻會增加第二類風味物，最終平衡通常是以香草風味與多種辛香主導。炙燒所形成質地疏鬆的碳層，有利酒液滲透萃取底層風味物質，活性碳層也具有濾淨功能，可促進風味熟成。

橡木品種、製桶形式與感官特徵

桶型		處理方式		風味潛力			賦色
橡木品種	前酒用途	烘焙	炙燒	第一類	第二類	第三類	
歐洲細紋橡木	雪莉桶	有	無	＋＋＋	＋	＋＋	最深
歐洲寬紋橡木	雪莉桶	有	無	＋＋	＋＋	＋＋	次深
美洲橡木	雪莉桶	有	無	＋	＋＋＋	＋＋	較淺
美洲橡木	波本桶	有	有	＋	＋＋	＋＋＋	最淺

製桶工藝程序相對固定，但影響風味潛質的關鍵環節，包括烘烤火力、暴露時間與溫度拿捏，每間桶廠都不一樣。

雪莉桶熟成培養的威士忌，色澤可能特別深沉飽滿。雪莉桶可以根據曾經培養的雪莉酒類型，區分不同種類。

直接從波本桶取樣，可能會出現從桶壁碳層剝落的碳渣，這些碳渣具有
風味淨化功能，但是在裝瓶前多半都會濾除。

木桶規格不同，效果殊途同歸

　　美洲橡木與歐洲橡木製桶的風味效果不同，但各種桶型都能達到
培養熟成目的，算是殊途同歸。

　　歐洲橡木的可水解單寧含量較豐，可以促進硫化物氧化，提高果
酯溶解率，屏蔽烈酒青澀風味，加速熟成步調；美洲橡木質地緊密
不易透氣，可水解單寧濃度較低，然若經炙燒，內壁碳層具有淨化功
能，足以彌補不足，而且香草醛與內酯特別豐富，風味遮蔽效果良
好。若以美洲橡木製作雪莉桶，由於沒有炙燒慣例，因此無法藉由碳
層幫助熟成，但來自烘焙的特定風味物質殘留較多，依然可以透過風
味遮蔽效應，達到風味熟成目的。

新舊程度與作用活性

　　蘇格蘭威士忌很少使用全新橡木桶培養——新桶太有活性，當風
味物質充分萃取，烈酒卻可能尚未熟成，效果也多少與近代傳統審美
品味相悖。

橡木桶除了在國際間流通,也在蘇格蘭威士忌業界周轉數十年。酒廠可以接手原屬他廠的木桶,在貯桶場逛一逛,側板的名字彷彿帶你環遊蘇格蘭一大圈!

淡泥煤威士忌使用波特酒桶進行裝瓶前潤飾加味，不但賦予寶石紅色澤，就連香氣
也很波特——櫻桃、烏梅、葡萄乾與燒烤杏仁——恰與泥煤煙燻風味互補。

　　西班牙雪莉酒廠與美國波本威士忌酒廠用過的橡木桶，運到蘇格蘭之後還會重複使用數次，並且計數「首次裝酒」（first-fill）、「二次裝酒」（second-fill）或「重複裝酒」（refill）。賦味效果與作用活性，隨著裝酒次數遞減。對於蘇格蘭威士忌來說，「首次裝酒」已經是最新木桶選項，但卻不應稱之「新桶」（new barrel 或 new oak），因為按照酒業慣例，所謂新桶，是全新製成、第一次使用的木桶。

　　隨著裝酒次數增加，木桶逐漸失去活性，整體培養效果愈來愈差。物理層面的溶解與萃取，以及化學方面的氧化與各種作用都會減弱。然而舊桶可以幫助保留烈酒特性，延長培養而不至於老化。這是某些威士忌累積桶陳年數，但風味依然相對年輕明亮的秘訣；高年數威士忌若尚不打算裝瓶，移到舊桶裡可以減緩老化。

　　威士忌裝瓶前，可換用活性較強、風味特殊的木桶短期培養，英文稱之 "wood finish"，顧名思義就是「用木桶進行最終修整潤飾」，通常可以賦予對應前酒的風味或其風味衍生物。換桶操作最初是因應木桶供需失衡的替代方案，然而卻逐漸演變為創意競逐；只需數個月便有顯著效果，而且可以合法計入培養年數，於是成為產品開發手

段。換桶操作的實驗性質濃厚，如今已經可以歸納出哪些特定桶型經常產生風味衝突而不適合採用。

木桶維修與舊桶活化

橡木桶使用年限約為 70-80 年，其活性變化取決於裝酒次數、累積年數、庫房環境條件與烈酒入桶濃度。桶壁風味物質與活性作用物質的可萃取量相對固定，當烈酒培養熟成效率減緩到某種程度，就稱為木桶老化。

木桶活化猶如美容，可以替老舊木桶找回青春。老化的波本桶，可以刮除被威士忌滲透的內壁後重新炙燒，或者直接炙燒創造全新碳層。然而，活化處理並非萬能，因為重新炙燒產生木質素降解物，香

製酒業形成群聚，便會發展出專業桶廠（cooperage），業務包括生產新桶與維修舊桶。在當今木桶供應短缺的情況下，木桶維修顯得格外重要。

草風味回來了，然而椰子風味內酯與扮演重要角色的可水解單寧皆無法復得。根據研究，刮除約莫 1 公分才足以恢復 9 成活力，但會大幅影響木桶牢固，因此按照慣例只會削去薄薄一層，效果極為有限。這就讓木桶活化處理更像美容手術了——還原的是青春美貌，而不是年輕活力。

　　此外，首裝蘇格蘭烈酒的木桶桶壁，蘊含少許波本威士忌或雪莉葡萄酒，這些前酒都會在培養過程中緩慢釋出。削刮與炙燒內壁無法完整還原木桶最初到貨，桶壁飽含前酒的品質條件。再次填入波本威士忌或雪莉酒，或許可以還原這類風味潛質，但目前缺乏誘因進行如此費工而頗有爭議的處理。

　　業界早期曾經嘗試用雪莉酒、糖與焦糖，調成色深味甜的混合液，灌進老化的木桶，然後封桶加壓旋轉，迫使內壁與混合液接觸吸收。然而，依然難以仿造雪莉酒桶原初的賦味效果，而且風味並不細

舊桶滲漏送廠維修時，製桶師傅除了拆換木條，還可利用蘆葦填縫，畢竟蘆葦勉強算是沒有味道的材料；有時也會利用麵糊填塞側板溝槽縫隙。

雪莉桶貨源稀少，而且不見得適合所有風格形態的烈酒。除了少數酒廠專營雪莉桶陳威士忌，多數品牌只斟酌用於最終調配。

當木桶老化到無法使用或損壞到無法修補的程度，還能使用的部分，拆卸下來當成備料，其餘的就只能被拋在一旁。

威士忌的顏色外觀可以調整，添加適量焦糖可以加深顏色，但察覺不出風味差異；木桶特殊處理也可以賦色添味，但風味架構不見得均衡。

膩均衡。有些全面採用波本桶的廠牌，甚至讓訪客品嘗雪莉糖液加味處理的威士忌，來抹黑雪莉桶陳威士忌。如今許多廠牌不願多談波本桶的活化處理細節，否則一不小心就被扣上造假的帽子，而且背後牽涉不同的意識形態與經營理念。相對來說，使用雪莉糖液的活化手法已成過眼雲煙，一旦論及，業界人士通常還能侃侃而談，不至於顧左右而言他。

　　蘇格蘭威士忌生產法規允許使用適量焦糖調色，幫助維持不同批次成色相仿，但不至於影響風味。由於外界輿論以為這樣「有失自然」，這也是早期生產商被迫使用雪莉糖液處理的外在因素，因為如此便可以宣稱自家產品「在裝瓶前沒有添加焦糖調色，威士忌的顏色完全來自於橡木桶」——然而真正被動了手腳的，卻是一般猜想不到的橡木桶。

桶型規格與尺寸比例

　　早期雪莉酒廠以木桶作為外銷運輸容器，然而如今多採玻璃瓶裝銷售，也就沒有空桶可以回收利用。蘇格蘭威士忌產業逐漸轉而依賴波本桶，因此造成今昔風味大不相同。

位於前景的是雪莉桶，標準容積500公升，桶身共有10圈箍環；位於底景的波本桶，每邊只有3圈箍環，側板所漆數字表示容積，約為200公升。

　　木桶可根據裝過前酒分類，稱為「前酒是雪莉的木桶」（ex-sherry cask）或「前酒是波本的木桶」（ex-bourbon cask），分別簡稱雪莉桶與波本桶。如前述，雪莉桶還可依橡木品種，分為「美洲橡木雪莉桶」（American oak sherry cask）與「歐洲橡木雪莉桶」（European oak sherry cask）；或依雪莉酒形態加以描述，譬如 Oloroso 與 PX。

　　如前述及，若以木桶新舊程度區別桶型規格，則可分出「首次裝

圖中的這枚小型雪莉桶在入桶時只有238公升，在相同桶型當中，算是特別小的一個。

桶型容積愈小，萃取效率愈高，熟成速度也愈快，但風味效果不見得愈好，且木桶容積並非影響培養速度與效果的唯一因素。

酒」與「重複裝酒」，後者普遍用來指稱使用超過兩輪的木桶。至於超過三、四輪，由於桶壁殘餘物質與作用活性漸趨相仿，已無細分之必要；然而有些酒廠根據觀察經驗或管理需求，依然細膩分出「二次裝酒」（second-fill）與「三次裝酒」（third-fill）。

　　容積約 500 公升的雪莉桶，有 butt 或 puncheon 兩種形式：前者桶壁較厚，外觀瘦長；後者桶壁較薄，外觀矮胖。小型雪莉桶稱為 hogshead，如今多採美洲橡木製作，容積約 250 公升；美國波本桶（American/Bourbon barrel）則為 180-200 公升。早期為節省船運成本與酒廠庫房空間，盛行將美國波本桶拆解，木條運到蘇格蘭後再拼裝成容積較大的 hogshead，但如今已相當罕見。

雪莉桶原文名常被解讀為「鼓起像臀部，所以稱為 butt（屁股）」，「重量像隻豬，故稱 hogshead（豬頭）」——這兩種解釋都很難自圓其說。其實 butt 詞源可追溯到十五世紀拉丁文 buttis，原意是容器；十八世紀，意指容積相當於 400-530 公升的木桶，如今則指稱約莫 500 公升的瘦長型雪莉桶。小型雪莉桶的名稱則可追溯到十四世紀末，且變體繁多，有些寫成 hoogeshed，有些則作 hogheidis，根據考證，其原意是「盛裝年輕酒的桶子」。

　　桶型規格雖有定數，但手工製作，實際容積不盡相同。烈酒入桶後，會按流量計讀數，在側板漆上實際入桶容積，通常只會比標準規格稍少。陳年過程還會蒸散損耗，所以實際裝出的威士忌只會更少。如果這桶酒特別美味，難免讓人感到可惜——要是酒桶大一點，蒸發少一點，就賺到了！但千萬別這樣想，因為若是容量多一些，蒸散少一點，這桶威士忌的熟成路徑就會不同，風味表現也不一樣。

　　也就是說，絕無兩個一模一樣的橡木桶——手工拼製、獨立烘烤，再加上橡木是天然材料，每片桶板並不均質。經歷長期培養，細微差異會被放大，以致同批入桶的烈酒，數年之後每桶風味不見得一樣。

用桶策略與產品風格

　　用桶策略（wood policy）反映產業脈動與世界局勢。早期缺乏桶陳培養觀念，只把木桶當成搬運容器，直到人們意識到木桶攸關威士忌品質，用桶策略才愈顯重要。此外，用桶策略也是生產者綜合考量烈酒特性、產品風格、生產條件與經營規劃的結果。

　　採用波本桶培養的近代傳統，興起至今未滿百年。當初雪莉桶供應短缺的外在限制，如今依然存在，然而這其實是彰顯廠區風格的契機。若是用桶策略得當，並不妨礙蒸餾廠風格定位與品質。波本桶特別適合搭配輕盈芬芳、純淨無硫的烈酒，而且搭配舊桶培養，也可以創造豐富的調配基酒。

　　波本桶主導的用桶策略，可以得到兩種不同型態的威士忌：一

是桶味凌駕蒸餾性格之上，如 Scapa；二是烈酒特性尚能乘著桶味而行，構成呼應與映襯，如 Glencadam。活力極旺盛的波本桶，香草、花香、椰子與木質辛香特別豐盛，但卻不失輕巧明亮，搭配泥煤威士忌足以磨圓泥煤煙燻風味的稜角，帶來充足的甜韻，如 Laphraoig。

舊桶活性較低，熟成能力較差，但並非全無用處，端視用在哪兒與怎麼用。包括 Linkwood 與 Glenmorangie 在內的幾座蒸餾廠，烈酒風格純淨，特別適合運用舊桶展現廠區蒸餾個性。

Springbank 蒸餾廠雖然採用高比例波本桶培養，但透過泥煤度、蒸餾工序與桶型調配比例變化，足以創造協調繁複、風格多變的麥芽威士忌。

培養一輪威士忌之後，橡木桶稍微整理一下，側板漆上新的字樣，就可以回收繼續使用。

風格纖細芬芳的烈酒，特別適合波本桶、低比例的雪莉桶或活性較差的各式舊桶，否則桶味很可能凌駕廠區風格。目前蘇格蘭多數蒸餾廠，都混用不同桶型培養威士忌，以波本桶與重複使用各式舊桶為主流。

　　雪莉桶供貨有限且成本高昂，然稀有昂貴並不等於高級，恰當的用桶策略與完善熟成管理才是關鍵。少數廠牌如 The Macallan、Glenfarclas、Glengoyne、Dalmore 與 GlenDronach，由於烈酒基因體質耐陳，因此採用強勢的雪莉桶用桶策略，卻不至於壓垮烈酒架構或遮掩性格，儼然成為廠區風格標誌。

Dalmore 蒸餾廠的新製烈酒極耐久陳，採用吸飽雪莉酒的高齡橡木桶足齡培養後，特別能夠呈現繁複厚實的均衡協調。

重泥煤威士忌適合波本桶或
各式舊桶培養，避免澀感堆
疊並彰顯泥煤個性，通常顏
色也較淺；然而不乏廠牌採
用活性不一的雪莉桶培養、
換桶潤飾與調配。

波本桶是泥煤威士忌的好搭檔

不論從風味互動或木桶供需角度來看，泥煤威士忌偏好使用波本桶培養是有跡可循的。波本桶供應來源無虞，且單寧總量較少，內酯與香草醛濃度較高，椰子、香草冰淇淋與糕點風味能夠平衡泥煤煙燻，因此成為泥煤威士忌的用桶常態。至於雪莉桶的硫質風味可能模糊焦點，若單寧澀感較多，也容易產生風味衝突。

Tobermory 與 Edradour 兩座蒸餾廠的同名酒款屬無泥煤感的威士忌，顏色較深；兩廠泥煤威士忌則分別以 Ledaig 與 Ballechin 為名，傾向採用波本桶培養，色澤較淺，恰恰印證了泥煤酒款優先採用波本桶培養的慣例，以及通常色淺的現象。

然而，慣例並不會限制創意，雪莉桶實際上也並不是泥煤威士忌生產者的拒絕往來戶。泥煤威士忌依然可用雪莉桶培養，或換桶增添風味。有些蒸餾廠慣以固定比例的雪莉桶陳批次調配裝瓶，譬如 Springbank 蒸餾廠的同名威士忌即為一例；同廠推出的 Longrow 則除了按照特定比例調配的常態裝瓶版本外，也有較為罕見的雪莉桶陳批次單獨裝瓶。此外，慣以全波本桶培養裝瓶的泥煤威士忌廠牌，也會推出雪莉桶陳培養或換桶增添風味的限量版本，Laphroaig、Lagavulin 與 Ardbeg 都有先例。

調和式威士忌生產商的用桶策略

　　某些生產商同時擁有穀物與麥芽蒸餾廠，橡木桶在集團內以特定方式流通。不同形態威士忌熟成所需時間不同，廠商對於不同新舊程度與活力的木桶運用偏好與優先次第也不一樣。這些用桶策略細節，便成為廠牌品質風格的決定要素之一。

　　有些廠牌傾向把較有活力、首次裝酒的橡木桶，優先保留給麥芽烈酒，因為可以賦予較多風味物質，並加速理化作用。當橡木桶的活性轉弱，才用來培養穀物烈酒，就算延長桶陳也不至於過度萃取。某些年數超過 20 年的穀物威士忌，依然能夠表現出豐沛而明亮的新鮮果味，通常就是使用舊桶培養的結果。

　　有些廠牌反其道而行，較新的橡木桶優先培養穀物烈酒，之後才轉給麥芽烈酒使用。如此可以得到桶味較多的穀物威士忌，以及相對不受桶味過分干擾的麥芽威士忌，保留各麥芽蒸餾廠多樣化而鮮明的個性。這樣的用桶與循環策略，形同替集團所屬的麥芽蒸餾廠，準備符合需求的舊桶。

　　穀物威士忌相對不耐長期桶陳，通常使用活性極佳的木桶培養超過 6 年，便有可能開始老化，失去年輕明亮的果味，桶味與澀感逐漸居於主導。低年數調和式威士忌，通常仰賴明亮芬芳的穀物基酒撐起架構，並藉此平衡、淡化年輕麥芽基酒的稜角與粗獷線條；高年數調和式威士忌，由於麥芽基酒通常足夠圓熟，而年數稍高的穀物威士忌通常開始走下坡，因此麥芽基酒配方比例可能相對提高。

熟成階段的諸多變因

　　熟成培養是個複雜的理化作用網絡，從烈酒入桶濃度到酒庫環境條件，都會影響桶陳效果。

新製烈酒的入桶濃度

　　麥芽蒸餾廠以壺式蒸餾器分批蒸餾製得的烈酒，酒精濃度大約介於 68-71%，稱為收集濃度（collection strength）；柱式蒸餾器連續蒸餾所得穀物烈酒，收集濃度最高可達 94%。新酒通常兌水稀釋到 63.5% 的入桶濃度（maturation strength）。

　　以往為便於計稅，統一烈酒入桶濃度，以容積課稅。然而，直接登錄入桶容積與酒精濃度，依然可以核對產率與計算稅額。如今不僅容許提高入桶濃度，甚至還有不兌水稀釋，直接入桶的情況。

烈酒入桶前，會先完成兌水稀釋並取樣量測，確認入桶濃度；在入桶的過程中，則逐桶登記容積，並換算純酒精公升數，作為驗算參考與報稅依據。

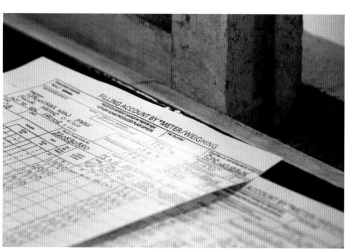

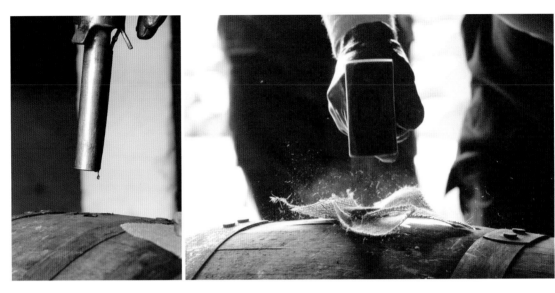

烈酒入桶必須依賴人工，確保沒有滲漏，並逐桶登錄實際入桶容積。

入桶時發生底部滲漏，可以先將烈酒移注到等待裝酒的其他木桶。若是滲漏不嚴重，直接將
鐵圈箍緊即可再裝；若情形嚴重或沒有箍桶機，只能送到專業桶廠維修或報廢。

Springbank 的烈酒兑水稀釋到 63.5%
入桶，有利萃取平衡；有些蒸餾廠的
入桶濃度超過 70%，足以明顯提高桶
壁辛香物質溶解與萃取。

　　偏高入桶濃度可能出於實驗動機，有時也為了節省木桶用量，然
而培養過程的萃取作用與反應路徑也會不同。理論上，提高入桶濃度
將促進桶壁脂質與木質素萃取，可能對風味平衡與裝瓶前的過濾程序
產生負面影響。

桶陳培養是動態風味網絡

　　桶陳培養過程中，風味物質消長與每個環節作用，呈現某種拉
鋸式的互動，交織成錯綜複雜的動態網絡。由於變化緩慢，不見得
每項因素都直接對應特定風味，再加上人類感官固有限制，以及風
味物質之間具有屏蔽、互揚或累加作用，關於桶陳培養的研究與驗
證相對不易。

　　威士忌風味成熟度，取決於年輕烈酒青澀風味的比例變化，通
常以硫化物作為熟成判斷指標。桶壁賦予的可水解單寧會促進硫化

1 = 烈酒與桶壁接觸萃取
2 = 烈酒與桶壁之間的作用
2' = 烈酒與木桶萃取物作用
3 = 烈酒物質之間的作用
4 = 酒液與揮發物質蒸散
4' = 空氣滲透與氧化作用

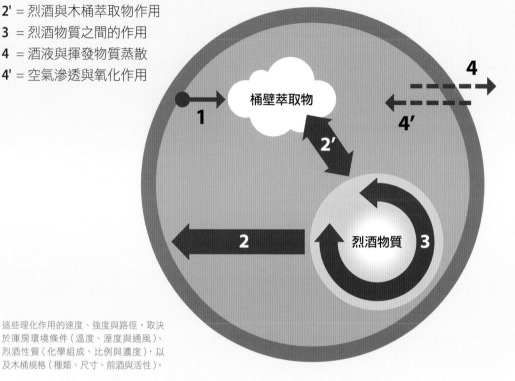

這些理化作用的速度、強度與路徑，取決於庫房環境條件（溫度、溼度與通風）、烈酒性質（化學組成、比例與濃度），以及木桶規格（種類、尺寸、前酒與活性）。

物氧化，硫質風味因而減弱，同時果酯溶解率提高，與桶壁萃取物一起屏蔽硫質與青澀風味；硫化物也可透過蒸散作用離開酒液，或被波本桶碳層吸附達到淨化，Dalwhinnie、Speyburn、anCnoc 與 Glenkinchie 等廠，皆是多硫烈酒搭配波本桶培養的實例。

　　培養期間發生蒸散耗損，酒精濃度通常隨之下降，足以直接影響風味，但更值得注意一連串包括萃取、氧化、降解、酯化與酸化等理化反應。緩慢的氧化與酯化，產生酸、醛、酯等風味物質；來自桶壁萃取的胺基酸、糖、醛、酯、異環、吡嗪、萜烯與各種酚類，也參與複雜的作用與互動。若桶陳環境溫度提高，所有理化作用都會加速，但參與作用的物質、濃度與變化曲線也因此不同，所以威士忌的變化

每個木桶裡的威士忌都形同獨立生命體，有各自的發展路徑。也因此，桶陳培養並非置之不理，歷經寒暑自然變成好酒，而是要定期取樣量測，試飲追蹤。

方向雖可預測，但風味效果只能逐步追蹤方能確認。

　　某些風味消長可作為熟成或品質指標，通常直接嗅聞品嘗即足以判斷，不必化驗分析；況且風味物質互動共構的感官效果，多半無法藉數據判讀。品質差異顯著，不見得能夠從數據看出端倪，反之亦然。化驗分析無法取代實際品評，追蹤複雜的桶陳培養風味變化，還需要同樣細膩複雜的感官審檢勝任。

　　泥煤煙燻風味會隨著桶陳培養逐年消散，但澀感卻會保留下來。長期桶陳的重泥煤威士忌，可能甚至嘗不出煙燻風味，只剩下收尾的乾燥觸感。這是由於來自煙燻麥芽的揮發酚會透過蒸散離開酒液，相對穩定的酚類則會少許保留下來，與桶壁萃取的單寧共構澀感。

酒庫形式

　　傳統酒庫通常是一至兩層建築，低矮接近地面，潮溼，溫差小，常被視為桶陳培養理想環境。每層樓板最多可橫躺堆疊 3 層橡木桶，層層之間由木條隔開，避免碰撞。傳統庫房被稱為 "dunnage"，原本就是木桶襯墊的意思──如今襯墊已經演變為木條，改稱「木條滑軌」（wooden runners）。在排放木桶之前，會先在地面鋪設木條軌道。木桶滾到定位時桶孔應該朝上，所以在起點的桶孔擺放位置要先算好──圓周約為直徑的 3 倍（圓周率 π =3.14），所以桶孔位置每次都預先朝前轉動 1/3，譬如按「10 點鐘－6 點鐘－2 點鐘」的規律擺放，推至定位的時候，桶孔位置就會剛好朝上。

傳統酒庫不乏似乎被遺忘的角落，規格不一的木桶錯落堆疊──最珍貴的幾桶高年數威士忌，或暫時不願讓訪客輕易瞧見的秘密批次，通常暗藏於此。

並非所有傳統酒庫都灰塵處處、霉跡斑斑、蛛網重重。
圖為 Clynelish（上）蒸餾廠與 Springbank（下）蒸餾廠的酒庫。

傳統酒庫通常裸露原始地面，藉此維持恆定溼度，有些角落特別容易發霉。在土壤地面蓋木板、撒石灰粉，或部分鋪水泥，都是常見的因應。

Springbank蒸餾廠的層架庫房，以及使用堆高機將甫裝桶烈酒入庫的情景。

Glenfiddich 蒸餾廠的酒庫，
有些建於地面上，有些則半
陷地下；溫溼度與通風條件
縱使差異極微，經歷多年培
養之後，差異將逐漸放大。

Deanston 蒸餾廠的其中一座
酒庫是早期棉花工坊，穹頂
設計有利梳棉保溫，獨特的
建築樣式被完整保留下來，
成為蘇格蘭威士忌業界著名
的奇觀之一。

	溫度		溼度	
	溫暖	涼爽	乾燥	潮溼
酒精蒸散	＋＋＋	＋＋	＋	＋
水分蒸散	＋＋	±	＋＋	±

涼爽潮溼的酒庫由於酒精蒸散作用相對旺盛，酒精濃度逐漸下降；溫暖乾燥的酒庫，則由於水分加速蒸散，因此酒精濃度下降速度減緩。通風條件良好必然促進整體蒸散率，也意謂損耗增加，但品質不見得更好；事實上，蘇格蘭酒庫大多沒有裝設通風設備。

　　層架式酒庫則是現代化倉庫建築，木桶橫躺於鋼架上，最多可堆疊約 12 層；若直立擺放則以棧板堆疊，最多可有 6 層。庫頂通常鋪設隔熱石棉，但在夏季依然較為溫暖，約為 16-20 ℃，地面層的氣溫則為 10-15 ℃。理化作用速度與路徑不同，必然影響風味。酒庫上層若是特別乾燥炎熱，會直接加速水分蒸散，酒精濃度不易下降，某些罕見的極端例子甚至不降反升，而且氧化加速，過度萃取更易溶於酒精的物質，嚴重可能導致風味失衡。

　　同一個廠區的不同庫房，不論形式是否相同，都可能擁有不同的溫溼度與通風條件；在同一座酒庫裡，不同角落或樓層，也都有「微氣候」差異，因此替桶陳培養過程帶來變數。每一桶威士忌都在複雜的脈絡當中，循著不同的路徑與速度熟成，經年累月之下，桶次之間便足以產生感官差異。

目前關於培養熟成環境條件的具體研究成果不多，也沒有量化的酒庫設置規範，大家各憑經驗傳承建造酒庫。威士忌直接承自庫房條件影響的比重難以判定，通常從不同庫房取樣，在經過混調後，原本差異都會被抹平，不足影響特定產品線的一貫風格。也因此，若要強調庫房環境條件對威士忌的影響，通常會透過特定選桶的威士忌表達，庫房本身較少成為行銷重點。The Balvenie 利用廠區現存歷史最悠久的建築「第 24 號庫房」（Warehouse 24）作為品牌行銷策略的一環，但訴求重點並不在風味。

酒庫外牆通常霉跡斑斑，附著依賴酒精蒸氣維生的特定黴菌（Torula compniacensis）。菌群會從酒庫頂端開始蔓延下來，這類菌種對人體健康與烈酒風味沒有影響，霉斑的歲月痕跡也經常被保留下來。

酒庫位置

　　酒庫地理位置與周遭地貌，也是影響熟成的因素。蘇格蘭北部高地沿海一帶，涼冷潮溼，蒸散率低，理化作用減緩，有利呈現完整和諧的風味特性；至於高地中部高海拔地區更為涼冷，熟成速度緩慢。斯貝河畔下游海濱，則由於較為溫暖，熟成步調就會稍微加速。

　　某些廠區庫房與海岸線相接，據信會吸收海風帶來的風味物質，Bowmore 的例子頗為人津津樂道；然而該廠威士忌實際化驗無法檢出氯化鈉——代表浪花激起的海水微粒，並未直接進入威士忌，而海水風味應該另有根源。同樣位於艾雷島的 Bruichladdich 蒸餾廠，也在海濱庫房進行一項實驗，發現桶陳 4 年後，鈉離子濃度明顯提高；然而依舊不足以證明海水風味來自海風吹拂。況且，鈉離子造成的感官特徵其實不是海風氣息，兩者不應混為一談。

　　反觀其他廠區濱海庫房的威士忌，不見得帶有海水風味；沒有濱海的蒸餾廠，卻可能製出帶有海風與鹽滷氣息的威士忌——因此，海風氣息這項感官特徵，與庫房是否濱海沒有直接關係。此外，Oban

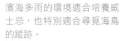

濱海多雨的環境適合培養威士忌，也特別適合尋覓海鳥的蹤跡。

濱海位置受惠於廣大水面的溫度調節作用，威士忌得以穩定步調緩慢熟成。圖為 Glenmorangie 毗鄰海岸線的酒庫，甚至可以踏浪。

威士忌出現鹽滷氣味，不見得是由於濱海，Clynelish 即為一例。該廠酒庫旁邊就是圈牧綿羊的坡地，空氣裡「綿羊味」還比「海洋味」多一些。

的案例特別耐人尋味——酒廠巷口就是海港碼頭，然而該廠極高比例的烈酒都運至集團位於格拉斯哥的中央酒庫培養熟成，該廠威士忌卻依然帶有海風氣息。

其實，威士忌若出現海潮氣息、鹽碘與甲殼類海鮮氣味，泰半源自發酵產生的醇、酸、醛，其次還有桶壁物質氧化物，或者海島泥煤烘焙燻製麥芽的殘留，但不見得是橡木桶受到海風經年吹拂的結果。「橡木桶在濱海庫房裡吸收了海風氣息，威士忌因此帶有海潮風味」，這個說法特別詩意浪漫，也因此盛行不衰。

威士忌去哪兒了？——桶陳過程損耗

烈酒入桶就開始損耗，最終威士忌產量必定少於最初入桶容積。桶壁吸收、酒液蒸散、採樣、流失與意外——有些損耗是必須的，而且對整體品質有正面意義，有些則否。桶壁會吸收酒液，在入桶最初幾週內，液面就會明顯降低，尤其是採用新桶；但由於蘇格蘭威士忌按慣例不用全新木桶，這個現象較不明顯。

酒液蒸散耗損，被詩意稱作「天使的份額」（angels' share）——意思是被守護天使抽了稅。美洲品種橡木纖維質地緊密，比歐洲橡木的密閉性更高，然而蒸散率並未因此明顯低於使用歐洲橡木培養的其他烈酒。在蘇格蘭，威士忌每年的蒸散損耗約為 2%，酒精濃度則逐年降低 0.5-1%，在特別潮溼涼冷的環境或庫房裡，蒸散耗損率甚至只有 0.05%。

水分與酒精蒸散比例與總耗損量，取決於培養環境、酒庫條件與各倉儲位置的特性。酒庫條件並非均質，每桶威士忌變化路徑也不一樣，必須定期逐桶取樣追蹤，記錄外觀與濃度變化，還要試飲記錄，以便回溯查考。管理者取樣試飲也有耗損，但比起酒庫守護天使的份額，通常微不足道。

熟成高原——威士忌何時適飲？

根據蘇格蘭威士忌相關生產法規，桶中培養第 3 年開始算是法定足齡，但麥芽威士忌風味成熟高原，通常位於桶陳培養 8-15 年。對於業界來說，年數超過 18 年，就算高年份威士忌。

桶陳培養是個動態變化過程，風味成熟度是相對的。烈酒殘留多種硫化物，消散速度不一，殘量比值可作為熟成進度指標，但必須配合整體適飲度綜合判斷；亦即藉由桶陳風味強度、硫質殘留多寡，以及烈酒整體風味演變態勢作為熟度指標。風味成熟通常不是一個短暫的巔峰，而比較像是漸漸進入一段品質風味不同，但是熟成性質相仿的高原期。

前人根據經驗法則與細膩觀察，製作橡木桶液面高度量尺，上面刻度標明不同桶型與培養年數應有的液面高度與對應公升數，作為監測管理工具。

木桶發生滲漏意外，必須盡快處理，否則也只是白白讓土地公加抽一些稅。這類滲漏若成常態，恐怕「土地公的份額」也會成為專業術語。

　　各廠麥芽烈酒特徵不同，達到令人滿意的風味成熟度，約需5-15年；熟成標準由廠方認定，因此縱使已達原廠裝瓶標準，也不無可能被廠外人士認為依然青澀。相對來說，穀物威士忌所需的培養時間稍短，甚至甫蒸餾完畢的穀物烈酒，只要兌水稀釋後，就可當成無色烈酒品嘗，即便依法需至少桶陳培養3年，才能以穀物威士忌名義銷售。

　　某些純淨無硫的麥芽烈酒，由於沒有特別需要磨圓的風味，因此只需相對短期培養，就能達到某種成熟度。譬如 Glenmorangie 培養5年，風味就相當宜人，10年就進入完熟。Glenfiddich、Glen Grant、Linkwood 與 Teaninich，也都屬於純淨早熟的風格型態，這些

Dalwhinnie是全蘇格蘭海拔最高的蒸餾廠之一，夏涼冬寒，多硫烈酒需要更長的培養時間方能熟成，該廠基本熟成年數高達15年。

廠牌的低年數裝瓶，純淨適飲，若經長期培養，反倒可能失去芬芳明亮的特性。

相反的，有些廠區的烈酒多硫，加上環境涼冷，動輒需要 10-15 年熟成，以便硫質消散並被充分遮掩，Knockdhu（anCnoc）與 Dalwhinnie 都是實例。

有些廠區的麥芽烈酒特別晚熟卻也特別耐陳，熟成高原跨幅寬廣，約莫 15-18 年方能進入熟成，然而桶陳實力卻輕易超過 30 年，如 Fettercairn、Dalmore 與 Mortlach。這些廠牌稍高年數威士忌更為精彩，但不妨也透過比較年輕裝瓶，認識生澀的風味個性，探索變化軌跡。

若有所謂最佳桶陳培養歲數，不應把「零」當成原點，數字愈大愈好；而應把 10-15 年這個熟成高原期當成中點，愈接近這段最適熟成度，則品質通常愈佳。然而不同廠區烈酒所需熟成時間不同，用桶策略、庫房環境也都不一樣，培養歲數相同，成熟度未必相似。換句話說，每座蒸餾廠的威士忌風味熟成高原不一樣，進入熟成所需等待時間，以及成熟階段的持續時間都不相同。

熟成高原上的每個時間點，都足以表達廠區風格──熟度不足或太過，都不具有廠區風格代表性。若是烈酒於 10 年即已熟成，高原期前後有 15 年，那麼 10 年、15 年、18 年與 21 年的裝瓶，都可以視為具有相同可比基礎的範本，只不過熟度架構表現不同。譬如 Glengoyne 能夠很快進入熟成，稍高年數的整體架構並未失衡，可以看出勁道紮實而油潤飽滿的烈酒，足堪耐受約莫 21 年的雪莉桶陳；但也值得注意，其本身風味特性至此隱晦不彰，雪莉桶風味已然居於主導。

培養年數並不直接對應特定成熟度──歷經 15 年培養，實際熟度可能停留在 12 年的水準，而也可能接近 18 年的品質也說不定──唯有透過適當的監控與管理，方能確認威士忌真正的熟成進度，並避免錯過熟成高原。若是延長桶陳培養，威士忌風味依然繼續演變，但風味通常會逐漸衰退，整體品質不見得更好，只是徒然累積歲數，甚至失去最佳均衡。

蒸餾廠若是計劃長期培養一批烈酒，必須定期觀察熟成進度。最富培養潛力的桶次，最終自然會被保留下來，也將累積更高的年數，有機會以高年數威士忌名義單獨裝瓶出售。若是橡木桶對於一批老酒來說依然太有活力，甚至可以移注到活性更差的舊桶，減緩風味老化速度。

裝瓶年數──標示與不標示

標示桶陳培養年數，是蘇格蘭威士忌盛行多年的慣例。然而最新趨勢是「無年數標示」（no age statement）。根據生產規範，產品標示年數必須以混調批次中最年輕的基酒年數為準，其初衷在於維繫品質，但也因此出現「威士忌愈年輕，品質就愈差」這樣太過簡單的邏輯所產生的迷思。

桶陳年數與品質關係成正比的迷思，是上個世代的產物──全球市場一度萎縮，為趁景氣短暫回暖，把握機會銷售積壓庫存，業界便鼓吹容易為人接受的觀念。如今恰恰相反，全球市場正熱，威士忌未達特定年齡就供不應求，在補足平衡庫存之前，業界重新宣導年數標示的真正意義──桶陳年數與風味品質並不成正比；成熟風味不必透過特定年數表達，調配基酒最低年數也不見得非得超過 10-12 年，而可靈活運用 3-9 年基酒作為配方，得到品質令人滿意的產品。

某些形態與廠區烈酒，不需長期桶陳臻於成熟──穀物烈酒相對早熟，生產法規所規範的 3 年，甚至都嫌太久；少硫風格的麥芽烈酒，僅需 5-8 年培養即非常堪喝，10 年宛若只是為了達到預設的年數標示。對於這些廠商來說，採無年數標示並非妥協品質或為銷售年輕庫存。無年數標示蔚為風潮，如同還給生產者應有的自由操作空間，擺脫數字的羈絆與顧慮，有時反而更能呈現廠區性格。

適量使用低年數卻已臻成熟的基酒作配方，風味品質雖然不同，但調配後不見得較差。若要標示年數，可能必須依法標示 4-5 年，哪怕年輕基酒使用比例極低，而混入比常規裝瓶更高年數的基

無年數標示酒款的命名方式自由，調配時不需顧慮年數，通常能夠充分傳達所欲表現的風味與風格，然而也因此可能比低年數裝瓶的價格更高。

酒也不無可能。由於市場普遍以為 10-12 年是品質基本門檻，短期之內難以改變，無年數標示便成因應之道。這類裝瓶大致分成兩類：一是生產商意圖避免極低年數標示的產品線，另一類則以特殊裝瓶的面貌登場，基酒配方平均年齡不淺，售價也不低；兩者彷彿彼此護航的行銷配套。

無年數標示形同品質與年數脫鉤，這類裝瓶不乏運用成熟卻依然年輕的威士忌作為配方。品嘗這類威士忌，評判風味熟成度的能力更顯重要。

選桶在槽靜置（selected cask vatting）是單廠麥芽威士忌在裝瓶前的常態操作——其中vatting一詞，意為槽中靜置，目的是讓各桶次充分混合；不稱作blending，是為了避免與調和式威士忌用語混淆。

6-2 　裝瓶與風格設定

裝瓶前的調配與調整

調配是必要的經營手段

　　調和式威士忌需要調配，麥芽威士忌也需要調配，然兩者精神不同。提到調和式威士忌，我曾把調配師的任務，形容為就像是在玩魔術方塊——遊戲結果一樣，但轉動順序卻有多種可能。調和式威士忌，是在調配素材品質不斷變動的基礎上，追求相似的風味結果；每批裝瓶的基酒成分配比不同，但呈現風味相對固定。

　　反觀單廠麥芽威士忌，縱使酒庫裡的每桶威士忌風味不同，但調配相對簡單；通常根據經驗，挑選不同規格、庫房、年數的桶次，按特定比例混合即可，甚至不需預混確認風味，只需在裝瓶前試飲。由於調配素材相對單純，單廠麥芽威士忌的調配工作比較像是例行事務，有時更重視庫存流動，因而與調和式威士忌的調配工藝很不一樣。

　　單廠麥芽威士忌調配雖相對簡單，但同廠牌產品線必須有所區隔，因此雖然選桶不見得是重點，但配方比例卻攸關廠區風格，因為這是外界定義廠牌風格的根據。也就是說，麥芽威士忌的調配不被稱為「調和工藝」（the art of blending），但「配方設計」（recipe design）依然重要。

　　理想的配方設計應兼顧調配結果的多樣與穩定、庫存流動平衡，以及裝瓶品質與營收利潤最佳化。一個酒桶只能裝出數百瓶威士忌，若沒有穩定的調配，那麼一座蒸餾廠就無從藉由穩定、多樣、足量的裝瓶產品，表達廠區風格、創造品牌個性、維持品牌生命。

有些廠牌反其道而行，以蒸餾年份（year of distillation）與裝瓶年份（year of bottling）作為標示，相同蒸餾年份的威士忌，在不同時間點裝瓶成為不同版本，如此一來，便不須仰賴配方設計區隔產品線，裝瓶之間的明顯品質差異，恰也滿足特定消費族群的期望。

Balblair蒸餾廠不採用傳統的桶陳培養年數標示，而是運用蒸餾與裝瓶年份創造產品多樣性。如此一來，混合調配不再是維繫品質穩定的主要手段。

不同批次均質混合的手法

　　調配基酒的風味個性與酒精濃度不盡相同，風味與芬芳溶解平衡也都不同。混合不同批次後，需靜置讓所有成分達到新的平衡點，才予以裝瓶。這個混合靜置程序稱為「拌合」（vatting），目的是讓不同批次結為不可分割的整體，彷彿結婚一樣，因此也稱「融合」（marrying），物理術語則稱「締合」（agglomerization）。

　　對於調和式威士忌來說，酒液混合操作程序尤其重要，但術語內涵不太一樣。麥芽基酒與穀物基酒可分別拌合或一起混合，稱之 "blending" 或 "vatting"；有些廠商相信延長靜置有助於品質穩定，因此在裝瓶前，還會在槽中靜置 3-6 個月，這道程序才稱為 "marrying"。

待混桶次可直接於混合槽上方開桶，粗濾去除桶壁剝落的碳渣，以及桶孔封口脫落的木片或麻繩；有些廠房配有不鏽鋼酒溝，幫助分離雜質。

裝瓶前施行兌水稀釋時，可從槽底打入空氣，幫助充分混合，約莫10分鐘即可達到均質；酒水相遇產生螺旋紋，是Glenmorangie商標設計的靈感來源。

裝瓶前的調整措施

不同批次充分混合成均質整體，並經風味確認後，裝瓶前還可採取一些調整措施，包括兌水稀釋調整濃度、常溫粗濾去除碳渣、冷凝過濾預防霧濁，以及焦糖調色消除色差。

低年數威士忌的酒精濃度普遍偏高，多半需要摻水調整到廠商設定的裝瓶濃度（bottling strength），通常介於 40-46%，但也有未經兌水稀釋，以桶中威士忌原始濃度裝瓶的特殊情況。至於混合不同桶次與濃度成酒，通常更著重風味效果，而不以調降酒精濃度為目的。

稀釋用水是直接進入威士忌的水，重要性不言而喻。水質比照飲用標準，但太過純淨反而不適合用來稀釋威士忌，通常含有微量鈣、鎂、鈉、鉀都是正常的，若含量太高，可藉由離子交換去除多餘礦物質，或使用去除鈣鎂的軟水。稀釋用水除鈣，也能避免裝瓶之後產生細絲狀的析出沉澱。

稀釋用水並非愈純愈好，通常只需簡單過濾就符合要求，不需蒸餾或逆滲透。

　　使用去除鈣鎂的軟水作為稀釋用水，會導致威士忌酸鹼值稍微提高，但依然屬於弱酸性。長期桶陳培養的威士忌，酸鹼值會自然下降，若稀釋工序導致酸鹼值改變，就有可能影響風味立體度與澀感表現。然而，稀釋用水裡的礦物組成，對大多數熟齡但年數不高的威士忌風味影響不大。

　　波本桶內壁碳層可能剝落進入酒液，裝瓶前都會靜置沉澱或直接濾掉。不過，波本桶首次裝酒的單桶原桶濃度威士忌，由於不經稀釋，也不需桶次混合，若是直接裝瓶，瓶中可能帶有殘留的碳渣顆粒，但不至於造成混濁。

　　威士忌外觀霧濁，通常是由於環境低溫，長鏈脂肪酸酯析出造成。雖然不至影響風味，但裝瓶前降溫析出冷凝物並以纖維板濾除，可以避免日後產生霧濁。業界普遍認為冷凝過濾不會影響風味個性，因為透過比較品飲，樣本間沒有顯著差異。通常兌水稀釋到 40% 的裝瓶都會搭配冷凝過濾，確保產品外觀澄澈穩定，裝瓶濃度接近 46%

則不需冷凝過濾,因為常溫下不易產生霧濁。

　　蘇格蘭威士忌容許使用焦糖調色,讓產品外觀整齊劃一,避免批次間產生色差。正常用量下,調色用焦糖不致帶來甜、苦風味或影響質地觸感。酒中的焦糖風味、苦味與甜味,都來自木桶纖維素降解產物,甜味則來自木桶萃取物。不論是焦味還是糖甜,都與調色用焦糖無關。況且,過量使用焦糖其實不會帶來甜味,反而會顯苦。

裝瓶前未經過濾的威士忌,尚未貼標時可利用燈箱檢視外觀。這時不易察覺的細屑狀懸浮物,通常在靜置聚於瓶底之後才看得出來。

產品線的設計與策略

裝瓶版本的意義

前文提及「廠區風格」（distillery character）概念，並述及在自然與人文地理雙重因素之下，生產技術細節對威士忌風格的影響，其線索通常隱藏在新製烈酒裡。然而，我們喝的不是未經培養熟成的烈酒，而是威士忌，因此廠區風格必須藉由裝瓶的成酒作為傳遞媒介，並經常以「品牌特性」（brand identity）表達出來。

不同批次的新酒品質相對穩定，然而經過培養，桶次之間差異可能極大。因此必須依照特定配方，將不同桶型規格培養出來的威士忌調配混合；這是呈現廠區固有基因、創造品牌特性的手段。若說廠區風格形同原型典範，那麼塑造品牌特性則是模仿理想形式，創造具體產品的過程。每批實際調配出來的威士忌，都形同一個「表達形式」、「表達版本」（expression），也稱為「裝瓶版本」（bottling），可以視為廠區風格的不同表現角度。

一座蒸餾廠通常根據調配工藝、熟成年數、桶型規格與裝瓶濃度，創造不同的產品線，或者說表達版本。而由酒商裝瓶並掛名的威士忌，更可能牽涉不同的熟成地點與挑選批號桶次的過程。也就是說，決定品牌特性的因素，不僅包括蒸餾廠，也包括裝瓶商。威士忌品評關注的重點，有時也包括尋找不同表達版本所傳達的品質與風格資訊。

原廠裝瓶與非原廠裝瓶

原廠裝瓶（distillery bottling）也稱為官方裝瓶（official bottling），有廣狹兩義：狹義的原廠裝瓶是「原地裝瓶」，亦即從取酒到裝瓶全程沒有離開酒廠，Springbank、Glenfiddich 與 Bruichladdich 是少數原廠就地裝瓶的例子；廣義的原廠裝瓶，強調由原廠處理選桶與調配，瓶中所裝乃出自原廠或業主決策，但不見得原廠就地裝瓶。許多蒸餾

知名威士忌裝瓶商 Gordon & MacPhail，宣稱是「麥芽威士忌全球領導品牌」。

廠隸屬集團經營，通常共用大型庫房桶陳培養，或集中進行裝瓶作業，然而都足以代表「原廠認可的風味」、「正統的表達版本」。不論如何，這類原廠裝瓶相對廉宜，貨源相對充足。

非原廠裝瓶的麥芽威士忌，是由獨立裝瓶商（independent bottler 或 private bottler）掛名銷售，原廠名號有時不會標示，但若情況允許，通常會標示裝瓶商與原蒸餾商雙重名稱。裝瓶商就是酒商，只採購而不蒸餾，但有些酒商會向蒸餾廠直接採購新製烈酒，在自有庫房培養，譬如知名的 Gordon & MacPhail；有些裝瓶商也會採購桶裝威士忌，延長培養後再予裝瓶。

獨立酒商裝瓶若未標示原蒸餾廠名，通常是供貨者願做生意，但不願掛名於官方裝瓶外的產品；也可能是裝瓶者寧願保留轉圜餘地，選擇隱藏來源資訊。由於調和式威士忌主打的是品牌，而基酒來源複雜且經常變動，因此按慣例不標示基酒來源；由獨立酒商裝瓶的麥芽威士忌不標示原廠名稱，則是相對晚近出現的產品形式。這個現象可追溯到二十世紀末，當時許多蒸餾廠庫存過剩，裝瓶商廉價收購 7-8 年數的威士忌，自行裝瓶出售。有些是單廠麥芽威士忌，有時則予以混合，形同調和式麥芽威士忌；這類產品通常另起新名，在外包裝上

不少蒸餾廠提供訪客直接試
飲選酒裝瓶，若還印上自己
的名字，那就是全世界唯一
的一瓶威士忌。

	培養地點		裝瓶地點		實例說明
	原地	異地	原地	異地	
原廠／官方 裝瓶版本	✳		✳		少數蒸餾廠
	✳			✳	多數蒸餾廠
		✳		✳	

	培養履歷		掛名方式		實例說明
	原廠	酒商	單名	雙名	
酒商／ 獨立／私人 裝瓶版本	✳			✳	成酒選桶裝瓶
	✳		✳		
	(✳)	✳		✳	自行培養裝瓶
	(✳)	✳	✳		

只有裝瓶廠商名號，難以辨認基酒來源，彷彿身世不詳的私生子，因此稱為 "bastard malt"。

　　還有一種情況是「茶匙摻混」——意思是蒸餾廠在出貨給調和式威士忌生產商時，摻混少許來自同集團其他廠區的威士忌——聽起來很搞怪，但這是為了避免日後流入裝瓶商手中以原廠名義銷售的風險。有些蒸餾廠甚至嚴格控管調和式威士忌廠商的進貨量，若買方沒有將採購的麥芽威士忌用完，則原廠可依約購回，用意也在預防裝瓶商藏貨居奇。某些蒸餾廠針對裝瓶商採取圍堵，根本原因在於不願看到自家的威士忌，被以原廠設定之外的規格與樣貌裝瓶銷售。

蒸餾廠對成批大量採購的酒商不免有所戒心，但若購買特定桶次，或以個人名義選桶，由於沒有商業衝突，因此通常只要蒸餾廠願意敞開酒庫，或挑選一些桶次樣品提供試飲，通常就代表接受私人裝瓶標示原廠名稱。這種私人裝瓶，稱為「成酒選桶裝瓶」，由於不需庫房自行培養，不需大量採購，不需預支成本，隨時可以取貨，而且選酒過程也非常有趣甚至有挑戰性，因而頗為流行。

原廠裝瓶版本的酒標風格辨識度通常頗佳，幾乎只有在更換業主，或行銷部門突發奇想的時候才會改變。獨立裝瓶商也經常有固定的酒標樣板，因此不同產品看起來會是成套的，不過某些品項可能採用不同的包裝與標籤設計。Diageo 集團旗下擁有約莫 30 座麥芽蒸餾廠，在 1990 年代針對集團內較少裝瓶的麥芽威士忌，推出一套正式的官方裝瓶，以每座蒸餾廠附近的自然生態作為酒標設計的靈感。雖然字體配色與花鳥魚獸圖案都不一樣，但由於樣板背景雷同，乍看之下會以為是獨立裝瓶商的系列呢！

非原廠裝瓶的趣味，原廠主旋律的變奏

裝瓶版本的孕育與誕生過程，與原廠距離愈是遙遠，與官方裝瓶的風味特徵差距可能愈大，所謂的廠牌風格標誌也就可能愈模糊，然卻不見得違背廠區特性，也不代表品質較差。原廠風格的認知，是來自歸納原廠裝瓶版本風味特徵，當基酒成分被單獨抽離，調配比例與設定改變之後，雖然異於原廠設定的風格走向，然也不至於違背廠區特性或完全失去風味標誌。酒商獨立裝瓶的先天限制與品質差異，其實彰顯了威士忌品味探索的趣味。

裝瓶商的自我風格設定與選桶標準不同——Hart Brothers 特重橡木桶品質與換桶潤飾風味表現；Lombard 從原廠採購足齡威士忌，通常會在自有酒庫裡繼續延長培養；James MacArthur 相信每座蒸餾廠的熟成高原不同，因此裝瓶年數有高有低；Ian MacLeod 著重經營高年數威士忌與換桶潤飾的特殊品項；Berry Brothers & Rudd 與 Murray McDavid，都著重中規中矩的風味架構，盡可能忠實反映原廠風格

與廠區特性；Adelphi 的品味取向則是濃郁、飽滿、強勁；另外像是 Douglas Laing，專挑風味表現與普遍認知相距甚遠的桶次獨立裝瓶，顛覆消費者對蒸餾廠風格的定見，每每帶來驚奇。

非原廠裝瓶的麥芽威士忌，不論是否標示原廠名稱，不妨先敞開心胸，將之視為一件獨立的作品來欣賞評判。若有原廠名稱標示，也可以利用相關經驗與知識背景作為風味線索，比較風味差異，這樣的練習與嘗試經常可以帶來驚喜與收穫。原廠裝瓶的某些元素，可能在非官方裝瓶裡被放大；類似的風味特質也可能在不同背景當中呈現另一番樣貌，形成原廠主旋律之下，耐人尋味的變奏。

特殊商品：從單桶裝瓶到原桶濃度

相同的蒸餾工序、木桶規格、桶陳環境，並非得到相同品質威士忌的保證。木桶並非均質容器，烈酒入桶即展開獨立生命，不可能有兩個一模一樣的桶子，也不可能培養出兩桶一模一樣的威士忌。酒庫總管在例行品管時，發現某些桶號的品質與眾不同，就可以考慮日後獨立裝瓶出售。一方面可增加酒廠收益、製造行銷話題，另一方面也有助於維繫常態商品的穩定。

單桶裝瓶（single cask bottling）必然是限量商品，一個桶次能夠裝出的威士忌最多只有數百瓶之譜。理論上，酒庫裡的每一桶威士忌，只要能夠裝瓶，都是獨一無二的；對於限量版的健康態度，應該是把每一個桶次批號、表達版本，都當成是從不同於常規版本的角度，認識蒸餾廠個性的機會，而不是盲目追逐限量商品，或者供奉起來捨不得喝。

與單桶裝瓶類似的產品形式，還有特定桶號混合裝瓶，酒標上也會記載數個桶號，調配的原則與目的，隨生產者意圖而異；若是混調桶次數量較多，則可能直接稱之批次特調（batch 或 lot）。常態商品與限量批次的差異，不在於混調桶次數量多寡。常態商品混合調配使用的數量，可以從不到十桶到數十桶不等；有些廠牌推出特殊小批次特調，其實已經達到某些蒸餾廠常態商品的數量規模。

數桶乃至數十桶調配裝瓶，是常見的操作手法與商品形式，其優勢與特點在於發行量稍大，而且可藉此靈活創造產品線，激發消費慾望。原廠特殊裝瓶不僅擁有形式與名義上的正統性，不論該項產品的風格貼近或疏離常態版本，消費者比較容易認同，也願意相信「原廠的品味選擇」；相反的，若是獨立裝瓶商認購某間蒸餾廠的一桶或多桶威士忌，自行裝瓶與貼標，則不見得會有相同的效果。

由裝瓶商推出的單桶威士忌，若該桶次在原廠培養熟成，那麼其實整體品質無異於原廠裝瓶的單桶，只不過非原廠選桶的走向經常與原廠單桶裝瓶很不一樣——挑選與原廠官方裝瓶個性迥異的批次，有利於創造產品區隔。對於消費者來說，這些裝瓶形同認識一座蒸餾廠風格特性最寬廣的可能，也是一窺未經調配麥芽基酒風貌的機會，這正是其價值與趣味所在。

單桶裝瓶通常不兌水稀釋，直接以桶中威士忌當下濃度裝瓶，由於這類裝瓶的酒精度夠高，也因此沒有必要採取冷凝過濾。酒庫裡的每個桶次都獨一無二，酒精濃度必定有高有低，對生產者來說，單桶裝瓶不兌水稀釋，更能展現產品獨特性，並符合限量商品的精神。也因此，單桶裝瓶與原桶濃度經常相提並論，但這兩個概念不應混為一談。

不兌水稀釋的威士忌稱為「原桶濃度裝瓶版本」（cask strength bottling）；然由於法規無明確定義與使用限制，其意涵頗有闡釋空間。嚴格說來，原桶濃度是「自然原貌，不兌水稀釋調整」；寬鬆來看，也可理解為「兌水稀釋調整到某個約定俗成的原桶濃度範圍」。不論是否摻水，這類裝瓶的酒精度大致都超過58%，有些兌水的版本甚至比未兌水的濃度稍高。總結來說，原桶濃度與一般兌水稀釋到40-46%的常態操作相對，重點在於符合原桶濃度期望，而不在於是否經過兌水稀釋。

以 Aberlour A'Bunadh 原桶濃度裝瓶系列為例，明確標示「直接裝自木桶」，完全不兌水稀釋，每個批次濃度都在60%上下浮動；這個系列共用酒標設計，然而每批裝瓶都需要更改資訊重新印製。採取寬鬆認定的例子則是 Glenfarclas 105，總是兌水調整到60%的固定

濃度裝瓶，作為品質穩定的常態商品銷售，酒標也不須隨著批次改作重印。

桶陳過程中，威士忌的酒精濃度自然下降，然當風味熟成時，可能尚未降至適合純飲的濃度，因此通常會混合調配並兌水稀釋，以達常規品項裝瓶濃度。然而，將採單獨裝瓶的桶次不需調配，通常也省去稀釋程序，這是單桶威士忌經常以原桶濃度裝瓶的原因。這類威士忌未必是老酒，但必然足齡熟成；有些不需兌水就很容易品嘗，少許幾滴水也能釋放香氣。前文提及「煙火理論」，就是描述烈酒兌水稀釋時的香氣綻放，然而一如其名，煙火只能燃放一次，有些業者相信，裝瓶之前不兌水稀釋，才能完整封存香氣，讓香氣在飲者的杯子裡綻放，總比在酒廠裡綻放來得有意義。

人的因素：經營形式與風格品質

由家族獨立經營的蒸餾廠，不論規模大小，其決策機制通常與國際集團或上市公司不同——由於獨立經營，決策中心組成較為單純，考慮層面也與一般企業不同。家族企業通常會將精神遺產、事業傳承納入考慮。在品質相關問題上，往往寧願做出利潤雖然較低，但能確保品質的決策，而不是利用難以察覺的品質妥協，換取更高的實質收益。

然而，品質高低好壞其實是個抽象概念。有時候，品質較差的威士忌，只要沒有技術層面缺失，其實更常被認定為不同風格表現。也因此，為節省成本，在合法範圍內，生產商通常設法利用成本較低的方法製造，並搭配市場行銷與消費者溝通，將不同產品銷往適合的市場。

有些家族企業，寧願以較高成本實踐理念，而這些堅持也恰對應更佳品質，而不僅是單純風格差異。以 William Grant & Sons 家族企業的 Grant's Family Reserve 調和式威士忌為例，其風味在同類型產品中顯得特別繁複成熟，帶有稍高年份麥芽威士忌的巧克力風味，並展現多元完整的架構。不難想像，若把高年數基酒從既有配方移除，輕

盈純淨的風味觸感也不至於偏離市場品味期待。然而，由於不需像大型酒商企業那樣承受股東壓力，或顧慮品質以外，像是財務成本與批次產量的因素，調配師擁有較多支配運用老酒庫存的自由，創造特別繁複成熟的風味。

大型酒商企業賴以生存之道，則包括不虞匱乏的基酒來源，龐大的資金支持技術研究，跨國資源與行銷通路，以及集團內部的共享資源。許多出自大型企業之手的產品也都讓人豔羨──不但產量大，而且品質穩定，這是很不容易達到的境界。大型企業也在量產外，創造不同產品線，不論是單廠麥芽威士忌或調和式威士忌，都有不少成功例子。總結來說，蒸餾廠的經營模式，對產品風格與品質不乏影響。然而，經營模式、規模大小、產品風格與品質之間，沒有必然關係。

品質高低與個性差異是不同的概念。在現今製酒技術高度下，多數產品不至於品質不佳，而是彼此風格有別──固然這些差異偶也直接取決於成本高低，但並非成本低廉就是比較差的產品；願意以較高成本製酒，也不保證品質勝出。威士忌品質必須靠獨立、客觀的實際品嘗判斷，其結果往往取決於文化背景、市場性質與個人喜好。這也是為什麼威士忌不怕賣不掉，因為把產品放在適合的市場環境裡，一定有人願意購買。

THE TH

三人酒廠，更多自由？Edradour蒸餾廠是規模最小的酒廠之一，固然有更多彈性，但卻少了經營上的有力撐腰，是否規模愈小愈自由？看來是個哲學問題。

參考資料

- ALLHOFF, Fritz & ADAMS Marcus P. (Ed.) *Whiskey & Philosophy: A Small Batch of Spirited Ideas. Hoboken* (NJ, US): John Wiley & Sons, Inc., 2010.

- BERTHELOT, Marcelin. 'La Découverte de l'alcool et la distillation' in *"Revue des Deux Mondes",* Tome 114, Novembre, 1892. Pp. 286-300.

- BROOM, Dave. *The World Atals of Whisky.* London (UK): Mitchell Beazley, 2010.

- BUXTON, Ian and HUGHES Paul S. *The Science and Commerce of Whisky.* Cambridge (UK): The Royal Society of Chemistry (RSC Publishing), 2014.

- HILLS, Phillip. *Appreciating Whisky.* Glasgow (Scotland): HarperCollins Publishers, 2000, 2002.

- HUTCHINS, Roger. 'Diagram of a patent still' in *Charles Maclean's Scotch Whisky.* Andover (Hampshire, UK): Jarrold Publishing, 1996, 2005 (rpt.) P.17

- JACKSON, Michael. *Complete Guide to Single Malt Scotch.* (Updated by Dominic Roskrow, Gavin D. Smith, and William C. Meyers). London (UK): Dorling Kindersley (DK Publishing), 2010.

- LENOIR, *Jean. Le Nez du Whisky.* Carnoux-en-Provence (France): Éditions Jean Lenoir, 2013.

- MACBAIN, Alexander and WHYTE, John. How to Learn Gaelic: *Orthographical Instructions, Grammar and Reading Lessons.* Inverness: The "Northern Chronicle" Office, 1906. (4th Edition.)

- MACLEAN, *Charles. Malt Whisky.* London (UK): Mitchell Beazley, 2006 (Rev.)

- MACLEAN, Charles. (Ed.) *World Whiskey.* London (UK): Dorling Kindersley (DK Publishing), 2009.

- MCLENNAN, George. *A Gaelic Alphabet: A Guide to the Pronunciation of Gaelic Letters and Words.* Glendaruel (Argyll, Scotland): Argyll Publishing, 2009.

- MILLS, David. *A Dictionary of British Place Names.* New York: Oxford University Press, 2011.

- PIGGOTT , John Raymond. (Ed.) *Flavour of Distilled Beverages: Origin and Development.* Chichester (UK): Ellis Horwood, 1983.

- RAJOTTE, *Pierre. La Dégustation et l'évaluation du vin.* Mont-Royal (Québec): Alliage Éditeur, 2006.

- ROBERTSON, Boyd and TAYLOR Iain. *Complete Gaelic.* London (UK): Hodder Education (Hachette UK), 1993, 2003, 2010.

- RUSSELL, Inge (Ed.) *Whisky: Technology, Production and Marketing.* (Handbook of Alcoholic Beverages series.) London (UK): Academic Press, 2003, 2014.

- SMITH, Gavin D. *The A-Z of Whisky.* Glasgow (Scotland): Neil Wilson, 2009, 2011 (rpt.)

LOHAS・樂活

蘇格蘭威士忌：品飲與風味指南

2018年5月初版　　　　　　　　　　　　　　　　定價：新臺幣1300元
2020年9月初版第二刷
有著作權・翻印必究
Printed in Taiwan.

著　　　者	王　　鵬	
攝　　　影	王　　鵬	
叢 書 主 編	林　芳　瑜	
特 約 編 輯	倪　汝　枋	
美 術 設 計	化 外 設 計	

出　版　者	聯經出版事業股份有限公司	副 總 編 輯	陳　逸　華
地　　　址	新北市汐止區大同路一段369號1樓	總 編 輯	涂　豐　恩
叢書主編電話	(02)86925588轉5318	總 經 理	陳　芝　宇
台北聯經書房	台 北 市 新 生 南 路 三 段 9 4 號	社　長	羅　國　俊
電　　　話	(0 2) 2 3 6 2 0 3 0 8	發 行 人	林　載　爵
台中分公司	台 中 市 北 區 崇 德 路 一 段 1 9 8 號		
暨門市電話	(0 4) 2 2 3 1 2 0 2 3		
台中電子信箱	e-mail：linking2@ms42.hinet.net		
郵 政 劃 撥 帳 戶	第 0 1 0 0 5 5 9 - 3 號		
郵 撥 電 話	(0 2) 2 3 6 2 0 3 0 8		
印　刷　者	文聯彩色製版印刷有限公司		
總 經 銷	聯合發行股份有限公司		
發　行　所	新北市新店區寶橋路235巷6弄6號2樓		
電　　　話	(0 2) 2 9 1 7 8 0 2 2		

行政院新聞局出版事業登記證局版臺業字第0130號

本書如有缺頁，破損，倒裝請寄回台北聯經書房更換。　ISBN　978-957-08-5114-4 (精裝)
聯經網址：www.linkingbooks.com.tw
電子信箱：linking@udngroup.com

國家圖書館出版品預行編目資料

蘇格蘭威士忌：品飲與風味指南/王鵬著・攝影．
初版．新北市．聯經．2018年5月（民107年）．472面．
19×24.5公分（LOHAS・樂活）
ISBN　978-957-08-5114-4（精裝）
[2020年9月初版第二刷]

1.威士忌酒　2.品酒

463.834　　　　　　　　　　　　　107005670